科学经典品读丛书

爱因斯坦科学与哲学精华

A STUBBORNLY PERSISTENT ILLUSION:
THE ESSENTIAL SCIENTIFIC WORKS OF ALBERT EINSTEIN

不断持续的幻觉

【英】史蒂芬·霍金　编评

黄雄◎等译

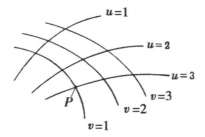

湖南科学技术出版社

目　录

中译本序

牛顿曾经说过："我不过就像是一个在海滨玩耍的小孩……而对于展现在我面前的浩瀚的真理海洋，却全然没有发现。""如果说我比别人看得更远些，那是因为我站在了巨人的肩上。"

人们通常认为，在这里够格充当巨人的应是哥白尼、伽利略和开普勒。但更为重要的巨人却应该是阿基米德。阿基米德的年代甚至比哥白尼的年代还早 17 个世纪。有人说过，他是世界上第一个物理学家，第一个应用数学家。他在物理学上的贡献主要是静力学、流体静力学和杠杆原理，在数学上的贡献是原始的积分法和无穷级数求和。他是有史以来最伟大的三位数学家之一（另外两位是牛顿和高斯）。尤为奇特的是，在他之前没有一个巨人的肩膀可以让他站上去，可以说他几乎是无中生有的。

牛顿的天才是无与伦比的。他是经典力学的创立者。他发现了白光分解并提出了光的微粒说。他和莱布尼茨各自独立地发现或发明了微积分。牛顿的动力学和微积分是阿基米德静力学和积分学思想的发展。他认为地上的自由落体和星体的运行都起源于万有引力，从而发现了引力定律。

爱因斯坦是牛顿之后的最伟大的科学家。他是狭义相对论的主要创立者，量子论的重要创立者和广义相对论的创立者。他的贡献几乎涵盖了物理学所有领域，甚至涉及化学领域。

在狭义相对论方面，他把伽利略-牛顿体系中的伽利略相对性原理推广到法拉第-麦克斯韦的电磁学体系。他引进了光速不变原理，使得同时性不再是绝对的，进而排斥了超距作用，并导致能量和质量的等效性。

为了使引力论和他的相对论思想相协调，他引进了等效原理，加速坐标系中的惯性力和引力是无法区分的。直至广义相对论的等效原理的提出，伽利略比萨斜塔实验，即惯性质量和引力质量等同的科学含义才得到充分的揭示。引力场由时空的弯曲度规来体现，自由粒子沿测地线运行。物质的分布使时空弯曲甚至改

i

变其拓扑结构。至此，无论在阿基米德静力学中，还是在牛顿动力学中被认为固定的时空背景才参与到物理演化中来。

爱因斯坦把他的场方程应用于整个宇宙，开创了相对论性宇宙学。爱因斯坦学说变革了人类的时空观和宇宙观。

这本文集收录的只是爱因斯坦对相对论的贡献。本书的编者霍金是剑桥大学卢卡斯数学教授，牛顿和狄拉克是他的这个教席的两位伟大的前任。作为当代最伟大的引力物理学家，他对爱因斯坦学说的评论特别值得关注。

2007 年 4 月，他在佛罗里达体验了"失重之旅"，以身试法验证了等效原理，可谓现代版的比萨斜塔实验。

霍金本人的最著名的贡献是发现了弯曲时空的热性，即通常称为黑洞的霍金辐射。在这个场景中，引力论、量子论和热物理得到完美的统一。他由此开创了引力热力学的新学科。

他还把费曼的路径积分量子论和广义相对论相结合，提出无边界宇宙的思想，实现了宇宙创生的无中生有的场景，进而摒除了长期困扰人类的第一推动问题，从而开创了量子宇宙学的新学科。宇宙没有以外，宇宙创生也没有以前，因为宇宙和时空不可分离。霍金认为，这是他的更重要的贡献。

书名"不断持续的幻觉"取自爱因斯坦悼念好友贝索的文字："对于像我们这些信仰物理学的人而言，过去、现在和未来之间的区别只不过是一种不断持续的幻觉。"众生万象都将在时间中寂灭，唯有科学艺术之花永葆其青春。

吴忠超

2008 年 8 月 26 日于杭州望湖楼

引　言

史蒂芬·霍金

几年前，全世界庆祝爱因斯坦奇迹年的一百周年纪念日。他在那个奇迹年的一系列令人吃惊的新观念，多方面地变革了物理学，并深刻改变了科学家的宇宙观。人的直觉告知我们，空间是我们活动的事件的舞台，而时间是由一台普适的钟制约的。但在 1905 年以及随后的 10 年，爱因斯坦证明，对于坐在椅子上的，在飞机上航行的，在地球上和我们一道公转的，还有在室女座星系团某处饮茶的，或者正被黑洞吸入的观察者，空间和时间的含义是不相同的。

爱因斯坦的思想一度使物理学界震惊。现在这些思想已被自动地纳入每个物理专业本科生学习的方程和公式之中。爱因斯坦在本文集的一篇文章中写道，只要这些思想成立，德国人就称他为"德国天才"，而英国人则称他为"瑞士犹太人"。但是他的思想一旦受到质疑，他写道，对于德国人而言，他就成为"瑞士犹太人"，而对于英国人而言他就成为"德国天才"。把爱因斯坦作为一名活生生的诙谐者印象留在记忆中的物理学家，在世的已寥寥无几了。他的空间和时间相互纠缠的思想今天已深深地在大众文化之中扎根，好几代作家都描述过它。但是最清晰的，且不说最有趣的爱因斯坦思想的支持者总是非他本人莫属。

正如爱因斯坦在本卷中描述的，他于 1905 年提出的狭义相对论起源于一个简单的观察。詹姆斯·克拉克·麦克斯韦 1860 年代发现的电磁学理论证明，无论你是迎向还是离开一束光，光都以相同的速率趋近你。这在我们日常世界的经验中是不成立的。如果你逃离奔驰而来的列车比你向它冲去能多存活几秒钟（假定你没想跑到旁边去的话）。在前一种情形下，列车趋近你的速率是它的速率和你相对于铁轨速率之差。在后一种情形下，其速率为两速率之和。根据麦克斯韦理论，这同样的说法不适用于从列车车头照明灯发射出的光。光速在前一种情形下怎能不显得较慢，而在后一种情形下怎能不显得较快呢？

速率指的是行进的距离除以行进的时间。由此，爱因斯坦意识到，如果我们对麦克斯韦理论坚信不疑，就必须改变我们的时间和空间观念。它们不是固定不变的，而要依观察者而调整，要以恰好使光速保持常数的必要方式弯曲或者拉

1

伸。这同样的弯曲和拉伸当然意味着，列车本身趋近的速率也不是简单的和或者差，不像我前面描述的那样。但在远比光速低得多的速率的情形下，在爱因斯坦推导出的与相加或相减之间的差异只有可忽略的效应。相同的逻辑之链还进一步要求质量和能量等价，这正是我们能拥有原子能，以及很不幸地，也是原子武器的原因。我们在这里从爱因斯坦自己的语言中，比所有其他地方都更好地解释了他推理的细节以及它背后的简单代数。

爱因斯坦的广义相对论也起源于一个简单的观察。在牛顿的运动定律中出现了一个叫作质量的量，它确定一个物体受外力作用时被加速的容易程度。一辆大质量的卡车比一辆质量小很多的大众汽车获得速度要困难得多。在牛顿时代已经知道三种力：电力、磁力和引力。在牛顿运动定律中对速度改变的抵抗与外力的种类无关。但是牛顿还发现了制约其中一种力即引力的定律。在该定律中还出现了另一种量，它确定一个物体在另一个物体存在时施加和感受到的引力拉力的大小。这个量也被称作质量。这两个质量定义起着完全不同的作用，但它们有充分理由都被称作质量：结果它们是同一个东西。为什么它们必须等同？这个问题加上爱因斯坦天才横溢的逻辑使爱因斯坦意识到，空间和时间的结构是对物质和能量存在的反应。

爱因斯坦写道："就像目前这样，当经验迫使我们寻求更新更坚实的基础时，物理学家不能轻易地屈从于哲学家对理论基础的批评性的思索，因为他本人最清楚地知道，并更深切地感觉何处不适。"爱因斯坦并非狭隘地只对科学，而且还对科学哲学和科学语言，甚至还对它的伦理含义有兴趣。有关这些主题的若干文章也收录于此。而且，尽管爱因斯坦上述言论是在 1936 年写下的，但现在仍然是物理学家寻找新基础的时期，也仍然是这类形而上论题正和当年一样具有直接关系的时期。今天，鉴于爱因斯坦已把空间和时间描写成了动力量，于是我们可以认为宇宙不仅拥有一个，而且拥有所有可能的历史。我们不仅思考弯曲的空间和时间，还研究宇宙是否具有额外的维度。我们猜测那些概念的真正意义，它们是否被很好地定义，或者只不过是近似。我们现在寻找所有力的统一理论，以及我们在其中领略宇宙呈现千姿万态的空间和时间的框架。这正是爱因斯坦想必会赞成的探索，而本卷中的杰出工作为此探索奠定了基础。

（吴忠超译）

第一部分
相对论原理

导　言

有时我们会误解，以为诸如爱因斯坦相对论这样伟大的科学突破是从零开始的，而与此前的研究完全无关。在《相对论原理》一篇中，我们可以看到爱因斯坦发展其理论的背景，包括作为基础的几篇重要论文。

最好了解一下物理学在 19 世纪和 20 世纪之交的状态，以便在这个背景中考察他的贡献。1864 年，詹姆斯·克拉克·麦克斯韦发展了完备的电磁学理论，并且指出静电荷产生电场，而动电荷产生磁场。这两种力看起来是根本不同的。

亨德里克·A. 洛伦兹于 1895 年和 1904 年发表的一系列论文中询问似乎简单的问题。如果电荷静止，而我们从它边上跑过去会发生什么？洛伦兹指出，对于运动的观察者，静止电荷"就像"运动电荷，并由此电场就会显得像磁场。洛伦兹证明，电磁波对于一个运动的观察者，正如对于一个静止的观察者一样，会以相同的速率——光速传播。

1905 年爱因斯坦得到相似的结论，电力和磁力是根本上相互关联的，对于以不同速率运动的观察者，它们以不同的比例显现。但是爱因斯坦走得远得多。他假定在任何"惯性参考系"（以固定速率和方向运动的）中所有物理定律必须同样成立，而且对于任何这样的观察者光速都必须是常数。

无论是麦克斯韦理论，还是迈克耳孙-莫雷实验都很好地支持这些假设。迈克耳孙和莫雷的实验显示，无论地球如何运动，光总是以常速率行进。爱因斯坦假定，两位携带相同钟表和米尺并做相互运动的观察者，每位都会测量出另一位的米尺被缩短，而且测量出另一位的钟表变慢。这表观上似是而非的矛盾处于相对论的核心。

运动参考系之间的变换习惯上被称作洛伦兹变换。这种变换对艾萨克·牛顿爵士的运动定律有另一个重要改正。根据牛顿的观点，对一个物体施加不变的力将使它加速，这样不断地进行会无限地增加物体速率。然而，爱因斯坦相对论显示，没有东西可以超过光速，只能趋近于光速这个极限值——牛顿是错误的。

爱因斯坦承认相对论是不完备的。它只能解释以常速度运动的物体系统，而在引力场中物体一直在被加速。这样他在从 1911 年至 1916 年的几篇里程碑式的论文中发展了"广义相对论"。其主要结果在《相对论原理》的第七、第八两章中描述。

爱因斯坦在他的"理想实验"之一中假设，在一个静止地停留在地球表面升降机中和在远离大量物质的太空中正在从下往上加速的升降机中分别进行的实验，不应该有差别。由于加速参考系使所有投掷物，包括光线弯曲，爱因斯坦证明了引力场必然弯曲光线。事实上，广义相对论说的是，弯曲的正是空间和时间本身，光或者其他任何物体只不过是沿着"直线"通过空间和时间而已。

按照约翰·阿契巴尔德·惠勒的说法，"物质指示时空如何弯曲，而时空指示物质如何运动。"爱因斯坦意识到，他的方程不仅制约光束和星体，而且还制约整个宇宙。他意识到宇宙不能是静止的，它要么膨胀要么坍缩。这样，广义相对论就形成了现在称作宇宙学的领域的基础，正如在第十章描述的。

为了使宇宙处于永恒静止状态，爱因斯坦先验地把称作"宇宙常数"的一项引进他的场方程。当埃德温·哈勃在 1929 年发现膨胀宇宙时，爱因斯坦意识到他的过失，并把宇宙常数认为是"一生最大的错误"。近年来，宇宙常数又以一种新形式——渗透宇宙的"暗能量"被重新引进宇宙学。对遥远超新星的最近观测暗示，暗能量正在为宇宙的加速增添燃料。

爱因斯坦提出的模型迄今仍然非常有效，在大尺度上仍然经受了观测的检验。当我们仔细阅读他关于物质世界的思想时，给我们留下了非常深刻印象的是，从这么简单的起始假设出发，他本人以及后继的思想家们能够推断出这么多的预言。

（吴忠超译）

运动物体的电动力学

爱因斯坦

英文版译自 "Zur Elektrodynamik bewegter Körper", Annalen der Physik 17, 1905

人们知道：按照目前通常的理解，麦克斯韦的电动力学在应用于运动物体时，会导致非对称性，此非对称性似乎不是该现象所固有的性质。以磁体和导体相互的电动力学作用为例，这里可观察到的现象只依赖导体和磁体的相对运动，然而通常的观点却严格地区分这两个物体中究竟是哪一个在运动。因为如果磁体在运动而导体静止，那么在磁体周围会产生一定能量的电场，从而在导体所处的地方会产生电流。但是如果磁体静止而导体在运动，那么在磁体周围就不会引起电场。然而，在导体中我们却发现了电动势，它本身没有对应的能量，却产生了电流，其路径和强度都与前一种情形下电力产生的电流相同（假设两种情形的相对运动相同）。

这类例子，连同企图发现地球相对于"光介质"运动的失败尝试一起，揭示出：电动力学现象和力学现象的所有性质都与绝对静止观格格不入。相反地，它们揭示出，正如已经由一阶小量所证明的，电动力学和光学的同一组规律，在使得力学方程成立的所有参考系中，都应该有效（注：之前的洛伦兹回忆录当时还不为作者所知）。我们将把这个猜想（其主旨今后就称为"相对性原理"）提升到基本原理的高度，同时引入另一个只是表面上似乎与前述原理不相协调的假设，即光在真空中总是以一定的速度 c 传播，而与发射物体的运动状态无关。这两个假设，足以用来得到一个基于麦克斯韦静止物体理论的、简单一致的运动物体的电动力学理论。引进"传光的以太"被证明是多余的，因为本文提出的观点不需要具有特殊性质的"绝对静止空间"，也不需要给电磁过程发生的真空点赋予一个速度向量。

本文提出的理论，像所有电动力学理论一样，是基于刚体运动学，因为任何这种理论的论断都离不开刚体（坐标系）、时钟、电磁过程之间的关系。对这种情况考虑得不周全正是目前的运动物体电动力学所遇到的困难之源。

一、运动学部分

1. 同时性的定义

取一个使牛顿力学方程成立的坐标系（注：即在一阶近似下）。为使我们的陈述更准确，也为在字面上把该坐标系与下面将要引入的其他坐标系区分开，我们称该坐标系为"静止系"。

如果一个质点相对于该坐标系静止，那么使用刚性度量标准和欧几里得几何方法可以相对于该坐标系定义它的位置，并且表达为笛卡儿坐标。

若希望描述质点的运动，就把它的坐标值表示为时间的函数。这里必须小心地记住：这种数学表示没有物理含义，除非我们对于所谓的"时间"理解得非常清楚。必须认识到，所有涉及时间的判断都是关于同时事件的判断。例如，如果我说，"火车 7 点到达这里"，我是指类似下面的话："我的手表的短针指向 7 与火车到达是同时事件。"（注：这里不讨论近似在同一个地方的两个事件的同时性概念中隐藏的不准确性，唯有抽象化才能排除这种不准确性。）

以"我的手表的短针位置"来替代"时间"，似乎就可以克服所有关于"时间"定义遇到的困难了。实际上，如果我们只想要给手表所处的位置定义时间的话，这个定义是令人满意的；但是当我们必须把发生在不同地点的时间序列中的事件联系起来的时候，或者等价地说，必须确定在远离手表的位置上发生事件的时间的时候，这个定义就不再令人满意了。

当然，以如下方式确定的时间值也可以让我们满意，即让观察者和手表一起处在坐标系的原点，当每一个待定时的事件发出的光信号穿过真空到达他时，确定相应的指针位置。但是这种协调有一个缺点，即从经验得知，它与持表或钟的观察者的位置有关。采用下面的思路，我们可以得到一种实际得多的定时方法。

若在空间点 A 有一个时钟，A 点的观察者通过确定与事件同时发生的时钟指针的位置，就可以确定紧邻 A 点的事件的时间值。若在空间点 B 有另一个时钟，所有方面都与 A 点的时钟类似，则 B 点的观察者就可以确定紧邻 B 点的事件的时间值。但是若没有更多的假设的话，就时间来说，就无法比较 A 点的事件与 B 点的事件了。至此我们仅仅定义了"A 时间"和"B 时间"，还没有定义 A 和 B 的共同"时间"，因为后者根本不可能有定义，除非我们由定义确立光线从 A 到 B 所需的"时间"等于从 B 到 A 所需的"时间"。设一束光在"A 时间"t_A 从 A 出发射向 B，设它在"B 时间"t_B 在 B 处反射回 A，并且在"A 时间"t'_A 回到了

A 处。

依照定义，若下式成立，则这两个时钟同步：

$$t_B - t_A = t'_A - t_B。$$

假设该同步性定义没有矛盾，对任意数目的点都可行，并且以下的关系普遍成立：

1）如果 B 点的时钟与 A 点的时钟同步，则 A 点的时钟与 B 点的时钟同步；

2）如果 A 点的时钟与 B 点的时钟同步，还与 C 点的时钟同步，则 B 点和 C 点的时钟也彼此同步。

于是，借助一下想象的物理实验，我们已经澄清了处于不同位置上的同步静止时钟是怎么回事，而且显然已经获得了"同时性"或"同步性"，以及"时间"的定义。事件的"时间"就是与事件同处一地的静止时钟在事件发生的同时给出的标示，该时钟与一个指定的静止时钟同步，而且确实是对于所有的时间测定都是同步的。

与经验相一致，我们进一步假定量

$$\frac{2AB}{t'_A - t_A} = c,$$

是一个普适常量——光在真空中的速度。

利用静止系中的静止时钟来定义时间，这是非常关键的。这样定义的适合于静止系的时间，我们称之为"静止系时间"。

2. 长度和时间的相对性

以下的思考基于相对性原理和光速不变原理。我们定义如下两条原理：

1）不论相对于匀速平移运动的两个坐标系中的哪一个，物理系统的状态变化所遵循的定律都是一样的。

2）任何光线在"静止"坐标系中都以确定的速度 c 传播，不论发射光线的物体静止还是运动。因此

$$速度 = \frac{光线路径}{时间间隔},$$

此处时间间隔遵循第 1 节的定义。

假设有一个静止的刚性杆，其长度 l 由同样静止的量杆测量出。想象刚性杆的轴线与静止坐标系的 x 轴重合，并且刚性杆开始以速度 v、与 x 轴平行地、沿着 x 增加的方向匀速平移运动。现在研究运动杆的长度，设想其长度由下面两个

操作确定：

（a）观察者与给定的量杆和待测杆一起运动，直接把量杆放在刚性杆上测量其长度，就好像它们 3 个都是静止的一样。

（b）利用静止系中设置的、按照第 1 节的方法同步化了的静止时钟，观察者测定，在一确定的时刻，待测杆的两端分别处于静止系的哪两个点。这两个点之间的距离由上面的量杆测出，此时测量是静态的，这个距离也可以称为"杆的长度"。

根据相对性原理，由操作（a）得出的长度——我们称之为"杆在运动系中的长度"——一定等于静止杆的长度 l。

由操作（b）得出的长度，我们称之为"（运动）杆在静止系中的长度"，其值将在我们的两个基本原理的基础上得出，我们会发现它与 l 不同。

目前的运动学默认这两种操作得出的长度是完全相同的，换句话说，在时刻 t 运动刚体的几何属性完全可以由同一物体在一确定位置上静止时的几何属性代表。

我们进一步想象，在杆的两个端点 A 和 B 上放置了与静止系时钟同步的两个时钟，就是说在任何时刻，它们都指示了它们所在位置处的"静止系时间"。因此这两个时钟是"在静止系中同步的"。

我们进一步想象，每个时钟都伴随一个运动的观察者，这些观察者将第 1 节中建立的同步时钟的准则应用于这两个时钟。设一束光在时间①t_A 从点 A 出发，在时间 t_B 于点 B 处被反射，于时间 t'_A 返回 A 处。考虑到光速不变原理，我们有：

$$t_B - t_A = \frac{r_{AB}}{c - v} \text{ 和 } t'_A - t_B = \frac{r_{AB}}{c + v},$$

其中 r_{AB} 指运动杆在静止系中测量的长度。于是随着运动杆一起运动的观察者会发现这两个时钟不同步，而在静止系中的观察者会宣称它们是同步的。

所以我们看到，我们不能赋予同时性概念以绝对的含义。在一个坐标系中看来是同时的两个事件，从另一个与之相对运动的坐标系中看来，就不再是同时的了。

3. 从静止系到与之做相对匀速平移运动的坐标系的坐标和时间变换理论

在"静止"空间中取两个坐标系，每个坐标系有 3 条刚性的直线，从一点出

---

① 这里的"时间"指"静止系时间"，也指"处于所讨论的位置上的运动时钟的指针位置"。

发，并且彼此垂直。假设这两个坐标系的 X 轴重合，而且 Y 轴和 Z 轴分别平行。每个坐标系都有一个刚性量杆和许多时钟，这两个量杆，以及同样所有的时钟，在各个方面都是一样的。

现在假设这两个坐标系之一（k）的原点以恒定的速度 v 沿着使另一个坐标系（K）的 x 坐标增加的方向运动，并且该速度也传给了坐标轴、相应的量杆以及时钟。那么在静止系 K 的任何时刻，运动系的轴都有一个相应的具体位置。又由于对称性，我们可以假设 k 的运动使得在时刻 t（这里"t"总是指静止系的时间）运动系的轴平行于静止系的轴。

现在我们想象从静止系 K 中使用静止量杆度量空间，得到坐标 x，y，z；同时从运动系 k 中使用与其一起运动的量杆度量空间，得到坐标 ξ，η，ζ。进而，照第 1 节的方法，利用光信号，给所有放置了时钟的空间点确定静止系时间 t；类似地，照第 1 节给出的方法，利用点之间的光信号，给运动系中所有放置了时钟的点确定运动系时间 τ，这些时钟相对于该运动系静止。

对于完全定义了一个事件在静止系中的空间和时间的任何一组值 x，y，z，t，相应地存在一组值 ξ，η，ζ，τ 它们确定该事件相对于参照系 k 的状态，现在的任务就是找到把这些数量联系起来的方程组。

首先，很清楚：该方程必定是线性的，因为我们认为空间和时间是均匀的。

如果我们令 $x' = x - vt$，那么显然在参照系 k 中静止的点就有一组值 x'，y，z 与时间无关。我们先把 τ 定义为 x'，y，z 和 t 的函数，为此我们得在方程中表达出 τ，τ 等于参照系 k 中静止时钟数据的总和，其中时钟已经按照第 1 节给出的规则同步化了。

在时刻 τ_0，从参照系 k 的原点出发沿着 X 轴发射一束光，于时刻 τ_1 到达 x' 并被反射，于时刻 τ_2 回到坐标原点。我们必有 $1/2(\tau_0 + \tau_2) = \tau_1$，或者插入函数 τ 的自变量并应用静止系中光速不变原理得到：

$$\frac{1}{2}\left[\tau(0,\ 0,\ 0,\ t) + \tau\left(0,\ 0,\ 0,\ t + \frac{x'}{c-v} + \frac{x'}{c+v}\right)\right] = \tau\left(x',\ 0,\ 0,\ t + \frac{x'}{c-v}\right).$$

因此，若 x' 取无穷小，则有

$$\frac{1}{2}\left(\frac{1}{c-v} + \frac{1}{c+v}\right)\frac{\partial\tau}{\partial t} = \frac{\partial\tau}{\partial x'} + \frac{1}{c-v}\frac{\partial\tau}{\partial t},$$

或

$$\frac{\partial\tau}{\partial x'} + \frac{v}{c^2 - v^2}\frac{\partial\tau}{\partial t} = 0.$$

注意到：除了坐标原点，我们也可以取任何点作为光线的起点，因此上面刚得到的方程对于所有 x'，y，z 的值都成立。

类似的考虑应用于 Y 轴和 Z 轴，记住从静止系看，光线总是沿着这些轴传播，其速度为 $\sqrt{(c^2-v^2)}$，这样就有：

$$\frac{\partial\tau}{\partial y}=0，\quad \frac{\partial\tau}{\partial z}=0。$$

因为 τ 是线性函数，由这些方程可得：

$$\tau=a\left(t-\frac{v}{c^2-v^2}x'\right)$$

其中 a 是目前尚未知的函数 $\phi(v)$，为简要起见，假设在坐标系 k 的原点处，当 $t=0$ 时 $\tau=0$。

借助于这些结果，可以很容易确定 ξ，η，ζ 的值，方法是：在方程中表示出，即使从运动系中测量，光（正如光速不变原理以及相对性原理所要求的那样）仍然以速度 c 传播。对于在时刻 $\tau=0$ 发射出沿着使 ξ 增加的方向行进的一束光，

$$\xi=c\tau \text{ 或 } \xi=ac\left(t-\frac{v}{c^2-v^2}x'\right)。$$

但是若从静止系中测量，这束光相对于 k 的起点以速度 $c-v$ 行进，所以

$$\frac{x'}{c-v}=t。$$

将该 t 值代入 ξ 的方程中，得到

$$\xi=a\frac{c^2}{c^2-v^2}x'。$$

我们采用类同的方法，考虑光线沿着另外两轴行进，发现

$$\eta=c\tau=ac\left(t-\frac{v}{c^2-v^2}x'\right)$$

$$\frac{y}{\sqrt{(c^2-v^2)}}=t，\ x'=0。$$

于是

$$\eta=a\frac{c}{\sqrt{(c^2-v^2)}}y \text{ 和 } \zeta=a\frac{c}{\sqrt{(c^2-v^2)}}z。$$

用 x' 的值来替换它，我们得到：

$$\tau = \phi(v)\beta(t - vx/c^2),$$
$$\xi = \phi(v)\beta(x - vt),$$
$$\eta = \phi(v)y,$$
$$\xi = \phi(v)z,$$

其中

$$\beta = \frac{1}{\sqrt{(1 - v^2/c^2)}},$$

而且 ϕ 是一个尚未知的 v 的函数。如果对运动系的起点和 τ 的零点没做任何假设，那么以上这些方程的右边都应该加一个常数。

现在我们必须证明：如果光线在静止系中以速度 c 传播（正如我们以前假设的），那么它在运动系中是否也是如此；因为我们还没有完全证明光速不变原理与相对性原理是相容的。

在时刻 $t=\tau=0$，此时两个坐标系有共同的坐标原点，假设有一个球面波从原点出发，在坐标系 K 中以速度 c 传播。假设该波刚刚到达点 (x, y, z)，则

$$x^2 + y^2 + z^2 = c^2 t^2 。$$

借助于我们的变换方程，经过简单计算，该等式被变换为：

$$\xi^2 + \eta^2 + \zeta^2 = c^2 \tau^2 。$$

因此，从运动系看来，所讨论的波恰恰是以速度 c 传播的球面波。这证明我们的两个基本原理是相容的。[①]

在上面导出的变换方程中有一个未知的 v 的函数 ϕ，现在我们来确定它。

为此我们引人第三个坐标系 K'，它相对于坐标系 k 平行于 X 轴平移运动，使得坐标系 k 的原点以速度 $-v$ 在 X 轴上运动。假设所有三个坐标原点在时刻 $t=0$ 重合，并且当 $t=x=y=z=0$ 时假设坐标系 K' 的时间 t' 为零。设坐标系 K' 中度量的坐标为 x', y', z'，通过双重应用我们的变换方程得到

$$t' = \phi(-v)\beta(-v)(\tau + v\xi/c^2) = \phi(v)\phi(-v)t,$$
$$x' = \phi(-v)\beta(-v)(\xi + v\tau) = \phi(v)\phi(-v)x,$$
$$y' = \phi(-v)\eta = \phi(v)\phi(-v)y,$$

[①] 基于变换方程应从关系式 $x^2+y^2+z^2=c^2t^2$ 导出第二个关系式 $\xi^2+\eta^2+\zeta=c^2\tau^2$，从这个条件可以更容易地直接导出洛伦兹变换方程。

$$z' = \phi(-v)\zeta = \phi(v)\phi(-v)z。$$

因为 x'，y'，z' 和 x，y，z 之间的关系不含有时间 t，所以坐标系 K 和 K' 彼此相对静止，显然从 K 到 K' 的变换必定是全等变换，于是

$$\phi(v)\phi(-v) = 1。$$

现在来探究公式 $\phi(v)$ 的含义。我们把注意力放在坐标系 k 的 Y 轴上从 $\xi = 0$，$\eta = 0$，$\zeta = 0$ 到 $\xi = 0$，$\eta = l$，$\zeta = 0$ 的部分。这部分 Y 轴是一节量杆，相对于坐标系 K 以速度 v 垂直于它的轴运动，其两端在 K 中的坐标为

$$x_1 = vt, \quad y_1 = \frac{l}{\phi(v)}, \quad z_1 = 0$$

和

$$x_2 = vt, \quad y_2 = 0, \quad z_2 = 0。$$

故此杆在 K 中测量的长度为 $l/\phi(v)$，这告诉我们函数 $\phi(v)$ 的意义。因为对称性的缘故，很明显，在静止系中测量，垂直于轴运动的给定杆的长度必定只依赖速度，而不依赖运动的方向。因此，若交换 v 和 $-v$，则运动杆在静止系中度量的长度不变，于是有 $l/\phi(v) = l/\phi(-v)$，或

$$\phi(v) = \phi(-v)。$$

由此关系式和前面找到的关系式得出 $\phi(v) = 1$，所以前面建立的变换方程就变为：

$$\tau = \beta(t - vx/c^2),$$
$$\xi = \beta(x - vt),$$
$$\eta = y,$$
$$\zeta = z,$$

其中

$$\beta = 1/\sqrt{(1 - v^2/c^2)}。$$

4. 就运动刚体和运动时钟而获得的方程的物理意义

想象一个半径为 R 的刚球[①]，相对于运动系 k 静止，其中心位于 k 的坐标原点。该球表面相对于坐标系 K 以速度 v 运动，其运动方程为：

$$\xi^2 + \eta^2 + \zeta^2 = R^2。$$

在时刻 $t = 0$ 以 x，y，z 表示的该表面方程为

_____

① 刚球即在静止时考察形状为球形的物体。

$$\frac{x^2}{\sqrt{(1 - v^2/c^2)^2}} + y^2 + z^2 = R^2 。$$

因此，一个静止状态下形状为球形的刚体，在运动状态下——从静止系中看——形状为旋转椭球，它的轴的长度分别为：

$$R\sqrt{(1 - v^2/c^2)} , \ R, \ R 。$$

因此，虽然运动似乎不改变球体（以及不论形状如何的所有刚体）的 Y 维和 Z 维，X 维似乎以比例 $1 : \sqrt{(1-v^2/c^2)}$ 缩短了，即 v 值越大，缩短得越多。当 $v=c$ 时所有运动物体——从"静止"系看来——都萎缩成平面图形了。当速度大于光速时我们的讨论就变得无意义了。然而，从下面的讨论我们会发现，在我们的理论中，光速在物理上扮演着无穷大速度的角色。

显然，从匀速运动的坐标系看，同样的结论对于在"静止"系中静止的物体成立。

进一步，我们想象那些相对于静止系静止时能够标示时间 t，而且相对于运动系静止时能够标示时间 τ 的时钟中的一个，它位于 k 的坐标原点，并且校准它使得它标示时间 τ。那么从静止系看来，该时钟走得快慢如何？

在指示时钟位置的量 x、t 和 τ 之间，显然有 $x=vt$ 以及

$$\tau = \frac{1}{\sqrt{(1 - v^2/c^2)}}(t - vx/c^2) 。$$

因此

$$\tau = t\sqrt{(1 - v^2/c^2)} = t - (1 - \sqrt{(1 - v^2/c^2)})t$$

由此可知，该时钟标示的时间（从静止系中看）每秒钟慢了 $1-\sqrt{(1-v^2/c^2)}$，或者——若忽略四阶和更高阶的项——慢了 $\frac{1}{2}v^2/c^2$。

由此得到以下独特的结果。如果在 K 中的点 A 和 B 处放有静止时钟，从静止系中看来是同步的；若在 A 处的时钟以速度 v 沿着直线 AB 向 B 运动，那么当它到达 B 时这两个时钟就不再同步了，从 A 移动到 B 的时钟要比留在 B 处的时钟慢 $\frac{1}{2}w^2/c^2$（不算四阶和更高阶的项），其中 t 是从 A 移动到 B 所花的时间。

很显然，如果时钟沿着任何折线从 A 运动到 B 时，该结果还成立，当 A，B 两点重合时仍然成立。

若承认对于折线成立的结论对于连续曲线也成立，则我们得到下面的结果：如果两个位于 A 点的同步时钟之一沿着闭合曲线以恒速运动并返回 A 处，旅程持续 t 秒，那么当运动的时钟返回 A 时，它会比留在原地静止的时钟慢 $\frac{1}{2}tv^2/c^2$。由此我们得出结论：在其他条件相同的情况下，赤道处的平衡钟（不是摆钟，其在物理上是地球所属的系统。这种情况必须排除）必定比位于两极的完全相似的时钟走得慢一点点。

5. 速度的合成

假设在沿着坐标系 K 的 X 轴以速度 v 运动坐标系 k 中，有一点按照如下方程运动

$$\xi = w_\xi \tau, \quad \eta = \omega_\eta \tau, \quad \zeta = 0,$$

其中 w_ξ 和 ω_η 表示常数。

要求：该点相对于坐标系 K 运动。若借助于第 3 节中建立的变换方程，我们把量 x、y，z，t 引入该点的运动方程，得到：

$$x = \frac{w_\xi + v}{1 + vw_\xi/c^2}t,$$

$$y = \frac{\sqrt{(1 - v^2/c^2)}}{1 + vw_\xi/c^2}w_\eta t,$$

$$z = 0。$$

所以根据我们的理论，速度的平行四边形法则仅仅近似地成立。我们设

$$V^2 = \left(\frac{dx}{dt}\right)^2 + \left(\frac{dy}{dt}\right)^2,$$

$$w^2 = w_\xi^2 + w_\eta^2,$$

$$a = \tan^{-1} w_y/w_x,$$

a 被看成是速度 v 和 w 之间的夹角。通过简单计算我们可得：

$$V = \frac{\sqrt{[(v^2 + w^2 + 2vw\cos a - (vw\sin a/c^2)^2]}}{1 + vw\cos a/c^2}。$$

需要指出的是，在合成速度的表达式中，v 与 w 是以对称方式出现的。若 w 的方向也是 X 轴的方向，我们就有：

$$V = \frac{v + w}{1 + vw/c^2}。$$

由此方程得出：两个小于 c 的速度的合成速度总是小于 c。因为如果假设 $v=c-k$，$w=c-\lambda$，其中 k 和 λ 是小于 c 的正数，那么

$$V = c\,\frac{2c - k - \lambda}{2c - k - \lambda + k\lambda/c} < c\text{。}$$

进一步可得，光速与小于光速的速度合成，结果仍为光速 c。对于这种情况，我们有：

$$V = \frac{c + w}{1 + w/c} = c\text{。}$$

当 v 与 w 方向相同时，遵照第 3 节，通过合成两个变换，我们也许已经得到了 V 的公式。如果除了第 3 节涉及的坐标系 K 与 k 以外，我们再引入另一个平行于 k 运动的坐标系 k'，它的起点在 X 轴上以速度 w 运动，那么我们就得到联系量 x，y，z，t 和 k' 的相应量的一组方程，它与第 3 节建立的方程的差别仅仅在于出现"v"的地方都替换为

$$\frac{v + w}{1 + vw/c^2}\text{；}$$

由此可以看出，这样的平行变换必然地形成一个群。

我们已经导出了对应于两大原理的运动学理论所必需的定律，现在继续前进，将它们应用于电动力学。

二、电动力学部分

6. 真空的麦克斯韦-赫兹方程变换。论运动磁场产生的电动力的本质

设真空的麦克斯韦-赫兹方程对静止坐标系 K 成立，我们有：

$$\frac{1}{c}\frac{\partial X}{\partial t} = \frac{\partial N}{\partial y} - \frac{\partial M}{\partial z},\quad \frac{1}{c}\frac{\partial L}{\partial t} = \frac{\partial Y}{\partial z} - \frac{\partial Z}{\partial y},$$

$$\frac{1}{c}\frac{\partial Y}{\partial t} = \frac{\partial L}{\partial z} - \frac{\partial N}{\partial x},\quad \frac{1}{c}\frac{\partial M}{\partial t} = \frac{\partial Z}{\partial x} - \frac{\partial X}{\partial z},$$

$$\frac{1}{c}\frac{\partial Z}{\partial t} = \frac{\partial M}{\partial x} - \frac{\partial L}{\partial y},\quad \frac{1}{c}\frac{\partial N}{\partial t} = \frac{\partial X}{\partial y} - \frac{\partial Y}{\partial x},$$

其中（X，Y，Z）表示电力矢量，（L，M，N）表示磁力矢量。

如果把电磁过程参照于第 3 节引入的、以速度 v 运动的坐标系，将那里建立的变换应用于这些方程，就得到以下方程：

$$\frac{1}{c}\frac{\partial X}{\partial \tau} = \frac{\partial}{\partial \eta}\left\{\beta - \left(N - \frac{v}{c}Y\right)\right\} - \frac{\partial}{\partial \zeta}\left\{\beta\left(M + \frac{v}{c}Z\right)\right\},$$

$$\frac{1}{c}\frac{\partial}{\partial \tau}\left\{\beta\left(Y - \frac{v}{c}N\right)\right\} = \frac{\partial L}{\partial \xi} - \frac{\partial}{\partial \xi}\left\{\beta\left(N - \frac{v}{c}Y\right)\right\}\text{。}$$

$$\frac{1}{c}\frac{\partial}{\partial \tau}\left\{\beta\left(Z + \frac{v}{c}M\right)\right\} = \frac{\partial}{\partial \xi}\left\{\beta\left(M + \frac{v}{c}Z\right)\right\} - \frac{\partial L}{\partial \eta},$$

$$\frac{1}{c}\frac{\partial L}{\partial \tau} = \frac{\partial}{\partial \zeta}\left\{\beta - \left(Y - \frac{v}{c}N\right)\right\} - \frac{\partial}{\partial \eta}\left\{\beta\left(Z + \frac{v}{c}M\right)\right\},$$

$$\frac{1}{c}\frac{\partial}{\partial \tau}\left\{\beta\left(M + \frac{v}{c}Z\right)\right\} = \frac{\partial}{\partial \xi}\left\{\beta\left(Z + \frac{v}{c}M\right)\right\} - \frac{\partial X}{\partial \zeta},$$

$$\frac{1}{c}\frac{\partial}{\partial \tau}\left\{\beta\left(N - \frac{v}{c}Y\right)\right\} = \frac{\partial X}{\partial \eta} - \frac{\partial}{\partial \xi}\left\{\beta\left(Y - \frac{v}{c}N\right)\right\}\text{。}$$

其中

$$\beta = 1/\sqrt{(1 - v^2/c^2)}\text{。}$$

现在相对性原理要求，如果真空的麦克斯韦-赫兹方程在坐标系 K 中成立，那么它在坐标系 k 中也成立；这就是说，分别由电性物质和磁性物质上的有质动力效应定义的运动坐标系 k 中的电力和磁力矢量——（X'，Y'，Z'）和（L'，M'，N'）满足以下方程：

$$\frac{1}{c}\frac{\partial X'}{\partial \tau} = \frac{\partial N'}{\partial \eta} - \frac{\partial M'}{\partial \zeta}, \quad \frac{1}{c}\frac{\partial L'}{\partial \tau} = \frac{\partial Y'}{\partial \zeta} - \frac{\partial Z'}{\partial \eta},$$

$$\frac{1}{c}\frac{\partial Y'}{\partial \tau} = \frac{\partial L'}{\partial \zeta} - \frac{\partial N'}{\partial \xi}, \quad \frac{1}{c}\frac{\partial M'}{\partial \tau} = \frac{\partial Z'}{\partial \xi} - \frac{\partial X'}{\partial \zeta},$$

$$\frac{1}{c}\frac{\partial Z'}{\partial \tau} = \frac{\partial M'}{\partial \xi} - \frac{\partial L'}{\partial \eta}, \quad \frac{1}{c}\frac{\partial N'}{\partial \tau} = \frac{\partial X'}{\partial \eta} - \frac{\partial Y'}{\partial \xi}\text{。}$$

很明显，为坐标系 k 建立的这两组方程表达的一定是同一个意思，因为两组方程都等价于坐标系 K 的麦克斯韦-赫兹方程。进一步，除了矢量符号不同以外，这两组方程是一样的，所以方程组中对应位置上的函数必定是一样的，只是相差一个因子 $\psi(v)$，该因子对一组方程中的所有函数是共同的，与 ξ，η，ζ 和 τ 无关，而依赖 v。于是到关系式：

$$X' = \psi(v)X, \qquad\qquad L' = \psi(v)L,$$

$$Y' = \psi(v)\beta\left(Y - \frac{v}{c}N\right), \qquad M' = \psi(v)\beta\left(M + \frac{v}{c}Z\right),$$

$$Z' = \psi(v)\beta\left(Z + \frac{v}{c}M\right) , \qquad\qquad N' = \psi(v)\beta\left(N - \frac{v}{c}Y\right) 。$$

如果我们首先求解这组方程, 其次将这组方程应用于由速度 $-v$ 刻画的逆变换（从 k 到 K）, 得到上面这组方程的互反方程, 那么考虑到这样得到的两组方程一定是相同的, 就有 $\psi(v)\psi(-v) = 1$。进而, 因为对称性的原因①。$\psi(v) = \psi(-v)$, 所以

$$\psi(v) = 1,$$

我们的方程具有形式

$$X' = X, \qquad\qquad L' = L,$$

$$Y' = \beta\left(Y - \frac{v}{c}N\right) , \qquad M' = \beta\left(M + \frac{v}{c}Z\right) ,$$

$$Z' = \beta\left(Z + \frac{v}{c}M\right) , \qquad N' = \beta\left(N - \frac{v}{c}Y\right) 。$$

关于这些方程的解释, 我们做下面的评论: 设一个点电荷在静止坐标系 K 中测量有电量 "1", 即当它在静止系中不动时, 它对距离 1 cm 处的等量电荷的作用力为 1 dyne。由相对性原理, 该电荷在运动系中测量的电荷值也是 "1"。如果该电荷相对于静止系不动, 那么由定义, 矢量 (X, Y, Z) 等于作用于其上的力。如果该电荷相对于运动系静止（至少在相关的时刻）, 那么在运动系中测量作用于其上的力就等于 (X', Y', Z')。因此上面方程组中的头 3 个等式可以用以下两种方式加以说明:

1) 当单位点电荷在电磁场中运动时, 除了电力以外, 还有 "电动势" 作用于它。若忽略 v/c 的平方和高次方所乘的项, 这个电动势等于电荷速度与磁力的矢量积, 除以光速。（老的表达方式）

2) 当单位点电荷在电磁场中运动时, 它受的力等于在电荷处存在的电力, 我们通过把电磁场变换为相对于电荷静止的坐标系而求得该电力值。（新的表达方式）

对于 "磁动势" 也是一样。我们看到, 电动势在所建立的理论中仅仅起到辅助概念的作用, 只有在电磁力的存在依赖坐标系的运动状态时才需要引入它。

进一步, 引言中所提到的、在我们考虑由磁体和导体的相对运动而产生的电

---

① 比如, 若 $X=Y=Z=L=M=0$ 而 $N\neq0$, 那么由于对称性的原因, 当 v 改变符号而不改变值的时候, Y' 显然也一定改变符号而不改变值。

流时所引起的非对称性，现在显然不存在了。而且，关于电动力的电动势（单极机器）的"位置"问题现在也没有意义了。

7. 多普勒原理和光行差理论

在坐标系 K 中，远离坐标原点的地方，设有一个电动波源，在包含坐标原点的部分空间中，可以以足够的近似度表示为以下方程：

$$X = X_0 \sin \Phi, \quad L = L_0 \sin \Phi,$$
$$Y = Y_0 \sin \Phi, \quad M = M_0 \sin \Phi,$$
$$Z = Z_0 \sin \Phi, \quad N = N_0 \sin \Phi,$$

其中

$$\Phi = \omega \left\{ t - \frac{1}{c} (lx + my + nz) \right\}。$$

(X_0, Y_0, Z_0) 和 (L_0, M_0, N_0) 是定义波列振幅的矢量，l, m, n 是波法线的方向余弦。我们希望知道，在运动坐标系 k 中静止的观察者看来，这些波的组成是什么。

应用第 6 节建立的电磁力变换方程，以及第 3 节建立的坐标和时间变换方程，我们直接得到：

$$X' = x_0 \sin \Phi', \qquad\qquad L' = L_0 \sin \Phi',$$
$$Y' = \beta (Y_0 - vN_0/c) \sin \Phi', \qquad M' = \beta (M_0 + vZ_0/c) \sin \Phi',$$
$$Z' = \beta (Z_0 + vM_0/c) \sin \Phi', \qquad N' = \beta (N_0 - vY_0/c) \sin \Phi',$$

$$\Phi' = \omega' \left\{ \tau - \frac{1}{c} (l'\xi + m'\eta + n'\zeta) \right\}$$

其中

$$\omega' = \omega \beta (1 - lv/c),$$
$$l' = \frac{l - v/c}{1 - lv/c},$$
$$m' = \frac{m}{\beta (1 - lv/c)},$$
$$n' = \frac{n}{\beta (1 - lv/c)}。$$

由 ω' 的方程可知，如果观察者相对于无限远处的频率为 ν 的光源以速度 v 运动，而且使得"光源—观察者"的连线以观察者的速度，即观察者相对于与光源相对静止的坐标系的速度，形成角度 ϕ，那么观察者所看到的光频率 ν' 由下式给出：

$$\nu' = \nu \, \frac{1 - \cos \phi \cdot v/c}{\sqrt{(1 - v^2/c^2)}}\text{。}$$

这是任意速度的多普勒原理。当 $\phi = 0$ 时，方程取明晰的形式

$$\nu' = \nu \sqrt{\frac{1 - v/c}{1 + v/c}}\text{。}$$

我们看到，与传统观点不同，当 $v = -c$ 时，$\nu' = \infty$。

如果把运动系中的波法线（光线的前进方向）与"光源—观察者"的连线之间的夹角记为 ϕ'，那么 l' 的方程具有如下形式：

$$\cos \phi' = \frac{\cos \phi - v/c}{1 - \cos \phi \cdot v/c}\text{。}$$

这个等式表达了光行差定律的最一般形式。若 $\phi = 1/2\,\pi$，则方程简化为：

$$\cos \phi' = -v/c\text{。}$$

我们还必须找到波在运动系中的振幅。如果把在静止系和运动系中测量的电力和磁力的振幅分别记为 A 和 A'，我们得到：

$$A'^2 = A^2 \, \frac{(1 - \cos \phi \cdot v/c)^2}{1 - v^2/c^2}$$

当 $\phi = 0$ 时方程简化为：

$$A'^2 = A^2 \, \frac{1 - v/c}{1 + v/c}\text{。}$$

从这些结果知道，对于一个以速度 c 逼近光源的观察者而言，该光源的光强必定显得无穷大。

8. 光线能量的转换。作用在完美反射面上的辐射压理论

既然 $A^2/8\,\pi$ 等于单位体积的光能，那么根据相对性原理，我们必须把 $A'^2/8\,\pi$ 看作是光在运动系中的能量。于是不论是在 K 中还是在 k 中测量，只要光束的体积相同，A'^2/A^2 就是给定的光束在"在运动中测量的"和"在静止中测量的"能量值之比。但这不是实际情况。设 l，m，n 是静止系中光的波法方向余弦，则没有能量穿越以光速行进的球面：

$$(x - lct)^2 + (y - mct)^2 + (z - nct)^2 = R^2\text{。}$$

因此可以说该表面永久地包住了这一光束。我们来探究，从参考系 k 看来，该表

面包住的能量值是多少，即该光束相对于参考系 k 的能量值。

这个球面——从运动系看来——是椭球面，其在时刻 $\tau = 0$ 时的方程为

$$(\beta\xi - l\beta\xi v/c)^2 + (\eta - m\beta\xi v/c)^2 + (\zeta - n\beta\xi v/c)^2 = R^2 \text{。}$$

如果球体的体积为 S，而该椭球体的体积为 S'，经过简单计算得

$$\frac{S'}{S} = \frac{\sqrt{1 - v^2/c^2}}{1 - \cos\phi \cdot v/c} \text{。}$$

于是，若该表面所包住的光能量在静止系中测量的值为 E，在运动系中测量的值为 E'，则有

$$\frac{E'}{E} = \frac{A'^2 S'}{A^2 S} = \frac{1 - \cos\phi \cdot v/c}{\sqrt{(1 - v^2/c^2)}} \text{,}$$

该公式在 $\phi = 0$ 时简化为

$$\frac{E'}{E} = \sqrt{\frac{1 - v/c}{1 + v/c}} \text{。}$$

值得注意的是，光束的能量和频率按照同一定律随着观察者的运动状态变化。

现在设坐标平面 $\xi = 0$ 是个完美反射面，第 7 节讨论的平面波在其上被反射。我们探求光对反射面施加的压力，以及反射后光的方向、频率和强度。

设一束入射光由量 A，$\cos\phi$，ν 定义（相对于参照系 K）。从参照系 k 看来，对应的量为

$$A' = A \frac{1 - \cos\phi \cdot v/c}{\sqrt{(1 - v^2/c^2)}} \text{,}$$

$$\cos\phi' = \frac{\cos\phi - v/c}{1 - \cos\phi \cdot v/c} \text{,}$$

$$\nu' = \nu \frac{1 - \cos\phi \cdot v/c}{\sqrt{(1 - v^2/c^2)}} \text{。}$$

对于反射光，其过程相对于坐标系 k，我们得到：

$$A'' = A'$$

$$\cos\phi'' = -\cos\phi'$$

$$\nu'' = \nu'$$

最后，对于反射光，变换回静止系 K，我们得到：

22

$$A''' = A'' \frac{1 + \cos \phi'' \cdot v/c}{\sqrt{(1 - v^2/c^2)}} = A \frac{1 - 2\cos \phi \cdot v/c + v^2/c^2}{1 - v^2/c^2},$$

$$\cos \phi''' = \frac{\cos \phi'' + v/c}{1 + \cos \phi'' \cdot v/c} = -\frac{(1 + v^2/c^2)\cos \phi - 2v/c}{1 - 2\cos \phi \cdot v/c + v^2/c^2}$$

$$\nu''' = \nu'' \frac{1 + \cos \phi'' v/c}{\sqrt{(1 - v^2/c^2)}} = \nu \frac{1 - 2\cos \phi \cdot v/c + v^2/c^2}{1 - v^2/c^2}。$$

单位时间内单位面积的镜面上入射的能量值（在静止系中测量）显然为 $A^2(c\cos \phi - v)/(8\pi)$，单位时间内离开单位表面的能量值为 $A'''^2(-c\cos \phi''' + v)/(8\pi)$。根据能量原理，两式之差就是光压在单位时间内做的功。如果认为这个功等于乘积 Pv，其中 P 是光压，那么

$$P = 2 \cdot \frac{A^2}{8\pi} \frac{(\cos \phi - v/c)^2}{1 - v^2/c^2}。$$

与实验结果和其他理论相一致，我们得到以下的一次近似等式

$$P = 2 \cdot \frac{A^2}{8\pi} \cos^2 \phi。$$

所有运动物体的光学问题都能够由这里采用的方法解决。关键是要把受运动物体影响的光的电磁力变换到相对于物体静止的坐标系。采用这种办法，所有运动物体的光学问题就归结为一系列静止物体的光学问题。

9. 考虑到对流电流的麦克斯韦-赫兹方程变换

从以下方程出发：

$$\frac{1}{c}\left\{\frac{\partial X}{\partial t} + u_x\rho\right\} = \frac{\partial N}{\partial y} - \frac{\partial M}{\partial z}, \quad \frac{1}{c}\frac{\partial L}{\partial t} = \frac{\partial Y}{\partial z} - \frac{\partial Z}{\partial y},$$

$$\frac{1}{c}\left\{\frac{\partial Y}{\partial t} + u_y\rho\right\} = \frac{\partial L}{\partial z} - \frac{\partial N}{\partial x}, \quad \frac{1}{c}\frac{\partial M}{\partial t} = \frac{\partial Z}{\partial x} - \frac{\partial X}{\partial z},$$

$$\frac{1}{c}\left\{\frac{\partial Z}{\partial t} + u_z\rho\right\} = \frac{\partial M}{\partial x} - \frac{\partial L}{\partial y}, \quad \frac{1}{c}\frac{\partial N}{\partial t} = \frac{\partial X}{\partial y} - \frac{\partial Y}{\partial x},$$

其中

$$\rho = \frac{\partial X}{\partial x} + \frac{\partial Y}{\partial y} + \frac{\partial Z}{\partial z}$$

表示 4π 倍电流密度，(u_x, u_y, u_z) 表示电荷的速度矢量。如果我们想象电荷始终如一地伴随着刚性小物体（离子，电子），那么这些方程就是洛伦兹电动力学和运动物体光学的电磁基础。

设这些方程在参照系 K 中成立，借助于第 3 节和第 6 节建立的变换方程，把它们变换到坐标系 k、我们就得到方程：

$$\frac{1}{c}\left\{\frac{\partial X'}{\partial \tau} + u_\xi \rho'\right\} = \frac{\partial N'}{\partial \eta} - \frac{\partial M'}{\partial \zeta}, \quad \frac{1}{c}\frac{\partial L'}{\partial \tau} = \frac{\partial Y'}{\partial \zeta} - \frac{\partial Z'}{\partial \eta},$$

$$\frac{1}{c}\left\{\frac{\partial Y'}{\partial \tau} + u_\eta \rho'\right\} = \frac{\partial L'}{\partial \zeta} - \frac{\partial N'}{\partial \xi}, \quad \frac{1}{c}\frac{\partial M'}{\partial \tau} = \frac{\partial Z'}{\partial \xi} - \frac{\partial X'}{\partial \zeta},$$

$$\frac{1}{c}\left\{\frac{\partial Z'}{\partial \tau} + u_\zeta \rho'\right\} = \frac{\partial M'}{\partial \xi} - \frac{\partial L'}{\partial \eta}, \quad \frac{1}{c}\frac{\partial N'}{\partial \tau} = \frac{\partial X'}{\partial \eta} - \frac{\partial Y'}{\partial \xi},$$

其中

$$u_\xi = \frac{u_x - v}{1 - u_x v/c^2},$$

$$u_\eta = \frac{u_y}{\beta(1 - u_x v/c^2)},$$

$$u_\zeta = \frac{u_z}{\beta(1 - u_x v/c^2)},$$

而且

$$\rho' = \frac{\partial X'}{\partial \xi} + \frac{\partial Y'}{\partial \eta} + \frac{\partial Z'}{\partial \zeta} = \beta(1 - u_x v/c^2)\rho。$$

由于从速度叠加定理（第 5 节）可知，矢量 $(u_\xi,\ u_\eta,\ u_\zeta)$ 恰恰是参照系 k 中测量的电荷速度，由此我们在运动学原理的基础上证明了，运动物体的洛伦兹电动力学理论的电动力学基础与相对性原理是一致的。

进一步，我还可以简短地评论一下，下面的重要定律可以很容易地从上面建立的方程中推导出来：如果一个带电物体在空间中任意运动，而且在与它一起运动的坐标系看来其电荷不变，那么在"静止"坐标系 K 看来，其电荷也保持不变。

10. 缓慢加速电子的动力学

假定电磁场中有一个运动的带电粒子（以下称为"电子"），其运动规律假设如下：

如果在给定时刻电子处于静止状态，那么在下一个时刻发生的电子的运动，只要运动得很慢，就遵循以下方程

$$m\frac{d^2 x}{dt^2} = \varepsilon X,$$

$$m\frac{\mathrm{d}^2 y}{\mathrm{d}t^2} = \varepsilon Y,$$

$$m\frac{\mathrm{d}^2 z}{\mathrm{d}t^2} = \varepsilon Z,$$

其中 x、y，z 表示电子的坐标，m 表示电子的质量。

然后，设在给定时刻电子的速度是 v，我们现在来探究在紧随的后来时刻里电子的运动规律。

不失讨论的一般性，可以假设，在我们开始关注它的那一刻，电子处在坐标原点，以速度 v 沿着坐标系 K 的 X 轴运动。那么很清楚，在给定时刻（$t = 0$），电子与沿着 X 轴以速度 v 平行移动的坐标系相对静止。

由以上假设，连同相对性原理一起，显然可知，在接下来的紧随的时间里（对于很小的值 t），从坐标系 k 看来，电子的运动满足方程

$$m\frac{\mathrm{d}^2 \xi}{\mathrm{d}\tau^2} = \varepsilon X',$$

$$m\frac{\mathrm{d}^2 \eta}{\mathrm{d}\tau^2} = \varepsilon Y',$$

$$m\frac{\mathrm{d}^2 \zeta}{\mathrm{d}\tau^2} = \varepsilon Z',$$

其中符号 ξ，η，ζ，τ，X'，Y'，Z' 是相对于坐标系 k 的值。若进一步规定当 $t = x = y = z = 0$ 时 $\tau = \xi = \eta = \zeta = 0$，则第 3 节和第 6 节的变换方程成立，于是有

$$\xi = \beta(x - vt),\ \eta = y,\ \xi = z,\ \tau = \beta(t - vx/c^2)$$
$$X' = X,\ Y' = \beta(Y - vN/c),\ Z' = \beta(Z + vM/c)。$$

借助于这些等式，我们把上面的运动方程从坐标系 k 变换到坐标系 K，得到：

$$\left.\begin{aligned}\frac{\mathrm{d}^2 x}{\mathrm{d}t^2} &= \frac{\varepsilon}{m\beta^3} X \\[2mm] \frac{\mathrm{d}^2 y}{\mathrm{d}t^2} &= \frac{\varepsilon}{m\beta}\left(Y - \frac{v}{c}N\right) \\[2mm] \frac{\mathrm{d}^2 z}{\mathrm{d}t^2} &= \frac{\varepsilon}{m\beta}\left(Z + \frac{v}{c}M\right)\end{aligned}\right\}。\qquad (A)$$

采用通常的观点，我们现在来探求运动电子的"纵质量"和"横质量"。我们把方程组（A）的形式写为

$$m\beta^3 \frac{\mathrm{d}^2 x}{\mathrm{d}t^2} = \varepsilon X = \varepsilon X',$$

$$m\beta^2 \frac{\mathrm{d}^2 y}{\mathrm{d}t^2} = \varepsilon\beta\left(Y - \frac{v}{c}N\right) = \varepsilon Y',$$

$$m\beta^2 \frac{\mathrm{d}^2 z}{\mathrm{d}t^2} = \varepsilon\beta\left(Z + \frac{v}{c}M\right) = \varepsilon Z',$$

首先注意到，$\varepsilon X'$，$\varepsilon Y'$，$\varepsilon Z'$ 是作用在电子上的有质动力的分量，而且从与电子同一速度一起运动的坐标系中看来的确如此。（这个力是可以测量的，例如利用一个在上述坐标系中静止的弹簧秤。）现在如果就把这个力称为"作用在电子上的力"①，并且保留方程——质量×加速度＝力——而且如果我们还决定在静止坐标系 K 中测量加速度，那么从上述方程可以导出：

$$\text{纵质量} = \frac{m}{\sqrt{(1 - v^2/c^2)^3}},$$

$$\text{横质量} = \frac{m}{1 - v^2/c^2}。$$

力和加速度的定义不同，得到的质量值自然也不同。这告诉我们，在比较不同的电子运动理论时，我们必须非常小心。

注意到，这些关于质量的结果对于可称量的质点也是成立的，因为可称量的质点可以通过加电荷而变成电子（按照我们对这个词的定义），不论多么小。

现在我们来确定电子的动能。如果电子从静止在坐标系 K 的原点起步，在静电力 X 的作用下，沿着 X 轴开始运动，那么显然从静电场带走的能量值为 $\int \varepsilon X \mathrm{d}x$。随着电子的缓慢加速，结果它可能不会发出任何辐射能，那么静电场损失的能量必定等于电子的动能 W。记住在我们所讨论的整个运动过程中，方程组（A）的第一个方程有效，于是有

$$W = \int \varepsilon X \mathrm{d}x = m\int_0^v \beta^3 v \mathrm{d}v = mc^2\left\{\frac{1}{\sqrt{1 - v^2/c^2}} - 1\right\}。$$

所以当 $v=c$ 时，W 变成无穷大。大于光速的速度——根据前面的结果——是不可能存在的。

---

① 正如普朗克（M. Planck）首先指出的，这里给出的力的定义不是很适合。如果力的定义使得动量定律和能量定律的形式最简单，那会更加切中要害。

根据上面的讨论，该动能表达式必定也适用于可称量的质量。

现在我们来列举从方程组（A）导出的、实验可验证的电子的运动性质：

1）从方程组（A）的第二个方程可知，当 $Y = Nv/c$ 时，电力 Y 和磁力 N 对运动速度为 v 的电子具有同样强的偏转作用。所以根据我们的理论，从磁偏转力 A_m 与电偏转力 A_e 之比，就可以算出电子的速度，不论速度是多少，方法是运用下面的定律

$$\frac{A_m}{A_e} = \frac{v}{c}。$$

这个关系式可以由实验验证，因为电子的速度可以直接测量，例如利用快速振动的电磁场。

2）由电子动能的推导过程可知，在穿过的势差 P 和电子所获得的速度 v 之间必定有关系

$$P = \int X \mathrm{d}x = \frac{m}{\varepsilon} c^2 \left\{ \frac{1}{\sqrt{1 - v^2/c^2}} - 1 \right\}$$

3）当垂直于电子的速度存在一个磁力 N（作为唯一的偏转力）时，我们来计算电子轨迹的曲率半径。从方程组（A）的第二个方程可得

$$-\frac{\mathrm{d}^2 y}{\mathrm{d}t^2} = \frac{v^2}{R} = \frac{\varepsilon}{m} \frac{v}{c} N \sqrt{1 - \frac{v^2}{c^2}}$$

或者

$$R = \frac{mc^2}{\varepsilon} \cdot \frac{v/c}{\sqrt{(1 - v^2/c^2)}} \cdot \frac{1}{N}。$$

根据此处发展的理论，这三个关系式完全表达了电子运动所必须遵循的规律。

最后，我想说的是，在研究本文的问题过程中，我得到了朋友兼同事贝索（M. Besso）的热心帮助，我很感激他的几个有价值的建议。

（黄雄译）

物体的惯性同它所含的能量有关吗

英文版译自 "Ist die Trägheit eines Körpers von seinem Energiegehalt abhängig?"
Annalen der Physik，17，1905

前不久我在本刊①发表的电动力学研究结果导致一个非常有趣的结论，这里要把它推演出来。

在前一研究中，我所根据的是关于空虚的赫兹方程和关于空间电磁能的麦克斯韦表达式，另外还加上这样一条原理：

物理体系的状态据以变化的定律，同描述这些状态变化时所参照的坐标系究竟是用两个在互相平行匀速移动着的坐标系中的哪一个并无关系（相对性原理）。

我在这些基础上②上，除其他一些结果外，还推导出了下面一个结果（参见上述引文 §8）：

设有一组平面光波，参照于坐标系 $(x、y, z)$，它具有能量 l；设光线的方向（波面法线）同坐标系的 x 轴相交成 φ 角。如果我们引进一个对坐标系 (x, y, z) 做匀速平行移动的新坐标系 (ξ, η, ζ)，它的坐标原点以速度 v 沿 x 轴运动，那么这道光线——在 (ξ, η, ζ) 系中量出——具有能量：

$$l^* = l \frac{1 - \dfrac{v}{c}\cos\varphi}{\sqrt{1 - \left(\dfrac{v}{c}\right)^2}},$$

此处 c 表示光速。以后我们要用到这个结果。

设在坐标系 (x, y, z) 中有一个静止的物体，它的能量——参照于 (x, y, z) 系——是 E_0。设这个物体的能量相对于一个像上述那样以速度 v 运动着的 (ξ, η, ζ) 系，则是 H_0。

设该物体发出一列平面光波，其方向同 x 轴交成 φ 角，能量为 $L/2$（相对于 $[x, y, z]$ 量出），同时在相反方向也发出等量的光。在这段时间内，该物体对 (x, y, z) 系保持静止。能量原理必定适用于这一过程，而且（根据相对性原

---

① A. Einstein, *Ann. d. Phys.* 17. p. 891. 1905.

② 那里所用到的光速不变原理当然包括在麦克斯韦方程里面了。

理）对于以上坐标系都是适用的。如果我们把这个物体在发光后的能量，对于 (x, y, z) 系和对于 (ξ, η, ζ) 系量出的值，分别叫作 E_1 和 H_1，那么利用上面所给的关系，我们就得到：

$$E_0 = E_1 + \left(\frac{L}{2} + \frac{L}{2} \right),$$

$$H_0 = H_1 + \left[\frac{L}{2} \frac{1 - \dfrac{v}{c}\cos\varphi}{\sqrt{1 - \left(\dfrac{v}{c}\right)^2}} + \frac{L}{2} \frac{1 + \dfrac{v}{c}\cos\varphi}{\sqrt{1 - \left(\dfrac{v}{c}\right)^2}} \right] = H_1 + \frac{L}{\sqrt{1 - \left(\dfrac{v}{c}\right)^2}}.$$

把这两个方程相减，我们得到：

$$(H_0 - E_0) - (H_1 - E_1) = L \left[\frac{1}{\sqrt{1 - \left(\dfrac{v}{c}\right)^2}} - 1 \right].$$

在这个表示式中，以 $H-E$ 这样形式出现的两个差，具有简单的物理意义。H 和 E 是这同一物体参照于两个彼此相对运动着的坐标系的能量，而且这物体在其中一个坐标系（$[x, y, z]$ 系）中是静止的。所以很明显，对于另一坐标系（$[\xi, \eta, \zeta]$ 系）来说，$H-E$ 这个差所不同于这物体的动能 K 的，只在于一个附加常数 C，而且这个常数取决于对能量 H 和 E 的任意附加常数的选择。由此我们可以设：

$$H_0 - E_0 = K_0 + C,$$

$$H_1 - E_1 = K_1 + C,$$

因为 C 在光发射时是不变的。所以我们得到：

$$K_0 - K_1 = L \left[\frac{1}{\sqrt{1 - \left(\dfrac{v}{c}\right)^2}} - 1 \right].$$

对于 (ξ, η, ζ) 来说，这个物体的动能由于光的发射而减少了，并且所减少的量同物体的性质无关。此外，K_0-K_1 这个差，像电子的动能（参看上述引文 §10）一样，是同速度有关的。

略去第 4 级和更高级的（小）量，我们可设：

$$K_0 - K_1 = \frac{L}{c^2} \frac{c^2}{2}.$$

从这个方程可以直接得知：

如果有一物体以辐射形式放出能量 L，那么它的质量就要减少 L/c^2。至于物体所失去的能量是否恰好变成辐射能，在这里显然是无关紧要的，于是我们被引到了这样一个更加普遍的结论上来：

物体的质量是它所含能量的量度；如果能量改变了 L，那么质量也就相应的改变 $L/9×10^{20}$，此处能量是用尔格（1 erg = 10^{-7}J——译者注）来计量，质量是用克来计量的。

用那些所含能量是高度可变的物体（比如用镭盐）来验证这个理论，不是不可能成功的。

如要这一理论同事实符合，那么在发射体和吸收体之间，辐射在传递着惯性。

（许良英译）

引力对光的传播的影响

爱因斯坦

英文版译自 "Über den Einfluss der Schwerbraft auf die Ausbreitung des Lichtes",
Annalen der Physik，35，1911

在一篇三年前发表的论文①中，我已经试着回答了光的传播会不会受到引力的影响的问题。现在我要回到这一课题，因为我对这一课题上次的处理不满意；但是，其至更重要的是因为我现在已经意识到，那种分析的最重要推论之一是可以受到试验的检验的。特别来说，现已看到，按照我现在即将提出的理论，在太阳附近经过的光线受到太阳引力场会偏转，于是出现在太阳附近的一个恒星就会显示和太阳的角距离的一个增量，其大小几乎为 1 s。

在进行分析的过程中，得到了更多的有关引力的结果。但是，既然全面论证的提出是很难追随的，我在下面将只提出几点完全初等的想法；在这些想法的基础上，人们对理论的假设和推理思路很容易摸到一些头绪。即使他们的理论基础是正确的，此处所导出的这些关系也是只在一级近似下成立的。

§1. 关于引力场之物理本性的假设

在一个均匀的重力场中（重力加速度为 γ），设有一个静止坐标系 K，其取向适当，使得重力场的力线是沿着负 z 轴方向的。在一个没有引力场的空间中，设有另一个以均匀加速度（其加速度为 γ）沿着正 z 轴方向运动的坐标系 K'。于是，为了避免不必要地把分析弄复杂，我们将暂时不考虑相对论，而按照常规的运动学来考虑这两个坐标系，并按照习见的力学来考虑发生于各系中的运动。

没有受到其他质点作用的质点，将按照下列方程而相对于 K，同样也相对于 K' 来进行运动：

$$\frac{d^2 x}{dt^2} = 0, \qquad \frac{d^2 y}{dt^2} = 0, \qquad \frac{d^2 z}{dt^2} = -\gamma。$$

对加速系 K' 来说，这是伽利略原理的直接理论；但是对于静止在均匀力场中的系

---

① 爱因斯坦，Jahrb. f. Radioakt. u. Elektronik IV. 4.

K 来说，这却是由经验得来的，就是说，根据经验，一切物体在这样的场中都受到一个相同的常值加速度。这种一切物体在重力场中等同下落的经验，是自然观察所赋予我们的最普遍的经验之一；尽管如此，这条定律在我们物理世界图景的基础中却没能得到一个地位。

但是，如果我们假设系 K 和系 K' 在物理上是完全等价的，也就是说，如果我们假设系 K 同样可以被设想为出现在一个没有引力场的空间中，但这时必须把 K 看成均匀加速的，那么我们就能得到上述经验定律的一种很满意的诠释。有了这种观念，人们就不再能够谈论参照系的绝对加速度，正如在普通的相对论中不能谈论一个系的绝对速度那样。① 有了这种观念，重力场中一切物体的等同下落就是不言而喻的了。

只要我们把自己限制在牛顿力学适用范围以内的纯力学过程方面，我们就能肯定地相信系 K 和系 K' 的等价性。然而，要使这种观念得到更深刻的重要性，系 K 和系 K' 必须对一切物理过程都是等价的，也就是说，相对于 K 的自然定律必须和相对于 K' 的自然定律相重合。如果接受这一假设，我们就得到一条具有很大启发意义的原理，如果它确实正确的话。因为，通过相对于均匀加速参照系而发生的过程的理论分析，我们就得到关于发生在均匀引力场中的过程进展情况的信息。② 以下我将首先证明，从普通相对论的观点看来，我们的假说是有很大可能性的。

§2. 论能量的重量

相对论已经证明，物体的惯性质量随着它的能量增加而增加；如果能量增量为 E，则惯性质量的增量为 E/c^2，此处 c 代表光速。但是，对应于惯性质量的增量，有没有引力质量的增量呢？如果没有，则一个物体将随其能含量的不同而在同一重力场中以不同的加速度下落。那样一来，相对论的一个很满意的结果，即质量守恒原理和能量守恒定律融为一体的结果就将不能成立，因为质量守恒定律的旧式表述确实将对惯性质量不再成立而对引力质量则仍能成立。

此事必须认为是很有可能的。另一方面，普通的相对论并没有给我们提供任何论据来判断一个物体的质量依赖它的能含量。但是我们却将证明，能量的质量

① 当然，并不能把一个任意的引力场代换成一个没有引力场的参照系的运动，正如不能利用一次相对论变换把一个任意运动着的媒质中的一切中都变换成静止的那样。

② 在随后的一篇论文中即将证明，此处所考虑的引力场只在一级近似下是均匀的。

是我们系 K 和系 K' 的等价性假说的一条必要推论。

设有两个物质体系 S_1 和 S_2，各自备有测量仪器，并位于 z 轴上相距为 h 处，[①] 使得 S_2 中的引力势比 S_1 中的引力势大 $\gamma \cdot h$。假设 S_2 以辐射的形式向 S_1 放出了某一能量 E。设 S_1 和 S_2 中的能量是用两套仪器来测量的；当把这两套仪器带到坐标系中的同一位置 z 上并在那儿互相比较时，它们完全相同。关于这次能量输送过程，任何情况都无法事先肯定，因为我们并不知道引力场将如何影响辐射和 S_1 及 S_2 中的测量仪器。

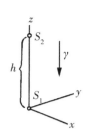

但是，按照我们的 K 和 K' 的等价性假设，我们可以把位于一个均匀重力场中的系 K 换成以均匀加速度沿正 z 轴而运动的无重力场的系 K'，而物质体系 S_1 和 S_2 就是刚性地束缚在它的 z 轴上的。

我们将从一个无加速参照系 K_0 来评定这个从 S_2 向 S_1 通过辐射而输送能量的过程。在辐射能量 E_2 已从 S_2 向 S_1 发出的那一时刻，K' 相对于 K_0 的速度将是零。过了一段时间 h/c（一级近似值）以后，辐射将到达 S_1。但是在这一时刻，S_1 相对于 K_0 的速度将是 $\gamma \cdot h/c = v$。因此，按照普通的相对论，到达 S_1 的辐射将不是具有能量 E_2 而是具有较大的能量 E_1，而 E_1 和 E_2 在一级近似下由下列方程来联系：[②]

$$E_1 = E_2 \left(1 + \frac{v}{c} \right) = E_2 \left(1 + \frac{\gamma h}{c^2} \right) 。 \tag{1}$$

按照我们的假设，当相同的过程在未被加速但却加有一个引力场的系 K 中发生时，完全相同的关系式也将成立。在这一事例中，我们可以把 γh 换成 S_2 中引力矢量的势 Φ，如果 S_1 的 Φ 的任意常量被取为零的话。于是我们就有

$$E_1 = E_2 + \frac{E_2}{c^2} \Phi 。 \tag{1a}$$

这一方程表示适用于所考虑过程的能量原理。到达 S_1 的能量 E_1 比从 S_2 发出的能量 E_2（用相同的仪器来测量）多出了质量 E_2/c^2 在重力场中的势能。因此，为使能量原理能够满足，在能量 E 从 S_2 被发出之前就必须给它指定上一个和（引力）质量 E/c^2 相对应的重力势能。于是，我们的 K 和 K' 的等价性假设就消除了本节

---

① 和 h 相比，S_1 和 S_2 被认为是无限小的。

② 爱因斯坦，*Ann. der. Phys.* 17 （1905）：pp. 913 - 914。

开头处提到的那个困难，那是普通的相对论留下来没有解决的。

这一结果的意义将通过下述循环过程的考虑而变得特别清楚：

1. 能量 E（在 S_2 处量度）以辐射的形式从 S_2 向 S_1 发出，而按照我们刚刚得到的结果，在 S_1 处将有一个能量 E（$1+\gamma h/c^2$）被吸收（在 S_1 处量度）。

2. 一个质量为 M 的物体 W 从 S_2 下落到 S_1，在此过程中一个功 $M\gamma h$ 被释放。

3. 当物体 W 在 S_1 中时从 S_1 向 W 输送能量 E。这就会改变引力质量 M 从而它的新值将是 M'。

4. W 升回到 S_2，这就需要加上一个功 $M'\gamma h$。

5. E 从 W 送回到 S_2。

这一循环过程的唯一结果就是 S_1 得到了一个能量增量 E（$\gamma h/c^2$）和一个能量

$$M'\gamma h - M\gamma h$$

则以机械功的形式传给了体系。于是，按照能量原理，我们应有

$$E\frac{\gamma h}{c^2} = M'\gamma h - M\gamma h,$$

或者写成

$$M' - M = \frac{E}{c^2}。 \tag{1b}$$

因此引力质量的增量就等于 E/c^2，从而就等于由相对论求得的惯性质量的增量。

这一结果可以更直接地从系 K 和系 K' 的等价性推出；按照这种等价性，相对于 K 的引力质量守全地等于相对于 K 的惯性质量，从而能量必须有一个等于其惯性质量的引力质量。如果有一个质量 M_0 挂在系 K' 中的一个弹簧秤上，则弹簧秤将由于 M_0 的惯性而指示其表现重量 $M_0\gamma$。如果把能量 E 传送给 M_0，则弹簧将按照能量的惯性原理而指示 $\left(M_0+\dfrac{E}{c^2}\right)\gamma$。按照我们的基本假设，如果实验在系 K 中，也就是在引力场中被重做，完全相同的情况也会出现。

§3. 重力场中的时间和光速

如果在均匀加速参照系 K' 中从 S_2 发向 S_1 的辐射相对于位于 S_2 处的时钟具有频率 v_2，则当它到达 S_1 时，相对于位于 S_1 的构造全同的时钟将不再具有 ν_2 而

是具有一个较大的频率 ν_1，而在一级近似下，就有

$$\nu_1 = \nu_2\left(1 + \frac{\gamma h}{c^2}\right)。 \tag{2}$$

因为，如果我们再次引用 K' 在光的发射时刻相对于它没有速度的那个无加速参照系 K_0，则当辐射到达 S_1 时，S_1 相对于 K_0 的速度将是 γ（h/c），而我们由此就能借助于多普勒原理直接得出以上给出的关系式。

按照我们的系 K 和系 K' 的等价性假设，这一方程对处于静止并含有一个均匀重力场的坐标系 K 也成立，如果上述这种辐射输送发生在 K 中的话。于是，由此可见，在一个给定重力场中在 S_2 发出的并在发射时刻具有频率 ν_2（和位于 S_2 的一个时钟相比较）的一条光线，在到达 S_1 时将具有一个不同的频率 ν_1，如果这个频率是用一个位于 S_1 的构造完全相同的时钟来测量的话。我们把 γh 用以 S_1 为零点的 S_2 的重力势 Φ 来代替，并且假设针对均匀引力场导出的我们的关系式对于其他构造的场也成立，我们就得到

$$\nu_1 = \nu_2\left(1 + \frac{\Phi}{c^2}\right)。 \tag{2a}$$

这一结果（按照我们的推导在一级近似下成立）首先可以有下述的应用：设 ν_0 是一个基元光源的频率，由一个位于同一地点的时钟 U 来测出。因此这个频率就和安置光源及时钟的地点无关。我们将设想，两者都安置在太阳的表面上（这也就是体系 S_2 所在之处）。那里所发的光有一部分到达地球（S_1）；在这里，我们用一个和上述时钟构造完全相同的时钟 U 来测量来到的光的频率 ν。按照式（2a），我们将有

$$\nu = \nu_0\left(1 + \frac{\Phi}{c^2}\right)，$$

式中 Φ 是太阳表面和地球之间的引力势差（的负值）。于是，按照我们的观念，太阳光的谱线和地上光源的对应谱线相比必然会稍稍移向红色一端，其相对频移达到

$$\frac{\nu_0 - \nu}{\nu_0} = \frac{-\Phi}{c^2} = 2 \times 10^{-6}$$

假如太阳光发生时所处的条件是确切已知的，这一频移就将可以用实验来检验。然而，既然另外的因素（压强、温度）会影响谱线密度中心线的位置，那就很

难确定以上已经导出的引力势的影响是否真正存在。[①]

初看起来，方程（2）和（2a）似乎断定了某种荒诞的事情。如果光从 S_2 到 S_1 的输送是连续的，每秒到达 S_1 的周期数怎么可能和从 S_2 发出的不同呢？然而答案是简单的。我们不能简单地把 ν_2 和 ν_1 看成频率（每秒的周期数），因为我们还没有在 K 中定义一种时间。ν_2 代表参照 S_2 处的时钟 U 上的时间单位来定的周期数，而 ν_1 则代表参照 S_1 处的构造完全相同的时钟 U 上的时间单位来定的周期数。不存在任何东西迫使我们假设处于不同引力势的时钟 U 必须被认为走得一样快。相反地，我们肯定必须适当定义 K 中的时间，以便 S_2 和 S_1 之间的波峰数和波谷数不依赖时间的绝对值，因为所考虑的过程在本性上是定态的。假如我们没有满足这个条件，我们就会得出一种时间的定义，当应用了这种定义时，时间就会显式地出现在自然定律中，那当然是不自然的和挺别扭的。因此，S_2 中的和 S_1 中的时钟就并不是正确地给出"时间"。如果我们在 S_1 处用时钟 U 来量度时间，我们就必须在 S_2 处用另一个时钟来量度时间，而当在同一个地方互相比较时，后一时钟比时钟 U 走得较慢，两者之比为 $1 : (1+\Phi/c^2)$。因为，当用这样一个时钟来测量时，以上所考虑的那条光线当在 S_2 处发射时的频率就是

$$\nu_2\left(1 + \frac{\Phi}{c^2}\right),$$

从而按照式（2a）就是等于同一光线在到达 S_1 时的频率 ν_1 的。

由此就得到一条对这一理论有着根本意义的推论。那就是，如果光速在加速的、无引力场的参照系 K' 的不同位置上被用构造完全相同的时钟 U 来量度，则所得的结果处处相同。按照我们的基本假设，同样的推论对系 K 也成立。但是，按照刚刚说过的条件，我们必须用构造不同的时钟来在引力势不同的各点上测量时间。为了在相对于坐标原点而言的引力势为 Φ 的一点上测量时间，我们必须使用一个时钟，当把它移到坐标原点上时，它比用来在坐标原点上测量时间的那个时钟要走得慢 $(1+\Phi/c^2)$ 倍。如果 c_0 代表坐标原点上的光速，则引力势为 Φ 的一点上的光速 c 由下式给出：

$$c = c_0\left(1 + \frac{\Phi}{c^2}\right)。 \tag{3}$$

---

① L. F. Jewell（*Journ. de Phys.* 6［1897］）特别是 Ch. Fabry 和 H. Boisson（*Compt. rend.* 148［1909］：688－690）确实确证了细谱线向光谱红端的频率，其数量级和以上算出的相同，但是他们把它归因于吸收层中的压强的效应。

通常用作普通相对论之基础的那种表述下的光速恒定性原理，在这一理论中是不成立的。

§4. 光线在引力场中的变曲

由以上已证明的引力场中的光速是位置的函数这一命题，人们很容易利用惠更斯原理推出，穿过一个重力场而传播的光线必然会受到偏转。因为，设 ε 是一个平面光波在时刻 t 的一个等相平面，而 P_1 和 P_2 是这个平面上相距单位距离的两个点。设 P_1 和 P_2 位于纸面上，纸面选得适当，以致当沿着该面的法线方向计算时，Φ 的从而还有 c 的导数都为零。围绕点 P_1 和 P_1 以半径 $c_1 dt$ 和 $c_2 dt$ 作圆并画出这些圆的公切线，此处 c_1 和 c_2 分别代表 P_1 和 P_2 上的光速，这样就能得出时刻 $t+dt$ 的对应等相面——或者说是该等相面和纸面的交线。于是，光线在光程 $c\,dt$ 上的偏转角就是

$$\frac{(c_1 - c_2)\,dt}{1} = -\frac{\partial c}{\partial n'}dt,$$

如果我们当光线偏向 n' 增大的方向时把偏转角取为正值的话。

于是，光线在单位程长上的偏转角就是

$$-\frac{1}{c}\frac{\partial c}{\partial n'},$$

或者，按照式（3），就是

$$-\frac{1}{c^2}\frac{\partial \Phi}{\partial n'}。$$

最后，我们就得到光线在任意光程（s）上向 n' 方向的偏转角 α 的表达式

$$\alpha = -\frac{1}{c^2}\int \frac{\partial \Phi}{\partial n'}ds。 \tag{4}$$

通过直接在均匀加速的系 K' 中考虑光线的传播并把结果换到系 K 中，然后再转换到任意构造的引力场的事例中，我们也能得到相同的结果。

按照方程（4），在一个天体附近经过的光线将受到一种趋向引力势减低方向的，从而也就是向着天体的方向上的偏转，其偏转角的量值是

$$\alpha = \frac{1}{c^2} \int_{\theta=-\frac{\pi}{2}}^{\theta=+\frac{\pi}{2}} \frac{kM}{r^2} \cos\theta \cdot \mathrm{d}s = 2\frac{kM}{c^2\Delta},$$

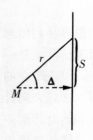

式中 k 代表引力常量，M 代表天体的质量，而 Δ 代表光线离开天体中心的距离。因此，在太阳附近经过的一条光线，将受到角度为 4×10^{-6} rad 约 0.83 s 的偏转。这就是由于光线的变曲而使一个星体离太阳中心的角距离似乎有所增大的那个量。既然在日全食中位于太阳附近那一部分天空中的各个恒星会变成可见的，那就有可能把理论的这一推论和经验进行比较。在木星的事例中，所应预期的角距离约为上述量值的 1/100。非常希望的是天文学家们能够过问此处所提的问题，即使这里所提的这些想法显得不够可靠乃至有些太大胆。因为，除了任何理论以外，我们必须问问自己：引力场对光的传播的一种影响到底能不能用目前已有的仪器来加以探测。

布拉格，1911 年 6 月

（戈革译）

广义相对论基础

A. 爱因斯坦

英文版译自 "Die Grundlage der allgemeinen Relativitatstheorie"，
Annalen der Physik，49，1916

A. 关于相对论基本公设的根本性思考

§1. 对狭义相对论的考查

狭义相对论的基本公设如下，这个基本公设也适用于伽利略和牛顿的力学。

设有一坐标系 K，对于这个坐标系物理定律以其最简单的形式很好地成立，则任何另外的，相对于系 K 做匀速平动的坐标系 K'，这个物理定律也很好地成立。我们把这一基本公设称为"狭义相对性原理"，"狭义"一词是指这一基本公设仅限于 K' 对 K 做相对匀速平动的特殊情况，而不能延伸到两坐标系相对做非匀速运动的情况。

因此，狭义相对论并没有因为狭义相对性原理而偏离经典力学。真空中光速的恒定性与狭义相对性原理结合起来，按大家熟知的方式，导致了同时的相对性，洛伦兹变换以及关于物体运动和时钟行为的各种定律。

狭义相对论所接受的关于空间和时间的理论的修正确实是深远的，但是有一个重要之点并未受到影响。

关于几何学中的定律，即使是在狭义相对论中，也被直接解释为像静止的固体中的可能的相对位置。在更一般的情况下，运动学的定律都被解释为用直尺和时钟的关系来描写的定律。对于稳定刚体上选定的两个质点，永远对应着一个具有确定长度的距离，与刚体的位置和取向无关，也与时间无关。对于一个相对于某特定参考系静止的时钟，其指针的两个位置永远对应着一定长的一段时间间隔而与位置和时间有关。我们不久将会看到，广义相对论对于时间和空间不能沿袭这种简单的物理解释。

§2. 相对论的基本公设需要扩展

在经典力学中，在狭义相对论中也是一样，有一个内在的认识论的缺陷，这一点是马赫首先清楚地提出来的。我们将用下面的例子来说明。有两个同样大小同样性质的流体在空间中自由地飘荡着。二者相距极远，与所有其他物体也相距极远。只需考虑同一物体的不同部分之间的引力的作用。设两个物体间的距离不变，每个物体自身各部分之间没有相对运动。但是每一个物体，从与另一个物体相对静止的坐标系来看，以两个物体连线为轴做匀角速度的转动。这是一个可验证的两个物体的相对运动。现在，让每个物体都经受一个与其本身相对静止的测量仪器的测量。设结果测得 S_1 的表面是球面，而 S_2 的表面是一个旋转椭球面。

就此我们提出问题：这两个物体的这种不同是什么原因造成的呢？除非所给出的理由是一个可观察的经验事实，这个回答才能被认为是在认识论上令人满意的[①]。只有当经验世界中的一些可观察的事实最终成为原因和结果出现时，因果律的陈述才有意义。

牛顿力学对于这个问题没有给出令人满意的答案。牛顿力学的说法如下：力学定律适用于与物体 S_1 相对静止的空间 R_1，而不适用于与物体 S_2 相对静止的空间 R_2。然而这样引进的伽利略空间 R_1 仅仅是一个人为的原因，而不是一个可观察的东西。由此可以看出，在被考虑的情形中，牛顿力学实际上并没有满足因果律的要求，而只是表面上满足了因果律。因为牛顿力学认为，这个人为的原因 R_1 造成了两个物体 S_1，S_2 的显著差别。

唯一合理的回答必须是：由 S_1 和 S_2 构成的物理系统不可能在其本身范围内揭露出任何导致 S_1 和 S_2 行为不同的可以想象的原因。所以这个原因必定在这一系统的外面。我们不能不接受：那些包括决定 S_1 和 S_2 形状的力学的普遍定律一定是这样的：S_1 和 S_2 的力学行为部分地在相当程度上受到远方物质的支配，我们没有把这些远方物质归到 S_1 和 S_2 的系统之内。于是，这些远方的物质及其相对于 S_1 和 S_2 的运动（这些必然是可以被观察的）就被看成是物体 S_1 和 S_2 的行为不同的原因。这些远方的物体代替了虚假原因 R_1 的作用。在可以想象到的所有空间 R_1，R_2 等，不管它们之间有什么样的相对运动，在不修补上述认识论的障碍之下，其中没有哪一个是可以先验地被看成是优越的空间：物理定律必须具

[①] 当然，如果一个答案在认识论上是令人满意的，可是与另外的实验事实相矛盾，这个答案在物理上还是靠不住的。

有这样的性质，即它们必须能适用于做任何运动的参考系。沿着这一条思路，我们达到了对于相对性公设的扩充。

除了这个根据认识论的有力的论证之外，还有一个对于扩充相对性公设有利的著名的物理事实。假设 K 是一个伽利略参考系，即有一个与别的物体相距足够远的物体相对于这个参考系（至少在所考虑的四维范围内）做匀速直线运动，设 K' 是另一个参考系，它相对于 K 做匀加速平动。那么，一个同其他物体相距充分远的物体相对于 K' 将做匀加速运动，其加速度的大小和方向与这个物体的物质组成和物理状态无关。

是不是一个与 K' 相对静止的观测者就可以据此推断，他所在的参考系是一个加速的参考系呢？答案是否定的。因为用下述的方法也可以给那个自由运动的物体和参考系 K' 之间的关系一个同样好的解释：参考系 K' 是没有加速度的，而所讨论的时空区域在受一个引力场的支配，引力场使那个物体产生相对于 K' 的加速度。

这种看法之所以可能，是因为经验告诉我们，力场的存在，即引力场有一种值得注意的性质，它可以赋予所有的物体相同的加速度①。各种物体相对于 K' 的力学行为与我们习惯地把 K' 当作"静止的"或"特定的"参照系时的经验是一样的。因此，从物理的立场上来看，上面的假设本身就建议参考系 K 和 K' 都有同样的权利，被看成是静止的。这就是说，当描述物理现象时，作为参考系，它们两者是平等的。

根据这种考虑可以看到，在探求广义相对论中将导致引力理论，因为只要改变坐标系我们就能够"制造"一个引力场。同样明显的是在真空中光速不变的原理也必须加以改变，因为我们很容易认识到，如果相对于 K，光线以恒定的速度沿一条直线传播的话，那么相对于 K' 来说，光线的路径一般来说必然是一条曲线。

§3. 时空连续统表现自然界普遍规律的方程的普遍协变性要求

在经典力学中，在狭义相对论中也是一样，空间和时间坐标有着直接的物理意义。说一个点事件的 X_1 坐标为 x_1，那就意味着这个事件在四维坐标的 X_1 轴上的投影，用欧几里得几何学的刚性直尺沿 X_1 轴来测量时，它离坐标原点的距离

---

① Eötvös 以极大的精确度用事实证明了引力场具有这样的性质。

是这个直尺（长度单位）长度的 x_1 倍。说这个事件的 X_4 坐标为 $x_4=t$，那就是说一个与坐标系相对静止，并与事件在同一空间位置的①，具有确定的时间间隔单位的标准时钟，在事件发生时所读出的时间是确定时间间隔的 $x_4=t$ 倍。

关于空间和时间的这种看法早已深入到物理学家的心中，尽管通常他们并未意识到这一点。从这些概念在物理测量中起的作用可把这一点看得更加清楚。这也必然深入到读者的意识深处，因为他会把在上一节（§2）中读到的联系到某种意义。我们现在要指出，如果狭义相对论是广义相对论在不存在引力场时的特殊情况，我们必须放弃上述看法而代之以更为普遍的看法，以便能够把广义相对论的公设建立起来。

在不存在引力场的空间中，我们引入一个伽利略坐标系 K（x、y、z，t），再引入一个与 K 相对做匀速转动的坐标系 K'（x'，y'，z'，t'），令两者的原点和 Z 轴一直保持重合。我们将要证明，对于 K' 系，上述关于长度和时间的物理意义就不能再维持下去。根据对称性，显然 K 系的 XY 平面上以原点为心的一个圆，也是 K' 系中 $X'Y'$ 平面上的一个圆。假设我们用一个与半径相比为无穷小的尺去测量了圆的圆周和半径并取两者的商。如果这一实验是用一把相对于伽利略系 K 静止的尺进行的，那么圆周与半径之比将为 2π。而用相对于 K' 静止的尺去测量，得到的圆周半径比要比 2π 大一点。如果我们设想两次测量过程都是在"静止的" K 系上进行的，这就不难理解了。考虑到尺子随 K' 系运动测量圆周时要受到洛伦兹收缩，而测量半径时却并不如此。因此，欧几里得几何学对于 K' 系并不成立。而上面根据欧几里得几何学定义的坐标系的概念因而对 K' 系也就不成立了。同样，我们也不能引入用与 K 系相对静止的时钟表示的与 K' 系中物理要求相对应的时间。为了确信这是不可能的，让我们设想有两个结构完全相同的时钟，一个放在坐标原点，另一个放在圆周上，都从"静止系" K 来设想这两个时钟。根据我们熟知的狭义相对论，由 K 系来看，在圆周上的那个时钟走得要比在原点的慢一点，因为前者在运动而后者是静止的。一个处在坐标的共同原点处的观察者通过光线去观察在圆周上的钟，他发现这个钟要比在他身旁的钟慢一点。由于他不打算设想在相应路径上让光速明显地依赖时间，他将他观察的结果解释为圆周上的钟"真的"比原点处的钟走得慢。这就使他不得不这样定义时间，即时钟的快慢与它所在的地方有关。

---

① 我们假设可以确认在空间中瞬时贴近的两个事件，或者更精确一点说，在时空中贴近或重合的两个事件的"同时性"，而不对这个基本概念下定义。

42

于是，我们得到这样的结论：在广义相对论中，空间和时间不能用如下的方式定义，即空间坐标之差可用单位测量棒（直尺）来测量；时间坐标之差可用标准时钟来测量。

这样一来，我们一直使用的，在时空连续统中用一定的方式建立坐标的方法就垮掉了，而且看来没有其他的方法对这个四维世界采用坐标系，使得我们采用这种坐标系来把自然界的定律用非常简单的方式表现出来。因此，没有别的办法，只有认为在原则上一切可以想到的各种坐标系在描述自然界都同等适用的一条路了。于是，产生了下述要求：

自然界的普遍定律由一些方程来描写，这些方程对所有坐标系都同等适用，这就是说，这些方程对于不管什么样的任意坐标代换都是协变的（普遍协变的）。

显然，满足这个公设的物理理论也一定会满足广义相对论公设。因为，在任何情况下，全部代换的总和一定包含着三维坐标系的各种相对运动所引起的代换。从空间和时间中取走了最后一点物理客观性的这一广义协变性要求确是一个自然的要求，这从下面的讨论中即可看出。所有的时空验证都不外乎是确定时空的重合。例如，若事件仅由质点的运动构成，那么，最终能看到的只是两个或更多质点的相遇。测量的结果无非是验证我们测量仪器上的质点同别的质点的这种相遇，时钟的指针同度盘上某点的重合，以及观察到的两个事件在相同地点相同时间发生。

引入参考系的作用没有别的，只是为了便于描述这些重合的总和。我们分配给宇宙 4 个时空变量 x_1，x_2，x_3，x_4 使得每一个事件对应于一组四个数值。对于两个重合的事件，它们都对应于相同的一组数值 $x_1 \cdots x_4$。这就是说，重合的特点就是一组坐标的全部相同。如果替代坐标 $x_1 \cdots x_4$，我们引入一组它们的函数 x'_1，x'_2，x'_3，x'_4 作为新的坐标系，使得双方的一一对应没有含混之处，那么，新坐标系中的四个新坐标的全部相同就表示两个事件在时空中的重合。由于所有的物理事件最后都可以归结为这种重合，所以没有直接的理由认为这种坐标系比那种好一些。这就是说，我们达到了普遍协变性的要求。

§4. 四个坐标与时空中测量的关系

我并不想在本文中把广义相对论表述成一种含有最少数目的公理的尽可能简单的逻辑体系，我的主要目的是以这样的方法来发展这个理论，即使读者感到我们走的这条路线是在心理上最自然的，而且感到作为基础的那些假设具有最高程度的安全性。考虑到这一目的，让我们用下面的原则作为出发点：

在无穷小的四维区域中，如果坐标选择得适当，狭义相对论成立。

为此目的，我们必须选择无穷小（局域）坐标系的加速度，使得不产生引力场，这对于无穷小区域是可能的。令 X_1，X_2，X_3 为空间坐标，X_4 为以适当单位①度量的时间坐标。如果一个刚性杆被选定作为长度单位，那么当给定此坐标系以固定方位时，则四个坐标将在狭义相对论中有直接的物理意义。这时，根据狭义相对论，表达式

$$ds^2 = -\,dX_1^2 - dX_2^2 - dX_3^2 + dX_4^2 \tag{1}$$

的值与局域坐标系的取向无关，并且可以通过空间及时间的测量定出。我们称四维连续统中无限接近的两个点的线元的大小为 ds。如果属于微元 $dX_1 \cdots dX_4$ 的 ds^2 为正，称为类时的，如果为负，则称为类空的，这是由闵可夫斯基规定的。

对于上述"线元"，或者说对于无限靠近的两个事件，在任意选定的四维参考系中，还可以对应于确定的微分 $dx_1 \cdots dx_4$。如果这个坐标系和"局域"坐标系都是在所研究的区域里给出的，那么 dX_ν 可以通过一个 dx_σ 的确定的线性齐次表达式表示成：

$$dX_\nu = \sum_\sigma \alpha_{\nu\sigma}\, dx_\sigma\,\text{。} \tag{2}$$

将此式代入式（1）得

$$ds^2 = \sum_{\sigma\tau} g_{\sigma\tau}\, dx_\sigma dx_\tau\text{。} \tag{3}$$

式中 $g_{\sigma\tau}$ 是 x_σ 的函数。这些不再依赖"局域"坐标系的方位和运动状态，因为 ds^2 是可以对时空中无限靠近的两个事件用钟尺测量决定的量，而且已明确与特别选定的坐标系无关。此处的 $g_{\sigma\tau}$ 应选定使得 $g_{\sigma\tau} = g_{\tau\sigma}$，求和应遍及所有的 σ 和 τ 的值，因此求和式共有 4×4 项，其中 12 项是成对相等的。

狭义相对论的情况是这里的一个特殊情况，由于在有限区域内 $g_{\sigma\tau}$ 的特殊关系，有可能在有限区域内选择一种参考系使得 $g_{\sigma\tau}$ 在狭义相对论的意义下成为常数：

$$\left\{ \begin{matrix} -1 & 0 & 0 & 0 \\ 0 & -1 & 0 & 0 \\ 0 & 0 & -1 & 0 \\ 0 & 0 & 0 & +1 \end{matrix} \right. \tag{4}$$

稍后我们将发现，对于有限区域，这种坐标的选择一般说来是不可能的。

---

① 时间的单位应如此选择，使得在此"局域"坐标系中测量的**真空中**的光速为 1。

从§2和§3的考虑可以得出，$g_{\sigma\tau}$这个量从物理的立场来看，是一个描写引力场和所选坐标系的关系的量。因为，如果我们现在设想狭义相对论适用于适当选定坐标系的某一四维区域，则$g_{\sigma\tau}$具有（4）给出的值。从而一个自由质点相对于这一坐标系的运动就是匀速直线运动。然后我们通过任意选定的坐标代换引入一个新的坐标x_1，x_2，x_3，x_4，在这一新坐标系中$g_{\sigma\tau}$将不再是常数，而是空间和时间的函数。同时，那个自由质点的运动，对于这个选定的坐标系将表现为非匀速、非直线的曲线运动，而这一运动的规律将与运动的质点的性质无关。因而我们将把这一运动解释为质点在一种引力场影响下的运动。于是，我们找到了引力场的产生与$g_{\sigma\tau}$的时空可变性的关系。于是，在一般情况下，当我们无法选出坐标系将狭义相对论应用于有限区域时，我们也坚信这种观点，即$g_{\sigma\tau}$是描写引力场的。

于是，根据广义相对论，与别的力，特别是电磁力相比，引力占有一个特殊的地位，因为表现引力场的$g_{\sigma\tau}$中的10个函数同时还定义了四维量度空间的度规性质。

B. 建立广义协变方程的数学工具

我们在前文中看到了，广义相对论要求物理的方程都需要对任意坐标$x_1\cdots x_4$的代换满足协变性，我们必须来考虑怎样去找到这样的协变方程。我们现在将转入纯数学的讨论，我们将发现在解决这一问题的过程中式（3）给出的不变量 ds 将起根本的作用。这个量我们称之为"线元"，这是从高斯的曲面理论中借用来的。

这一协变量的一般理论的基本思想如下：设某些东西（"张量"）是用对于任意坐标系的许多坐标函数来定义的，这些函数称为张量的分量。然后有一些规则，当新旧两个坐标系之间的变换关系已知时，如果张量对原坐标系的分量已知时，可以利用这些规则算出张量对新坐标系的分量。这些以后称为张量的东西还有进一步的特点，即它对新旧坐标系的分量的变换方程是线性的和齐次的。因而，如果一个张量对于原坐标系的分量全部为零，则它对于新坐标系也全部为零。因此，一个自然规律如能表示为一个全部分量为零的一个张量，那么这个自然规律就是协变的。考察构成张量的规律，我们就获得描述一般协变定律的手段。

§5. 反变四矢量和协变四矢量

反变四矢量 线元由 4 个"分量"dx_ν 来确定，其变换规律可以表示为下式

$$dx'_\sigma = \sum_\nu \frac{\partial x'}{\partial x_\nu} dx_\nu, \tag{5}$$

dx'_σ 可以表示为 dx_ν 的线性齐次函数。因此我们可以把这 4 个坐标的微分看成一种特定"张量"的 4 个分量，我们称这种张量为反变四矢量。任何相对于坐标系用 4 个分量 A^ν 来定义的，而且是根据相同规律

$$A'^\sigma = \sum_\nu \frac{\partial x'_\sigma}{\partial x_\nu} A^\nu, \tag{5a}$$

变换的东西我们也称之为反变四矢量。从（5a）立刻得知，若 A^σ 和 B^σ 都是反变四矢量的分量，则它们的和与差 $A^\sigma \pm B^\sigma$ 也是反变四矢量。相应的规律也适用于今后陆续引进的所有张量（张量的加法和减法规律）。

协变四矢量 如果 4 个量 A_ν 对于任意选定的反变四矢量 B^ν 满足

$$\sum_\nu A_\nu B^\nu = \text{不变量}, \tag{6}$$

那么我们称之为协变四矢量。协变四矢量的变化规律可以从它的定义得出。因为我们如果在方程

$$\sum_\sigma A'_\sigma B'^\sigma = \sum_\nu A_\nu B^\nu$$

的右边将 B^ν 用（5a）的反演式

$$\sum_\sigma \frac{\partial x_\nu}{\partial x'_\sigma} B'^\sigma$$

代替，即可得出

$$\sum_\sigma B'^\sigma \sum_\nu \frac{\partial x_\nu}{\partial x'_\sigma} A_\nu = \sum_\sigma B'^\sigma A'_\sigma。$$

由于此式对于任意的 B'^σ 值均成立，由此得出 A_σ 的变换规律是

$$A'^\sigma = \sum_\nu \frac{\partial x_\nu}{\partial x'_\sigma} A_\nu。 \tag{7}$$

关于表达式的书写简化方法的注释 注意一下本节公式可以看出，所有求和的指标在求和号后面都出现两次，［例如（5）中的 ν］，而且只对出现两次的指标求和。因此，可以略去求和号而不致造成不清楚。为此，我们引进下面的惯

例：除非另有声明，凡公式中某一项一个指标出现两次的，就意味着对这个指标求和。协变和反变的四矢量的区别在于它们的变换规律〔分别见式（7）和式（5）〕。在前述一般讨论的意义上，两种形式都是张量。它们的重要性也就在这里。按照里奇和列维-索维塔的意见，我们把指标写在上面表示反变性质，写在下面表示协变性质。

§6. 二秩和高秩张量

反变张量 若用两个反变矢量 A^μ 和 B^ν 的分量构成全部 16 个乘积 $A^{\mu\nu}$：

$$A^{\mu\nu} = A^\mu B^\nu, \tag{8}$$

则根据式（8）和（5a），$A^{\mu\nu}$ 满足下列变换规律：

$$A'^{\sigma\tau} = \frac{\partial x'_\sigma}{\partial x_\mu} \frac{\partial x'_\tau}{\partial x_\nu} A^{\mu\nu}。 \tag{9}$$

我们把由相对于任意坐标系的 16 个量构成的东西，并且服从式（9）的变换规律的，称为二秩反变张量。并不是每个二秩反变张量都必须由两个反变四矢量按照式（8）构成。可以很容易地证明，任意满足变换规律式（9）的 16 个量都可以表示为适当选定的 4 对反变四矢量构成的 $A^\mu B^\nu$ 之和。因此，我们为了证明满足式（9）的二秩反变张量应服从几乎所有的规律，只要用最简单的方式，即证明它们对特殊的张量式（8）成立就可以了。

任意秩的反变张量 显然，遵循式（8）和式（9）的路线，也可以定义三秩或更高秩的反变张量，它们有 4^3 或更多的分量。同样，根据式（8）和式（9）也可以说，在这个意义上反变四矢量是一秩反变张量。

协变张量 另一方面，如果用两个协变四矢量 A_μ 和 B_ν 构成 16 个乘积 $A_{\mu\nu}$：

$$A_{\mu\nu} = A_\mu B_\nu, \tag{10}$$

它们的变换规律为

$$A'_{\sigma\tau} = \frac{\partial x_\mu}{\partial x'_\sigma} \frac{\partial x_\nu}{\partial x'_\tau} A_{\mu\nu}。 \tag{11}$$

这一变换规律定义了二秩协变张量，前面所说的关于反变张量的各点，也同样适用于协变张量。

注 把标量（即不变量）看成是零秩反变张量或零秩协变张量是很方便的。

混合张量 我们也可以定义下列形式的二秩张量：

$$A_\mu^\nu = A_\mu B^\nu。 \tag{12}$$

这种张量对于指标 μ 是协变的，对于指标 ν 是反变的，它的变换规律是

$$A'^{\tau}_{\sigma} = \frac{\partial x'_{\tau}}{\partial x_{\nu}} \frac{\partial x_{\mu}}{\partial x'_{\sigma}} A^{\nu}_{\mu} \text{。} \tag{13}$$

自然，可以有带任意多协变指标和任意多反变指标的混合张量。协变张量和反变张量可以看成是混合张量的特殊情况。

对称张量　二秩的协变张量或反变张量，如果对调两个指标的分量彼此相等，称为对称张量。于是，张量 $A^{\mu\nu}$ 或 $A_{\mu\nu}$ 若对于任何一对 μ，ν 满足

$$A^{\mu\nu} = A^{\nu\mu}, \tag{14}$$

或者

$$A_{\mu\nu} = A_{\nu\mu}, \tag{14a}$$

就是对称张量。

必须证明这样定义的对称性质与所选的坐标系无关。事实上，如果考虑到式（14），由式（9）可得

$$A'^{\sigma\tau} = \frac{\partial x'_{\sigma}}{\partial x_{\mu}} \frac{\partial x'_{\tau}}{\partial x_{\nu}} A^{\mu\nu} = \frac{\partial x'_{\sigma}}{\partial x_{\mu}} \frac{\partial x'_{\tau}}{\partial x_{\nu}} A^{\nu\mu} = \frac{\partial x'_{\tau}}{\partial x_{\mu}} \frac{\partial x'_{\sigma}}{\partial x_{\nu}} A^{\mu\nu} = A'^{\tau\sigma} \text{。}$$

在上式中，我们对调了求和的指标 μ 和 ν，这只是记号的改变。

反对称张量　一个二秩、三秩或四秩的反变张量或协变张量，如果对调其分量中的任意两个指标所得的分量与原分量等值反号，则称为反对称张量。例如张量 $A^{\mu\nu}$ 或 $A_{\mu\nu}$ 若对任意 μ，ν 有

$$A^{\mu\nu} = -A^{\nu\mu}, \tag{15}$$

或者

$$A_{\mu\nu} = -A_{\nu\mu}, \tag{15a}$$

则此二秩张量是反对称的。

在反对称二秩张量 $A^{\mu\nu}$ 的 16 个分量中，有 4 个 $A^{\mu\mu}$ 为零，其余的成对地相等而反号，因此实质上只有 6 个数（六矢量）。与此类似，反对称三秩张量 $A^{\mu\nu\sigma}$ 中，实质上只有 4 个数，而反对称的四秩张量 $A^{\mu\nu\sigma\tau}$ 只剩下一个数。而大于四秩的反对称张量在四维连续统中是不存在的。

§7. 张量的乘法

张量的外乘　有一个 n 秩张量和一个 m 秩张量，将前者的每一个分量乘以后者的每一个分量，就得到了二者的外积，一个 $n+m$ 秩的张量的所有分量。例如，

不同种类的两个张量 A 和 B 可以产生外积 T:

$$T_{\mu\nu\sigma} = A_{\mu\nu}B_{\sigma},$$

$$T^{\mu\nu\sigma\tau} = A^{\mu\nu}B^{\sigma\tau},$$

$$T^{\sigma\tau}_{\mu\nu} = A_{\mu\nu}B^{\sigma\tau}。$$

T 的张量性质可以由表达式（8）、（10）、（12）或变换规律（9）、（11）、（13）直接证明。式（8）、（10）和（12）本身就是几个一秩张量的外积的例子。

混合张量的"缩并" 对于任意一个混合张量，我们可以令其一个反变指标与一个协变指标相等，并对这个指标求和，这就是缩并，结果得出一个秩数少 2 的张量。例如一个四秩的混合张量 $A^{\sigma\tau}_{\mu\nu}$，可以缩并成一个二秩张量：

$$A^{\tau}_{\nu} = A^{\mu\tau}_{\mu\nu}(= \sum_{\mu} A^{\mu\tau}_{\mu\nu}),$$

由此再有一次缩并，可以得到一个零秩张量：

$$A = A^{\nu}_{\nu} = A^{\mu\nu}_{\mu\nu}。$$

缩并的结果确实具有张量性质，既可以由张量以法则（12）的推广来表达，再辅以式（6）来证明，也可以用式（13）的推广来证明。

张量的内乘和混合乘法 这是外乘的缩并的结合。

举例 有一个二秩协变张量 $A_{\mu\nu}$ 和一个一秩反变张量 B^{σ}、先作它们的外积，得到一个混合张量

$$D^{\sigma}_{\mu\nu} = A_{\mu\nu}B^{\sigma}。$$

然后再对 ν 和 σ 两个指标作缩并，可以得出一个协变的四矢量：

$$D_{\mu} = D^{\nu}_{\mu\nu} = A_{\mu\nu}B^{\nu}。$$

这称为两个张量 $A_{\mu\nu}$ 和 B^{σ} 的内积。类似地，我们可以由两个张量 $A_{\mu\nu}$ 和 $B^{\sigma\tau}$ 通过外积和两次缩并得到内积 $A_{\mu\nu}B^{\mu\nu}$。我们还可以从两个张量 $A_{\mu\nu}$ 和 $B^{\sigma\tau}$ 得出一个二秩混合张量 $D^{\tau}_{\mu} = A_{\mu\nu}B^{\nu\tau}$，这一操作可以适当地认为是一个混合操作，先对指标 μ 和 τ 作外积，再对指标 ν 和 σ 作内积。

我们现在来证明一个命题。这个命题常常用来证明张量特征。前已提到，若 $A_{\mu\nu}$ 和 $B^{\mu\nu}$ 是张量，则 $A_{\mu\nu}B^{\mu\nu}$ 就是一个标量。而我们也能作出下面的论断：**对于任意选定的张量 $B^{\mu\nu}$**，如果 $A_{\mu\nu}B^{\mu\nu}$ 都是一个标量，则 $A_{\mu\nu}$ 具有张量的特性。因为，根据假设，对于任意的坐标代换有

$$A'_{\sigma\tau}B'^{\sigma\tau} = A_{\mu\nu}B^{\mu\nu}。$$

但是，根据式（9）的反式有：

$$B^{\mu\nu} = \frac{\partial x_\mu}{\partial x'_\sigma}\frac{\partial x_\nu}{\partial x'_\tau}B'^{\sigma\tau},$$

将此式代入上式，得

$$\left(A'_{\sigma\tau} - \frac{\partial x_\mu}{\partial x'_\sigma}\frac{\partial x_\nu}{\partial x'_\tau}A_{\mu\nu}\right)B'^{\sigma\tau} = 0。$$

只有括号中的式子为零，此式才能对任意的 $B'^{\sigma\tau}$ 成立，于是得到式（11）。

上述命题对于任意秩、任意性质的张量都成立，在所有情况下，证明都是类似的。

这一规则还可以下述形式出现：如果 B^μ 和 C^ν 是任意矢量，而对于它们的任何取值，内积 $A_{\mu\nu}B^\mu C^\nu$ 都是标量，那么 $A_{\mu\nu}$ 就是一个协变张量。甚至在条件更特殊一点的情况下，上述命题也能很好地成立。即，对于任意选定的四矢量 B^μ，内积 $A_{\mu\nu}B^\mu B^\nu$ 是一个标量，同时已知 $A_{\mu\nu}$ 满足对称条件 $A_{\mu\nu}=A_{\nu\mu}$，这时，我们可以用上面给出的方法证明（$A_{\mu\nu}=A_{\nu\mu}$）的张量性质，然后利用对称的性质证明 $A_{\mu\nu}$ 具有张量性质。

最后，由以上的证明可知，这一定律还可以推广到任意张量。如果对于任意选定的四矢量 B^ν，乘积 $A_{\mu\nu}B^\nu$ 构成一个一秩张量，则 $A_{\mu\nu}$ 是一个二秩张量。因为，如果 C^μ 是任意四矢量，根据 $A_{\mu\nu}B^\nu$ 的张量性质，内积 $A_{\mu\nu}C^\mu B^\nu$ 不论 B^ν 和 C^μ 如何选择一定是一个标量，由此命题得证。

§8. 基本张量 $g_{\mu\nu}$ 的某些性质

协变基本张量　在线元平方的不变量表达式

$$ds^2 = g_{\mu\nu}dx_\mu dx_\nu$$

中，dx_μ 这一部分所起的作用是一个可任意选取的反变矢量的作用。又由于 $g_{\mu\nu}=g_{\nu\mu}$，根据上一节的考虑知，$g_{\mu\nu}$ 是一个二秩协变张量，我们称之为"基本张量"。下面我们将导出这个基本张量的一些性质，诚然，这些性质是任何二秩张量都有的，但是由于基本张量在我们的理论中起着特殊的作用，是独特的引力效应的物理基础，所以我们将要推导的关系只有论及基本张量，对我们才是重要的。

反变基本限量　如果在由 $g_{\mu\nu}$ 的各元构成的行列式中，取每个 $g_{\mu\nu}$ 的余子式并除以行列式 $g=|g_{\mu\nu}|$，则得到一些量 $g^{\mu\nu}=(g^{\nu\mu})$，这些量构成一个反变张量。下面我们就来证明。

根据行列式的一个已知性质：

$$g_{\mu\sigma}g^{\nu\alpha} = \delta_\mu^\nu, \tag{16}$$

（式中的 δ_μ^ν 当 $\mu=\nu$ 时等于 1，$\mu\neq\nu$ 时等于零）我们可以把上述 ds^2 的公式改写成

$$g_{\mu\sigma}\delta_\nu^\sigma dx_\mu dx_\nu,$$

利用式（16）得

$$g_{\mu\sigma}g_{\nu\tau}g^{\sigma\tau}dx_\mu dx_\nu。$$

但是，根据上一节的乘法规律，这个量

$$d\xi_\sigma = g_{\mu\sigma}dx_\mu$$

是一个协变四矢量，而且事实上是一个任意矢量，因为 dx_μ 就是任意的。将这个量引入我们的公式中，得

$$ds^2 = g^{\sigma\tau}d\xi_\sigma d\xi_\tau。$$

由于此式是一个标量。而矢量 $d\xi_\sigma$ 已是可任意选定的矢量，又根据定义，$g^{\sigma\tau}$ 对于指标 σ 和 τ 是对称的，所以根据上一节的结果，$g^{\sigma\tau}$ 是一个反变张量。

由式（16）进一步得出 δ_μ^ν 也是一个张量，我们将称之为混合基本张量。

基本张量的行列式 根据行列式的乘法规则，有

$$|\,g_{\mu\alpha}g^{\alpha\nu}\,| = |\,g_{\mu\alpha}\,| \times |\,g^{\alpha\nu}\,|。$$

另一方面

$$|\,g_{\mu\alpha}g^{\alpha\nu}\,| = |\,\delta_\mu^\nu\,| = 1,$$

因此得

$$|\,g_{\mu\nu}\,| \times |\,g^{\mu\nu}\,| = 1。\tag{17}$$

体积标量 我们首先寻找行列式 $g=|g_{\mu\nu}|$ 的变换规律，根据式（11）有

$$g' = \left| \frac{\partial x_\mu}{\partial x'_\sigma} \frac{\partial x_\nu}{\partial x'_\tau} g_{\mu\nu} \right|$$

应用两次行列式的乘法，得

$$g' = \left| \frac{\partial x_\mu}{\partial x'_\sigma} \right| \left| \frac{\partial x_\nu}{\partial x'_\tau} \right| |\,g_{\mu\nu}\,| = \left| \frac{\partial x_\mu}{\partial x'_\sigma} \right|^2 g,$$

或者

$$\sqrt{g'} = \left| \frac{\partial x_\mu}{\partial x'_\sigma} \right| \sqrt{g}。$$

另一方面，体积

$$d\tau' = \int dx_1 dx_2 dx_3 dx_4$$

的变换规律，根据雅可比定理为

$$\mathrm{d}\tau' = \left| \frac{\partial x'_\sigma}{\partial x_\mu} \right| \mathrm{d}\tau,$$

将最后二式相乘，得

$$\sqrt{g'}\,\mathrm{d}\tau' = \sqrt{g}\,\mathrm{d}\tau。 \tag{18}$$

我们在以后引入 $\sqrt{-g}$ 来代替 $\sqrt{g}$，根据时空连续统的双曲性质，前者永远是实的。不变量 $\sqrt{-g}\,\mathrm{d}\tau$ 在数值上等于在局域坐标系中，在狭义相对论的意义下，用刚性尺和时钟测量出来的四维体元。

关于时空连续统的性质的注释　我们关于狭义相对论永远可适用于无穷小区域这一假设，直接导致 $\mathrm{d}s^2$ 永远可以通过 4 个实的量 $\mathrm{d}X_1\cdots\mathrm{d}X_4$ 变为式（1）。如果我们用 $\mathrm{d}\tau_0$ 表示自然体元 $\mathrm{d}X_1\mathrm{d}X_2\mathrm{d}X_3\mathrm{d}X_4$，则有

$$\mathrm{d}\tau_0 = \sqrt{-g}\,\mathrm{d}\tau。 \tag{18a}$$

如果在四维连续统中某一点 $\sqrt{-g}$ 等于零，那就意味着在这一点上无穷小的"自然"体元对应于坐标中的零体积。我们假设这种情况永不发生，于是 g 就不能改变符号。我们将假设，在狭义相对论的意义上，g 永远取有限的负值。这是对我们所讨论的连续统的物理性质的一个假设，同时也是一个选用坐标的一种约定。

但是，如果 $-g$ 永远取正的有限值，那就自然地会后验地对坐标作这样的选取，使得这个量永远等于 1。我们在后面将看到，在这样的选择坐标限制之下，有可能使自然界规律的表述得到重要的简化。

于是，代替（18），我们可以用简单的 $\mathrm{d}\tau'=\mathrm{d}\tau$。利用雅可比定理，由此得

$$\left| \frac{\partial x'_\sigma}{\partial x_\mu} \right| = 1。 \tag{19}$$

于是，在这种坐标选定之下，只有那些在变换时行列式为 1 的坐标才是允许的。

然而，若相信这一步是表明要部分地放弃广义相对性的公设，那就错了。我们要问的不是"哪些是对于该行列式为 1 的所有代换协变的自然定律"？而是"哪些是一般协变的自然定律"？我们将在后面看到，由于对坐标选择的这类限制，才可能大大简化自然定律。

用基本张量构成的一些新张量　用基本张量对一个张量进行内乘、外乘或混合乘，可以得到一些不同性质和不同秩的张量。例如

$$A^\mu = g^{\nu\sigma} A_\sigma,$$
$$A = g_{\mu\nu} A^{\mu\nu}.$$

还应特别注意下列形式：

$$A^{\mu\nu} = g^{\mu\alpha} g^{\nu\beta} A_{\alpha\beta},$$
$$A_{\mu\nu} = g_{\mu\alpha} g_{\nu\beta} A^{\alpha\beta},$$

它们分别是协变张量和反变张量的"余张量"。还有

$$B_{\mu\nu} = g_{\mu\nu} g^{\alpha\beta} A_{\alpha\beta},$$

$B_{\mu\nu}$ 称为 $A_{\mu\nu}$ 的约化张量。类似地有

$$B^{\mu\nu} = g^{\mu\nu} g_{\alpha\beta} A^{\alpha\beta}.$$

应当指出，$g^{\mu\nu}$ 不是别的，正是 $g_{\mu\nu}$ 的余张量，因为

$$g^{\mu\alpha} g^{\nu\beta} g_{\alpha\beta} = g^{\mu\alpha} \delta_\alpha^\nu = g^{\mu\nu}.$$

§9. 测地线方程　质点的运动

由于线元 ds 的定义与坐标系无关，连接四维连续统中两点 P 和 P' 并满足 $\int ds$ 为极值的线，即测地线，具有与坐标的选择无关的意义。测地线的方程是

$$\delta \int_P^{P'} ds = 0. \tag{20}$$

用通常的方法进行变分，可以由此方程得出 4 个定义测地线的微分方程。为了完整起见，我们把这一过程补在这里。令 x_ν 是一个 λ 的函数，并令它定义一个曲面族，族中各曲面都包含着测地线以及所有与测地线靠得极近的由 P 到 P' 的曲线。于是，任何这种曲线都可以假设其坐标 x_ν 为 λ 的函数而给出。令符号 δ 表示由所要的测地线上一点到对应于相同 λ 的邻近线上一点的过渡。于是，我们可以用下式代替式（20）：

$$\left.\begin{aligned}
\int_{\lambda_1}^{\lambda_2} \delta\omega \, d\lambda &= 0 \\
\omega^2 &= g_{\mu\nu} \frac{dx_\mu}{d\lambda} \frac{dx_\nu}{d\lambda}
\end{aligned}\right\} \tag{20a}$$

但是，因为

$$\delta\omega = \frac{1}{\omega} \left\{ \frac{1}{2} \frac{\partial g_{\mu\nu}}{\partial x_\sigma} \frac{dx_\mu}{d\lambda} \frac{dx_\nu}{d\lambda} \delta x_\sigma + g_{\mu\nu} \frac{dx_\mu}{d\lambda} \delta\left(\frac{dx_\nu}{d\lambda}\right) \right\},$$

以及

$$\delta\left(\frac{\mathrm{d}x_\nu}{\mathrm{d}\lambda}\right) = \frac{\mathrm{d}\delta x_\nu}{\mathrm{d}\lambda},$$

在分部积分之后由（20a）得

$$\int_{\lambda_1}^{\lambda_2} \kappa_\sigma \delta x_\sigma \mathrm{d}\lambda = 0,$$

式中

$$\kappa_\sigma = \frac{\mathrm{d}}{\mathrm{d}\lambda}\left\{\frac{g_{\mu\nu}}{\omega}\frac{\mathrm{d}x_\mu}{\mathrm{d}\lambda}\right\} - \frac{1}{2\omega}\frac{\partial g_{\mu\nu}}{\partial x_\sigma}\frac{\mathrm{d}x_\mu}{\mathrm{d}\lambda}\frac{\mathrm{d}x_\nu}{\mathrm{d}\lambda}。 \tag{20b}$$

由于 δx_σ 的值是任意的，由此得出

$$\kappa_\sigma = 0。 \tag{20c}$$

如果沿着测地线 $\mathrm{d}s$ 不为零，我们就可以选择测地线的"弧长" s 来代替参数 λ，这时 $\omega = l$，而式（20c）可以改写成

$$g_{\mu\nu\sigma} = \frac{\mathrm{d}^2 x_\mu}{\mathrm{d}x^2} + \frac{\partial g_{\mu\nu}}{\partial x_\sigma}\frac{\mathrm{d}x_\sigma}{\mathrm{d}s}\frac{\mathrm{d}x_\mu}{\mathrm{d}s} - \frac{1}{2}\frac{\partial g_{\mu\nu}}{\partial x_\sigma}\frac{\mathrm{d}x_\mu}{\mathrm{d}s}\frac{\mathrm{d}x_\nu}{\mathrm{d}s} = 0,$$

或者，只改变一些记法，成为

$$g_{\alpha\sigma}\frac{\mathrm{d}^2 x_\alpha}{\mathrm{d}s^2} + [\mu\nu,\ \sigma]\frac{\mathrm{d}x_\mu}{\mathrm{d}s}\frac{\mathrm{d}x_\nu}{\mathrm{d}s} = 0, \tag{20d}$$

在式中，按克里斯托弗尔的意见，我们用了下列记号

$$[\mu\nu,\ \sigma] = \frac{1}{2}\left(\frac{\partial g_{\mu\sigma}}{\partial x_\nu} + \frac{\partial g_{\nu\sigma}}{\partial x_\mu} - \frac{\partial g_{\mu\nu}}{\partial x_\sigma}\right)。 \tag{21}$$

最后，将（20d）乘以 $g^{\sigma\tau}$（对指标 τ 作外乘，对指标 σ 作内乘），我们得测地线的方程为

$$\frac{\mathrm{d}^2 x_\tau}{\mathrm{d}s^2} + \{\mu\nu,\tau\}\frac{\mathrm{d}x_\mu}{\mathrm{d}s}\frac{\mathrm{d}s_\nu}{\mathrm{d}s} = 0, \tag{22}$$

式中，根据克里斯托弗尔的意见，我们取

$$\{\mu\nu,\ \tau\} = g^{\tau\alpha}[\mu\nu,\ \alpha]。 \tag{23}$$

§10. 用微分构成张量

借助于测地线方程，现在我们可以很容易地用微分的方法从旧理论推导出新理论中的自然界定律。这意味着我们首次能够写出普遍协变的微分方程。我们达

54

到这一目的是由于反复运用下列简单的定律：

如果在我们的连续统中给定了一个曲线，曲线上各点用从曲线上某一定点出发实际测出的距离 s 来表征，又设 φ 是空间的不变函数，那么 $d\varphi/ds$ 也是一个不变量。证明的关键是 ds 和 $d\varphi$ 都是不变量。

由于有

$$\frac{d\varphi}{ds} = \frac{\partial\varphi}{\partial x_\mu}\frac{dx_\mu}{ds},$$

所以

$$\varPsi = \frac{\partial\varphi}{\partial x_\mu}\frac{dx_\mu}{ds}$$

也是一个不变量，而且对这连续统中由一点出发的所有曲线都是不变量，也就是说，对于矢量 dx_μ 的任意选择都是不变量。因此立刻可以得出：

$$A_\mu = \frac{\partial\varphi}{\partial x_\mu} \tag{24}$$

是一个协变四矢量，即 φ 的"梯度"。

根据我们的规则，在一个曲线上所取的微商

$$\chi = \frac{d\varPsi}{ds}$$

同样也是一个不变量。将 $\varPsi$ 的值代 λ，我们首先得到

$$\chi = \frac{\partial^2\varphi}{\partial x_\mu \partial x_\nu}\frac{dx_\mu}{ds}\frac{dx_\nu}{ds} + \frac{\partial\varphi}{\partial x_\mu}\frac{d^2 x_\mu}{ds^2}。$$

从这里不能立刻推出一个张量的存在，但是我们可以把我们沿之作微分的曲线取为测地线，那么由式（22）将 $d^2 x_\nu/ds^2/$ 代入，得

$$\chi = \left\{ \frac{\partial^2\varphi}{\partial x_\mu \partial x_\nu} - \{\mu\nu,\ \tau\}\frac{\partial\varphi}{\partial x_\tau} \right\}\frac{dx_\mu}{ds}\frac{dx_\nu}{ds}。$$

因为我们可以改变微分的次序，又因为根据式（23）和（21），$\{\mu\nu,\ \tau\}$ 对于 μ 和 ν 都是对称的，所以括号中的式子对 μ 和 ν 都是对称的。由于在连续统中从一点出发的测地线可以沿任意方向来画，所以 dx_μ/ds 是一个四矢量，其分量之比可以是任意的。由 §7 的结果得出，

$$A_{\mu\nu} = \frac{\partial^2\varphi}{\partial x_\mu \partial x_\nu} - \{\mu\nu,\ \tau\}\frac{\partial\varphi}{\partial x_\tau} \tag{25}$$

是一个二秩协变张量。于是我们得到下列结果：我们通过微分，从一个一秩协变

张量

$$A_\mu = \frac{\partial \varphi}{\partial x_\mu}$$

得到一个二秩协变张量

$$A_{\mu\nu} = \frac{\partial A_\mu}{\partial x_\nu} - \{\mu\nu, \quad \tau\} A_\tau \tag{26}$$

我们称 $A_{\mu\nu}$ 为 A_μ 的扩张（协变导数）。首先我们可以立即证明，即使矢量 A_μ 不能表为梯度，这一操作也会导致一个张量。为看出这一点，我们首先注意到，如果 Ψ 和 φ 都是标量，则

$$\Psi \frac{\partial \varphi}{\partial x_\mu}$$

就是一个协变矢量。如果 $\Psi^{(1)}$，$\varphi^{(1)}$，$\cdots$，$\Psi^{(4)}$，$\varphi^{(4)}$ 都是标量的话，4 个这一类的项之和，

$$S_\mu = \Psi^{(1)} \frac{\partial \varphi^{(1)}}{\partial x_\mu} + \cdots + \Psi^{(4)} \frac{\partial \varphi^{(4)}}{\partial x_\mu},$$

也是协变矢量。因为，如果 A_μ 是矢量，它的各分量都是 x_ν 的任意函数，为了保证 S_μ 等于 A_μ，只须令（用选定的坐标系表示）

$$\Psi^{(1)} = A_1, \quad \varphi^{(1)} = x_1,$$

$$\Psi^{(2)} = A_2, \quad \varphi^{(2)} = x_2,$$

$$\Psi^{(3)} = A_3, \quad \varphi^{(3)} = x_3,$$

$$\Psi^{(4)} = A_4, \quad \varphi^{(4)} = x_4,$$

即可。

因此，为了证明 $A_{\mu\nu}$ 是张量，如果用任何协变矢量取代 A_μ 放入右边，只须证明对矢量 S_μ 有这样的性质即可。可是式（26）的右边告诉我们，为了完成这后一任务，只需证明下述情况

$$A_\mu = \Psi \frac{\partial \varphi}{\partial x_\mu}。$$

即可。现在，将式（25）的右边乘以 Ψ，

$$\Psi \frac{\partial^2 \varphi}{\partial x_\mu \partial x_\nu} - \{\mu\nu, \quad \tau\} \Psi \frac{\partial \varphi}{\partial x_\tau}$$

这是一个张量，同样，两个矢量的外积

56

$$\frac{\partial \Psi}{\partial x_\mu} \frac{\partial \varphi}{\partial x_\nu}$$

也是一个张量。两者相加，就证明了下式

$$\frac{\partial}{\partial x_\nu}\left(\Psi \frac{\partial \varphi}{\partial x_\mu}\right) - \{\mu\nu, \quad \tau\}\left(\Psi \frac{\partial \varphi}{\partial x_\tau}\right)$$

的张量性质。注意到式（26），我们将看到，到此就完成了对矢量

$$\Psi \frac{\partial \varphi}{\partial x_\mu},$$

为矢量的证明，从而，也就完成了对任何矢量 A_μ 的证明。

借助于矢量的扩张，我们很容易定义任意秩的协变张量的"扩张"。这是矢量扩张的推广，我们只就二秩张量的情况作一讨论，因为这就足以给出形成法则的清楚的概念。

正如已经提到过的那样，任意二秩协变张量都可以表为 $A_\mu B_\nu$ 类型的张量之和①。只要导出这种特殊类型的张量的扩张就足够了。根据式（26），下列两式

$$\frac{\partial A_\mu}{\partial x_\sigma} - \{\sigma\mu, \quad \tau\}A_\tau,$$

$$\frac{\partial B_\nu}{\partial x_\sigma} - \{\sigma\nu, \quad \tau\}B_\tau,$$

都是张量，将第一式用 B_ν 外乘，将第二式用 A_μ 外乘，我们可得到两个三秩张量。将这两个三秩张量相加，并令 $A_{\mu\nu}=A_\mu B_\nu$，即得到一个三秩张量：

$$A_{\mu\nu\sigma} = \frac{\partial A_{\mu\nu}}{\partial x_\sigma} - \{\sigma\mu, \quad \tau\}A_{\tau\nu} - \{\sigma\nu,\tau\}A_{\nu\tau}。 \tag{27}$$

由于式（27）对于 $A_{\mu\nu}$ 及其一阶导数是线性和齐次的，所以，这种构造张量的规律不仅对于 $A_\mu B_\nu$ 类型的情况有效，而且对于这种类型的和也有效，这就是说，也对任意二秩协变张量有效，我们称 $A_{\mu\nu\sigma}$ 为张量 $A_{\mu\nu}$ 的扩张。

---

① 将一个具有任意分量 A_{11}，A_{12}，A_{13}，A_{14} 的矢量与一个分量为 1，0，0，0 的矢量作外积，即可得出一个分量为

$$\begin{array}{cccc} A_{11} & A_{12} & A_{13} & A_{14} \\ 0 & 0 & 0 & 0 \\ 0 & 0 & 0 & 0 \\ 0 & 0 & 0 & 0 \end{array}$$

的张量。将类似形式的 4 个张量加起来，就可以得到具有任意给定分量的张量 $A_{\mu\nu}$。

　　显然，式（26）和（24）只是张量扩张的两个特殊情况（分别是一秩张量和零秩张量的扩张）。

　　一般说来，所有构造张量的特殊规律都包含在式（27）和张量的乘法结合之中。

§11. 一些特别重要的情况

基本张量　我们首先证明几个以后有用的引理。根据行列式的微分规则有

$$dg = g^{\mu\nu} g \, dg_{\mu\nu} = - g_{\mu\nu} g \, dg^{\mu\nu} \text{。} \tag{28}$$

最后的结果是由中间的结果推出的，如果我们记得 $g_{\mu\nu} g^{\mu'\nu} = \delta_{\mu}^{\mu'}$，就有 $g_{\mu\nu} g^{\mu\nu} = 4$，因而

$$g_{\mu\nu} dg^{\mu\nu} + g^{\mu\nu} dg_{\mu\nu} = 0 \text{。}$$

由式（28）得

$$\frac{1}{\sqrt{-g}} \frac{\partial \sqrt{-g}}{\partial x_\sigma} = \frac{1}{2} \frac{\partial \log(-g)}{\partial x_\sigma} = \frac{1}{2} g^{\mu\nu} \frac{\partial g_{\mu\nu}}{\partial x_\sigma} = \frac{1}{g} g_{\mu\nu} \frac{\partial g^{\mu\nu}}{\partial x_\sigma} \text{。} \tag{29}$$

再有，从 $g_{\mu\sigma} g^{\nu\sigma} = \delta_{\mu}^{\nu}$，经过微分得

$$\left.\begin{aligned} g_{\mu\sigma} dg^{\nu\sigma} &= - g^{\nu\sigma} dg_{\mu\sigma} \\ g_{\mu\sigma} \frac{\partial g^{\nu\sigma}}{\partial x_\lambda} &= - g^{\nu\sigma} \frac{\partial g_{\mu\sigma}}{\partial x_\lambda} \end{aligned}\right\} \text{。} \tag{30}$$

由此，分别混合乘以 $g^{\sigma\tau}$ 和 $g_{\nu\lambda}$，然后改变指标，得

$$\left.\begin{aligned} dg^{\mu\nu} &= - g^{\mu\alpha} g^{\nu\beta} dg_{\alpha\beta} \\ \frac{\partial g^{\mu\nu}}{\partial x_\sigma} &= - g^{\mu\alpha} g^{\nu\beta} \frac{\partial g_{\alpha\beta}}{\partial x_\sigma} \end{aligned}\right\} \tag{31}$$

以及

$$\left.\begin{aligned} dg_{\mu\nu} &= - g_{\mu\alpha} g_{\nu\beta} dg^{\alpha\beta} \\ \frac{\partial g_{\mu\nu}}{\partial x_\sigma} &= - g_{\mu\alpha} g_{\nu\beta} \frac{\partial g^{\alpha\beta}}{\partial x_\sigma} \end{aligned}\right\} \text{。} \tag{32}$$

由式（31）可得出一个我们以后常用的公式，根据式（21），有

$$\frac{\partial g_{\alpha\beta}}{\partial x_\sigma} = [\alpha\sigma, \ \beta] + [\beta\sigma, \ \alpha] \text{。} \tag{33}$$

将此式代入式（31）的第二式，再考虑到式（23）得

$$\frac{\partial g_{\mu\nu}}{\partial x_\sigma} = -g^{\mu\tau}\{\tau\sigma,\ \nu\} - g^{\nu\tau}\{\tau\sigma,\ \mu\}\text{。} \tag{34}$$

将式（34）的右边代入（29），得

$$\frac{1}{\sqrt{-g}} - \frac{\partial\sqrt{-g}}{\partial x_\sigma} = \{\mu\sigma,\ \mu\}\text{。} \tag{29a}$$

反变矢量的散度 如果我们取式（26）与反变基本张量 $g^{\mu\nu}$ 的内积，并对其第一项作一变换之后，右边就取如下形式

$$\frac{\partial}{\partial x_\nu}(g^{\mu\nu}A_\mu) - A_\mu\frac{\partial g^{\mu\nu}}{\partial x_\nu} - \frac{1}{2}g^{\tau\alpha}\left(\frac{\partial g_{\mu\alpha}}{\partial x_\nu} + \frac{\partial g_{\nu\alpha}}{\partial x_\mu} - \frac{\partial g_{\mu\nu}}{\partial x_\alpha}\right)g^{\mu\nu}A_\tau\text{。}$$

根据（31）、（29）两式，上式的最后一项可以改写成

$$\frac{1}{2}\frac{\partial g^{\tau\nu}}{\partial x_\nu}A_\tau + \frac{1}{2}\frac{\partial g^{\tau\mu}}{\partial x_\mu}A_\tau + \frac{1}{\sqrt{-g}}\frac{\partial\sqrt{-g}}{\partial x_\alpha}g^{\mu\nu}A_\tau\text{。}$$

由于求和式的指标是不重要的，此式的头两项互相抵消，如果我们写 $g^{\mu\nu}A_\mu = A^\nu$，于是，A^ν 与 A_μ 一样是一个任意矢量，最后得

$$\Phi = \frac{1}{\sqrt{-g}}\frac{\partial}{\partial x_\nu}(\sqrt{-g}\,A^\nu)\text{。} \tag{35}$$

这个标量就是反变矢量 A^ν 的散度。

协变矢量的旋度 式（26）中的第二项对于指标 μ 和 ν 是对称的，因此 $A_{\mu\nu} - A_{\nu\mu}$ 是一个构造特别简单的反对称张量。我们得

$$B_{\mu\nu} = \frac{\partial A_\mu}{\partial x_\nu} - \frac{\partial A_\nu}{\partial x_\mu}\text{。} \tag{36}$$

六矢量的反对称扩张 将式（27）应用于反对称二秩张量 $A_{\mu\nu}$，再依次轮换此式的指标得出两个公式，将三式相加，就得到一个三秩张量：

$$B_{\mu\nu\sigma} = A_{\mu\nu\sigma} + A_{\nu\sigma\mu} + A_{\sigma\mu\nu} = \frac{\partial A_{\mu\nu}}{\partial x_\sigma} + \frac{\partial A_{\nu\sigma}}{\partial x_\mu} + \frac{\partial A_{\sigma\mu}}{\partial x_\nu}\text{。} \tag{37}$$

很容易证明，这个张量是反对称的。

六矢量的散度 将式（27）与 $g^{\mu\alpha}g^{\nu\beta}$ 作混合乘积，我们也能得到一个张量。式（27）右边第一项可以写成

$$\frac{\partial}{\partial x_\sigma}(g^{\mu\alpha}g^{\nu\beta}A_{\mu\nu}) - g^{\mu\alpha}\frac{\partial g^{\nu\beta}}{\partial x_\sigma}A_{\mu\nu} - g^{\nu\beta}\frac{\partial g^{\mu\alpha}}{\partial x_\sigma}A_{\mu\nu}\text{。}$$

如果我们把 $g^{\mu\alpha}g^{\nu\beta}A_{\mu\nu\sigma}$ 写成 $A_\sigma^{\alpha\beta}$，把 $g^{\mu\alpha}g^{\nu\beta}A_{\mu\nu}$ 写成 $A^{\alpha\beta}$，再在改写后的第一项

中，用式（34）的右边代替

$$\frac{\partial g^{\nu\beta}}{\partial x_\sigma} \text{ 和} \frac{\partial g^{\mu\alpha}}{\partial x_\sigma}$$

结果得到式（27）的右边共有 7 项，其中有 4 项互相抵消掉，得

$$A_\sigma^{\alpha\beta} = \frac{\partial A^{\alpha\beta}}{\partial x_\sigma} + \{\sigma\gamma, \ \alpha\} A^{\gamma\beta} + \{\sigma\gamma, \ \beta\} A^{\alpha\gamma} \text{。} \tag{38}$$

这是一个二秩反变张量的扩张的表达式，同样也可以构成更高秩或更低秩反变张量的扩张。

我们注意到，用类似方法也可以构成混合张量的扩张：

$$A_{\mu\ \sigma}^{\alpha} = \frac{\partial A_\mu^\alpha}{\partial x_\sigma} - \{\sigma\mu, \ \tau\} A_\tau^\alpha + \{\sigma\ \tau, \ \alpha\} A_\mu^\tau \text{。} \tag{39}$$

当对式（38）进行关于二指标 β 和 σ 的缩并（就是与 δ_β^σ 作内积）时，我们得到矢量

$$A^\alpha = \frac{\partial A^{\alpha\beta}}{\partial x_\beta} + \{\beta\gamma, \ \beta\} A^{\alpha\gamma} + \{\beta\gamma, \ \alpha\} A^{\gamma\beta} \text{。}$$

考虑到 $\{\beta\gamma, \ \alpha\}$ 对于 β 和 γ 二指标的对称性，若 $A^{\alpha\beta}$ 正如我们所假设的那样是一个反对称张量，则右边第三项成为零。而第二项可按式（29a）进行变换，于是得

$$A^\alpha = \frac{1}{\sqrt{-g}} \frac{\partial(\sqrt{-g} A^{\alpha\beta})}{\partial x_\beta} \text{。} \tag{40}$$

这是一个反变六矢量的散度的表达式。

二秩混合张量的散度 将式（39）对指标进行缩并、并考虑到式（29a），得

$$\sqrt{-g} A_\mu = \frac{\partial(\sqrt{-g} A_\mu^\sigma)}{\partial x_\sigma} - \{\sigma\mu, \ \tau\} \sqrt{-g} A_\tau^\sigma \text{。} \tag{41}$$

如果在最后一项中引入一个反变张量 $A^{\rho\sigma} = g^{\rho\tau} A_\tau^\sigma$，则这一项可化为

$$- [\sigma\mu, \ \rho] \sqrt{-g} A^{\rho\sigma} \text{。}$$

进一步，如果 $A^{\rho\sigma}$ 是对称的，则简化为

$$-\frac{1}{2} \sqrt{-g} \frac{\partial g_{\rho\sigma}}{\partial x_\mu} A^{\rho\sigma} \text{。}$$

我们曾经引入过一个协变张量 $A_{\rho\sigma} = g_{\rho\alpha} g_{\sigma\beta} A^{\alpha\beta}$ 来代替 $A^{\rho\sigma}$，这个张量也是对称的，根据式（31），这最后一项成为

$$\frac{1}{2}\sqrt{-g}\,\frac{\partial g^{\rho\sigma}}{\partial x_\mu}A_{\rho\sigma}\,。$$

在对称的情况下，式（41）也可以用下面两式来代替：

$$\sqrt{-g}\,A_\mu = \frac{\partial(\sqrt{-g}\,A_\mu^\sigma)}{\partial x_\sigma} - \frac{1}{2}\frac{\partial g_{\rho\sigma}}{\partial x_\mu}\sqrt{-g}\,A^{\rho\sigma}\,, \tag{41a}$$

$$\sqrt{-g}\,A_\mu = \frac{\partial(\sqrt{-g}\,A_\mu^\sigma)}{\partial x_\sigma} + \frac{1}{2}\frac{\partial g^{\rho\sigma}}{\partial x_\mu}\sqrt{-g}\,A_{\rho\sigma}\,。 \tag{41b}$$

我们以后还要用到这两个式子。

§12. 黎曼-克里斯托费尔张量

现在我们寻找一种单独从基本张量用微分方法获得的张量。初看起来，解答是很明显的，在式（27）中用基本张量 $g_{\mu\nu}$ 去代替式中的任意张量 $A_{\mu\nu}$ 即可，这样就得出一个新的张量，即基本张量的扩张。然而，人们很容易验证，这样得出的基本张量的扩张恒等于零。我们用下列方法达到这一目的。在式（27）中，取

$$A_{\mu\nu} = \frac{\partial A_\mu}{\partial x_\nu} - \{\mu\nu,\rho\}A_\rho\,,$$

即求这个四矢量 A_μ 的扩张。于是（在经过某些指标的名称改动之后）得到一个三秩张量

$$A_{\mu\sigma\tau} = \frac{\partial^2 A_\mu}{\partial x_\sigma \partial x_\tau} - \{\mu\sigma,\rho\}\frac{\partial A_\rho}{\partial x_\tau} - \{\mu\tau,\rho\}\frac{\partial A_\rho}{\partial x_\sigma} - \{\sigma\tau,\rho\}\frac{\partial A_\mu}{\partial x_\rho}$$

$$+ \left[-\frac{\partial}{\partial x_\tau}\{\mu\sigma,\rho\} + \{\mu\tau,\alpha\}\{\alpha\sigma,\rho\} + \{\sigma\tau,\alpha\}\{\alpha\mu,\rho\} \right]A_\rho\,。$$

此式提示了 $A_{\mu\sigma\tau} - A_{\mu\tau\sigma}$ 的构建。因为如果我们这样做，$A_{\mu\sigma\tau}$ 中的下列各项将同 $A_{\mu\tau\sigma}$ 中的相应项抵消：第1项、第4项和方括号中的末项，因为它们对 σ 和 τ 都是对称的；第2项和第3项之和也是如此。于是我们得到

$$A_{\mu\sigma\tau} - A_{\mu\tau\sigma} = B^\rho_{\mu\sigma\tau}A_\rho \tag{42}$$

式中

$$B^\rho_{\mu\sigma\tau} = \frac{\partial}{\partial x_\tau}\{\mu\sigma,\rho\} + \frac{\partial}{\partial x_\sigma}\{\mu\tau,\rho\} - \{\mu\sigma,\alpha\}\{\alpha\tau,\rho\} + \{\mu\tau,\alpha\}\{\alpha\tau,\rho\}$$

$$\tag{43}$$

这一结果的主要特点是式（42）的右边只有 A_ρ，而没有它的导数。根据 $A_{\mu\sigma\tau} -$

$A_{\mu\tau\sigma}$ 的张量性质以及 A_ρ 是任意矢量的事实，由 §7 的论证得知，$B_{\mu\sigma\tau}^\rho$ 是一个张量，此即黎曼-克里斯托费尔张量。

这个张量在数学上的重要性如下：如果连续统具有下列性质，即存在一个坐标系而相对于此坐标系 $g_{\mu\nu}$ 为常数，则所有的 $B_{\mu\sigma\tau}^\rho$ 都等于零。如果我们选取另一新坐标系来取代原来那个坐标系，而对于新坐标系 $g_{\mu\nu}$ 不是常数的话，由于其张量性质，变换到新坐标系去的 $B_{\mu\sigma\tau}^\rho$ 的各分量仍然等于零。因此，黎曼张量为零，是下列事实的必要条件：选择适当的坐标系可以使 $g_{\mu\nu}$，成为常数①。在我们所讨论的问题中，这一点相当于：选择适当的坐标系，使得在连续统的有限区域中狭义相对论能很好地成立。

将式（43）对于指标 τ 和 ρ 进行缩并，得一个二秩协变张量

$$
G_{\mu\nu} = B_{\mu\nu\beta}^\rho = R_{\mu\nu} + S_{\mu\nu}
$$

式中

$$
R_{\mu\nu} = -\frac{\partial}{\partial x_\alpha}\begin{Bmatrix}\mu\,\nu\\\alpha\end{Bmatrix} + \begin{Bmatrix}\mu\,\alpha\\\beta\end{Bmatrix} + \begin{Bmatrix}\nu\,\beta\\\alpha\end{Bmatrix}
$$

$$
S_{\mu\nu} = \frac{\partial^2 \log\sqrt{-g}}{\partial x_\mu \partial x_\nu} - \{\mu\,\nu,\ \alpha\}\frac{\partial\log\sqrt{-g}}{\partial x_\alpha}
$$

$$\tag{44}$$

关于选择坐标系的注释 从 §8 的方程（18a）中已经明显看到，通过选取坐标系以使 $\sqrt{-g}=1$ 较为有利。观察一下在前两节中所得到的方程可以看出，在这种选择之下，构造张量的规律将会大大简化。这对我们刚刚得到的张量 $G_{\mu\nu}$ 也同样适用。这个张量在下面将要提出的理论中将起着基础的作用。因为坐标系的这种选择能够带来 $S_{\mu\nu}=0$ 的结果，从而使 $G_{\mu\nu}$ 简化为 $R_{\mu\nu}$。

因此，在以后的讨论中，对所有的关系式我都将给出在坐标系这样的特殊选定情况下的简化形式。如果在特殊的情况下有需要把某些公式改回到普遍的协变形式，那也是很容易的事。

C. 引力场理论

§13. 质点在引力场中的运动方程 引力场分量的表达式

在狭义相对论中，一个不受外力的自由质点做匀速直线运动，而根据广义相

---

① 数学家已经证明，这也是**充分**条件。

对论，对于四维空间的一部分，其中坐标系可以被选为，而且实际上确被选为其 $g_{\mu\nu}$ 具有式（4）给出的特殊常数值的 K_0 时，情况也和狭义相对论一样。

如果我们从任意一个坐标系 K_1 来考察这一运动。根据§2的讨论，从 K_1 看来，质点是在引力场中运动。质点对于 K_1 的运动规律不难从下面的讨论中得出。对于 K_0 来说，运动规律相当于一个四维的直线，即相当于一条测地线。现在，由于测地线是与坐标系无关的，测地线对于 K_1 的方程也就是质点对于 K_1 的运动规律。如果我们令

$$\Gamma^\tau_{\mu\nu} = - \{\mu\nu,\ \tau\},\qquad(45)$$

则质点对于 K_1 的运动方程就是

$$\frac{\mathrm{d}^2 x_\tau}{\mathrm{d}s^2} = \Gamma^\tau_{\mu\nu}\frac{\mathrm{d}x_\mu}{\mathrm{d}s}\frac{\mathrm{d}x_\nu}{\mathrm{d}s}\text{。}\qquad(46)$$

现在我们作一个很自然的假设：即使没有 K_0，即不存在有限空间中狭义相对论很好成立的坐标系，质点在引力场中的运动也服从协变的方程组（46）。我们作这个假设还有更多的依据，因为式（46）中只包含 $g_{\mu\nu}$ 的一级导数，在它们之间没有任何联系①，即使在 K_0 存在的特殊情况下也是如此。

如果 $\Gamma^\tau_{\mu\nu} = 0$，则质点做匀速直线运动。所以这些量规定了运动对于匀速直线的偏离，它们是引力场的分量。

§14. 无物质的引力场方程

今后，我们将对"引力场"和"物质"作一区分，我们称引力场以外的一切东西为"物质"因此"物质"一词不仅包括通常意义下的物质，也包括电磁场。

我们下一个任务是寻求在无物质存在情况下的引力场方程。在这里，我们依然使用上一节写出质点运动方程时所用的方法。所求的方程无论如何必须满足的一个特殊情况是 $g_{\mu\nu}$ 具有某些常数值的狭义相对论的情况。考虑在某一确定的坐标系 K_0 中的某一有限空间。相对于这个坐标系，式（43）所定义的黎曼张量的所有分量 $B^\rho_{\mu\sigma\tau}$ 都等于零。对于所考虑的空间，它们为零，所以对于任意其他的坐标系，也应该等于零。

因此，如果所有的 $B^\rho_{\mu\sigma\tau}$ 分量都为零的话，则所求的无物质引力场方程一定

---

① 根据§12，只有在二级导数（以及一级导数）之间才有 $B^\rho_{\mu\sigma\tau}=0$ 的关系。

在任何情况下都满足。然而，这一条件太苛刻了。因为很明显，例如质点在其附近所产生的引力场肯定不会被变换掉，无论选择什么坐标系都不行。这就是说，它不会被变换到 $g_{\mu\nu}$ 等于常数的情况。

这一点促使我们转而要求由张量 $B^{\rho}_{\mu\nu\tau}$ 导出的对称张量 $G_{\mu\nu}$ 对无物质引力场为零。

这样一来，我们对于 10 个量 $g_{\mu\nu}$ 得到了 10 个方程，所有 $B^{\rho}_{\mu\nu\tau}$ 都等于零的特殊情况满足这些方程。在坐标系这样的选定之下，并考虑到式（44），无物质引力场的方程成为

$$\left.\begin{array}{l} \dfrac{\partial \Gamma^{\alpha}_{\mu\nu}}{\partial x_{\alpha}} + \Gamma^{\alpha}_{\mu\beta}\Gamma^{\beta}_{\nu\alpha} = 0 \\[2ex] \sqrt{-g} = 1 \end{array}\right\} \circ \tag{47}$$

必须指出，在这一组方程的选择中，仅有最低的任意性。因为由 $g_{\mu\nu}$ 及其不高于二阶的导数构成的二秩张量，而且这张量又是这些二阶导数的线性式，则这张量只能是 $G_{\mu\nu}$。[①]

根据广义相对论的要求，通过纯数学方法得到的这些方程，和运动方程（46）一起，在一级近似下给出了牛顿万有引力定律，在二级近似下给出了由勒维叶发现的水星近日点的移动的解释（这种移动在作了摄动校正后仍然存在）。这些，在我看来必然是这一理论正确性的令人信服的证明。

§15. 引力场的哈密顿函数　能量动量定律

为了证明引力场方程与能量动量定律相对应，最方便的办法是把它们写成下列哈密顿形式：

$$\left.\begin{array}{l} \delta\left\{\displaystyle\int H \mathrm{d}\tau\right\} = 0 \\[2ex] H = g^{\mu\nu}\Gamma^{\alpha}_{\mu\beta}\Gamma^{\beta}_{\nu\alpha} \\[2ex] \sqrt{-g} = 1 \end{array}\right\} \circ \tag{47a}$$

在上式中，在我们所考虑的四维区域的边界上，变分为零。

首先我们必须证明，式（47a）的形式与方程（47）等价。为此，我们把 H

---

① 确切地说，只有对于张量 $G_{\mu\nu} + \lambda g_{\mu\nu} g^{\alpha\beta} G_{\alpha\beta}$，才能这样断言（$\lambda$ 为一常数）。然而，我们如果令这个张量为零，则又回到方程 $G_{\mu\nu} = 0$。

看成 $g^{\mu\nu}$ 和 $g^{\mu\nu}_{\sigma}$ （$=\partial g^{\mu\nu}/\partial x_{\sigma}$） 的函数。

$$\delta H = \Gamma^{\alpha}_{\mu\beta}\Gamma^{\beta}_{\nu\alpha}\delta g^{\mu\nu} + 2g^{\mu\nu}\Gamma^{\alpha}_{\mu\beta}\delta\Gamma^{\beta}_{\nu\alpha}$$
$$= -\Gamma^{\alpha}_{\mu\beta}\Gamma^{\beta}_{\nu\alpha}\delta g^{\mu\nu} + 2\Gamma^{\alpha}_{\mu\beta}\delta(g^{\mu\nu}\Gamma^{\beta}_{\nu\alpha})_{\circ}$$

但是

$$\delta(g^{\mu\nu}\Gamma^{\beta}_{\nu\alpha}) = -\frac{1}{2}\delta\left[g^{\mu\nu}g^{\beta\lambda}\left(\frac{\partial g_{\nu\lambda}}{\partial x_{\alpha}} + \frac{\partial g_{\alpha\lambda}}{\partial x_{\nu}} - \frac{\partial g_{\alpha\nu}}{\partial x_{\lambda}}\right)\right]_{\circ}$$

式中圆括号内最后两项的符号相反，而且通过交换指标 μ 和 β 可以由一个得到另一个（因为求和的指标是无关紧要的），它们在 δH 的式子中所乘的又是对于指标 μ 和 β 为对称的量 $\Gamma^{\alpha}_{\mu\beta}$，所以这两项互相抵消，只剩下圆括号中的第一项，再考虑到式（31），我们得到

$$\delta H = -\Gamma^{\alpha}_{\mu\beta}\Gamma^{\beta}_{\nu\alpha}\delta g^{\mu\nu} + \Gamma^{\alpha}_{\mu\beta}\delta g^{\mu\beta}_{\alpha}{}_{\circ}$$

于是

$$\left.\begin{array}{l}\dfrac{\partial H}{\partial g^{\mu\nu}} = -\Gamma^{\alpha}_{\mu\beta}\Gamma^{\beta}_{\nu\alpha}\\[3mm]\dfrac{\partial H}{\partial g^{\mu\nu}_{\sigma}} = \Gamma^{\sigma}_{\mu\nu}\end{array}\right\}_{\circ} \tag{48}$$

对式（47a）变分，我们首先得到

$$\frac{\partial}{\partial x_{\alpha}}\left(\frac{\partial H}{\partial g^{\mu\nu}_{\alpha}}\right) - \frac{\partial H}{\partial g^{\mu\nu}} = 0, \tag{47b}$$

考虑到式（48），此式与式（47）一致，这正是我们要证明的。

将式（47b）乘以 $g^{\mu\nu}_{\sigma}$，得到

$$\frac{\partial g^{\mu\nu}_{\sigma}}{\partial x_{\alpha}} = \frac{\partial g^{\mu\nu}_{\alpha}}{\partial x_{\sigma}},$$

从而有

$$g^{\mu\nu}_{\sigma}\frac{\partial}{\partial x_{\alpha}}\left(\frac{\partial H}{\partial g^{\mu\nu}_{\alpha}}\right) = \frac{\partial}{\partial x_{\alpha}}\left(g^{\mu\nu}_{\sigma}\frac{\partial H}{\partial g^{\mu\nu}_{\alpha}}\right) - \frac{\partial H}{\partial g^{\mu\nu}_{\alpha}}\frac{\partial g^{\mu\nu}_{\alpha}}{\partial x_{\sigma}},$$

我们得到方程

$$\frac{\partial}{\partial x_{\alpha}}\left(g^{\mu\nu}_{\sigma}\frac{\partial H}{\partial g^{\mu\nu}_{\alpha}}\right) - \frac{\partial H}{\partial x_{\sigma}} = 0,$$

或者①

$$
\left.
\begin{aligned}
\frac{\partial t_\sigma^\alpha}{\partial x_\alpha} &= 0 \\
- 2\kappa t_\sigma^\alpha &= g_\sigma^{\mu\nu} \frac{\partial H}{\partial g_\alpha^{\mu\nu}} - \delta_\sigma^\alpha H
\end{aligned}
\right\}, \tag{49}
$$

考虑到式（48），（47）的第二式和（34），有

$$
\kappa t_\sigma^\alpha = \frac{1}{2}\delta_\sigma^\alpha g^{\mu\nu}\Gamma_{\mu\beta}^\alpha\Gamma_{\nu\alpha}^\beta - g^{\mu\nu}\Gamma_{\mu\beta}^\alpha\Gamma_{\nu\sigma}^\beta \circ \tag{50}
$$

值得注意的是，t_σ^α 并不是张量，另一方面，（49）适用于所有 $\sqrt{-g}=1$ 的坐标系。这一方程表示了引力场的能量动量守恒定律。事实上，这一方程对于三维体积 V 的积分得出下列 4 个方程

$$
\frac{\mathrm{d}}{\mathrm{d}x_4}\int t_\sigma^4 \mathrm{d}V = \int (t_\sigma^1 \alpha_1 + t_\sigma^2 \alpha_2 + t_\sigma^3 \alpha_3)\mathrm{d}S, \tag{49a}
$$

式中 α_1，α_2，α_3 表示边界表面的面元 $\mathrm{d}S$ 上向内的法线的方向余弦（在欧几里得几何的意义上）。这是通常形式的能量动量守恒定律。我们把 t_σ^α 称为引力场的"能量分量"。

我现在想给式（47）以第三种形式，这种形式对于生动地掌握本文内容特别有用。将场方程（47）乘以 $g^{\nu\sigma}$，得到"混合"形式的方程

$$
g^{\nu\sigma}\frac{\partial \Gamma_{\mu\nu}^\alpha}{\partial x_\alpha} = \frac{\partial}{\partial x_\alpha}(g^{\nu\sigma}\Gamma_{\mu\nu}^\alpha) - \frac{\partial g^{\nu\sigma}}{\partial x_\alpha}\Gamma_{\mu\nu}^\alpha,
$$

根据式（34），这个量等于

$$
\frac{\partial}{\partial x_\alpha}(g^{\nu\sigma}\Gamma_{\mu\nu}^\alpha) - g^{\nu\beta}\Gamma_{\alpha\beta}^\sigma\Gamma_{\mu\nu}^\alpha - g^{\sigma\beta}\Gamma_{\beta\alpha}^\nu\Gamma_{\mu\nu}^\alpha,
$$

或者（把求和指标改成另外的指标）

$$
\frac{\partial}{\partial x_\alpha}(g^{\sigma\beta}\Gamma_{\mu\beta}^\alpha) - g^{\gamma\delta}\Gamma_{\gamma\beta}^\sigma\Gamma_{\delta\mu}^\beta - g^{\nu\sigma}\Gamma_{\mu\beta}^\alpha\Gamma_{\nu\alpha}^\beta \circ
$$

此式的第三项与从场方程（47）的第二项中产生的一项抵消了，利用式（50），第二项可以写成

$$
\kappa\left(t_\mu^\sigma - \frac{1}{2}\delta_\mu^\sigma t\right),
$$

---

① 引入因子 -2κ 的原因见后。

式中 $t = t_\alpha^\alpha$。于是我们代替式（47），得到

$$
\left.
\begin{aligned}
\frac{\partial}{\partial x_\alpha}(g^{\sigma\beta}\Gamma_{\mu\beta}^\alpha) &= -\kappa\left(t_\mu^\sigma - \frac{1}{2}\delta_\mu^\sigma t\right) \\
\sqrt{-g} &= 1
\end{aligned}
\right\}。 \tag{51}
$$

§16. 场方程的普遍形式

将在§15得到的无物质空间的引力场方程与牛顿理论的场方程

$$\nabla^2\varphi = 0$$

进行比较，我们希望得到一个与泊松方程对应的方程：

$$\nabla^2\varphi = 4\pi\kappa\rho,$$

式中 ρ 为物质的密度。

狭义相对论已经得出结论：惯性质量恰恰就是能量，它的数学表示是一个二秩对称张量，即能量张量。因此在广义相对论中也必须引入一个相对应的物质的能量张量 T_σ^α，这个张量与引力场的能量分量 t_σ^α［见式（49）、（50）］相类似，将具有混合张量的特性，并且应是对称的协变张量[1]。

方程组（51）告诉我们，能量张量（对应于泊松方程中的密度 ρ）是怎样引入引力场方程的。因为，如果我们考虑一个完整的系统（例如太阳系），这一系统的总质量，因而也包括它的引力作用，将取决于系统的总能量，即取决于有质能量和引力能量。这将导致在式（51）中引入 $t_\mu^\sigma + T_\mu^\sigma$，即物质的能量分量和引力场的能量分量之和，以取代单独的引力场的能量分量。

这样，我们得到代替式（51）的张量方程：

$$
\left.
\begin{aligned}
\frac{\partial}{\partial x_\alpha}(g^{\sigma\beta}\Gamma_{\mu\beta}^\alpha) &= -\kappa\left[(t_\mu^\sigma + T_\mu^\sigma) - \frac{1}{2}\delta_\mu^\sigma(t + T)\right] \\
\sqrt{-g} &= 1
\end{aligned}
\right\}, \tag{52}
$$

式中我们已令 $T = T_\mu^\mu$（Laue标量）。这就是我们所要找的混合形式的普遍的引力场方程。由此倒推回去，得到代替式（47）的方程为

$$
\left.
\begin{aligned}
\frac{\partial}{\partial x_\alpha}\Gamma_{\mu\nu}^\alpha + \Gamma_{\mu\beta}^\alpha\Gamma_{\nu\alpha}^\beta &= -\kappa\left(T_{\mu\nu} - \frac{1}{2}g_{\mu\nu}T\right) \\
\sqrt{-g} &= 1
\end{aligned}
\right\} \tag{53}
$$

---

[1] $g_{\alpha\tau}T_\sigma^\alpha = T_{\sigma\tau}$ 和 $g^{\sigma\beta}T_\sigma^\alpha = T^{\alpha\beta}$ 都是对称张量。

必须承认，这种引入物质的能量张量的方法不能单独由相对性公设来证实。由于这个原因，我们在这里的推理是从下列要求出发的，即引力场的能量和其他的能量一样在引力方面起作用。然而选用这些方程的最强的理由是，与式（49）和（49a）严格对应的，关于动量和能量守恒的推论对于总能量张量很好地成立。这将在§17中讨论。

§17. 普遍情况下的守恒定律

很容易对式（52）进行变换，使其右边第二项为零。将此式对指标 μ 和 σ 进行缩并，将所得结果乘以 $\frac{1}{2}\delta_\mu^\sigma$，并将所得结果与式（52）相减，可得

$$\frac{\partial}{\partial x_\alpha}\left(g^{\sigma\beta}\Gamma_{\mu\beta}^\alpha - \frac{1}{2}\delta_\mu^\sigma g^{\lambda\beta}\Gamma_{\lambda\beta}^\alpha\right) = -\kappa(t_\mu^\sigma + T_\mu^\sigma)。 \tag{52a}$$

对此式作 $\partial/\partial x_\sigma$ 的运算，得到

$$\frac{\partial^2}{\partial x_\alpha \partial x_\sigma}(g^{\sigma\beta}\Gamma_{\mu\beta}^\alpha) = -\frac{1}{2}\frac{\partial^2}{\partial x_\alpha \partial x_\sigma}\left[g^{\sigma\beta}g^{\alpha\lambda}\left(\frac{\partial g_{\mu\lambda}}{\partial x_\beta} + \frac{\partial g_{\beta\lambda}}{\partial x_\mu} - \frac{\partial g_{\mu\beta}}{\partial x_\lambda}\right)\right]。$$

右边圆括号中的第一项和第三项互相抵消，将第三项中的求和指标 α 和 σ 对调，β 和 λ 对调即可看出。其第二项可利用式（31）改写，从而得到

$$\frac{\partial^2}{\partial x_\alpha \partial x_\sigma}(g^{\sigma\beta}\Gamma_{\mu\beta}^\alpha) = \frac{1}{2}\frac{\partial^3 g^{\alpha\beta}}{\partial x_\alpha \partial x_\beta \partial x_\mu}。 \tag{54}$$

（52a）左边第二项给出

$$-\frac{1}{2}\frac{\partial^2}{\partial x_\alpha \partial x_\mu}(g^{\lambda\beta}\Gamma_{\lambda\beta}^\alpha)$$

或者

$$\frac{1}{4}\frac{\partial^2}{\partial x_\alpha \partial x_\mu}\left[g^{\lambda\beta}g^{\alpha\delta}\left(\frac{\partial g_{\delta\lambda}}{\partial x_\beta} + \frac{\partial g_{\delta\beta}}{\partial x_\lambda} - \frac{\partial g_{\lambda\beta}}{\partial x_\delta}\right)\right]。$$

对于我们已经选定的坐标系，从圆括号最后一项所导出的式子根据式（29）等于零。另外两项可以根据式（31）结合在一起给出

$$-\frac{1}{2}\frac{\partial^3 g^{\alpha\beta}}{\partial x_\alpha \partial x_\beta \partial x_\mu},$$

再考虑到式（54），我们得到下列恒等式：

$$\frac{\partial^2}{\partial x_\alpha \partial x_\sigma}\left(g^{\rho\beta}\Gamma_{\mu\beta} - \frac{1}{2}\delta_\mu^\sigma g^{\lambda\beta}\Gamma_{\lambda\beta}^\alpha\right) \equiv 0, \tag{55}$$

由式（55）和（52a），最后得

$$\frac{\partial(t_\mu^\sigma + T_\mu^\sigma)}{\partial x_\sigma} = 0_\circ \tag{56}$$

这样，我们从引力场方程导出了能量动量守恒定律。这一点可从导出式（49a）时的考虑中最容易看出。这里与那里不同的是，这里用的是物质和引力场的能量分量，而不是那里的引力场的能量分量。

§18. 作为场方程推论的物质的能量动量定律

将式（53）乘以 $\partial g^{\mu\nu}/\partial x_\sigma$，按照 §15 中所用的方法，并考虑到下式为零：

$$g_{\mu\nu}\frac{\partial g^{\mu\nu}}{\partial x_\sigma},$$

得到下列方程

$$\frac{\partial t_\sigma^\alpha}{\partial x_\alpha} + \frac{1}{2}\frac{\partial g^{\mu\nu}}{\partial x_\sigma}T_{\mu\nu} = 0,$$

或者考虑到式（56），

$$\frac{\partial T_\sigma^\alpha}{\partial x_\alpha} + \frac{1}{2}\frac{\partial g^{\mu\nu}}{\partial x_\sigma}T_{\mu\nu} = 0_\circ \tag{57}$$

此式与式（41b）的比较表明，在我们已经选定的坐标系中，此式正好是物质能量的散度为零的预言。在物理上，上式左边第二项的出现表明，能量动量守恒定律在严格意义上并不单独对物质成立，或者说只在 $g_{\mu\nu}$ 为常数时，即引力场强处处为零时成立。这第二项表示在单位体积、单位时间内引力场传给物质的能量和动量。利用式（41）将式（57）改写成

$$\frac{\partial T_\sigma^\alpha}{\partial x^\alpha} = -\Gamma_{\sigma\alpha}^\beta T_\beta^\alpha, \tag{57a}$$

这一点将看得更加清楚。式中右边表示引力场对于物质在能量方面的影响。

因此，引力场方程中包含着 4 个支配物质现象过程的条件。这 4 个条件完全地给出了物质现象过程的方程，只要这后者能够写成 4 个互相独立的微分方程即可。①

---

① 关于这个问题，参见 H. Hilbert，《格丁根经典学会经典数学物理信息》1915，p. 3。

D. 物质现象

在 B 部分中所阐述的数学工具，能使我们立即对于在狭义相对论中所表述的那些物理定律（流体力学，麦克斯韦的电动力学）进行推广，使它们适合于广义相对论。这样做了之后，广义相对性原理确实没有对于我们的可能性进一步加以任何限制，但却使我们不必引入任何新的假设而认识到引力对所有过程的作用。

于是，不必再引入关于物质（狭义时）的物理本性的确定的假设。特别是可以把电磁场理论和引力场理论结合起来能否成为物质理论的充分的基础这一问题留待以后解决。关于这一点广义相对性原理不能告诉我们什么。电磁场理论和引力学说结合起来能否解决前者单独解决不了的问题，还要由理论发展的进程来决定。

§19. 无摩擦绝热流体的欧拉方程

假设 p 和 ρ 为两个标量，我们称前者是流体的"压力"，后者是流体的"密度"，并且假设它们之间存在一个方程。假设一个反变对称张量

$$T^{\alpha\beta} = -g^{\alpha\beta}p + \rho \frac{dx_\alpha}{ds}\frac{dx_\beta}{ds} \tag{58}$$

是此流体的反变能量张量。附属于这个张量，还有协变张量

$$T_{\mu\nu} = -g_{\mu\nu}p + g_{\mu\alpha}\frac{dx_\alpha}{ds}g_{\mu\beta}\frac{dx_\beta}{ds}\rho \tag{58a}$$

和混合张量①

$$T^\alpha_\sigma = -\delta^\alpha_\sigma p + g_{\sigma\beta}\frac{dx_\beta}{ds}\frac{dx_\alpha}{ds}\rho。 \tag{58b}$$

将式（58b）的右边代入（57a），我们得到广义相对论中的欧拉流体动力学方程。既然我们有 4 个方程（57a）加上已知的 p 和 ρ 之间的方程，以及方程

$$g_{\alpha\beta}\frac{dx_\alpha}{ds}\frac{dx_\beta}{ds} = 1,$$

---

① 在无穷小区域中的狭义相对论意义下的参考系中，对于随其运动的观察者来说，能量密度 T^4_4 等于 $\rho-p$，这是 ρ 的定义，因此在不可压缩流体中，ρ 并不是常数。

当 $g_{\mu\nu}$ 已知时,上述这几个方程对于决定 6 个未知量

$$p,\ \rho,\ \frac{\mathrm{d}x_1}{\mathrm{d}s},\ \frac{\mathrm{d}x_2}{\mathrm{d}s},\ \frac{\mathrm{d}x_3}{\mathrm{d}s},\ \frac{\mathrm{d}x_4}{\mathrm{d}s}$$

就是充分的,这些方程在理论上给出了运动问题的一个完整的解。当 $g_{\mu\nu}$ 也是未知时,还需要用到式(53)。存在确定 $g_{\mu\nu}$ 的 10 个函数的 11 个方程,这些函数似乎被过分限定了。然而应当记住,式(57a)中已经被包含在式(53)中,这样实际上后者只代表 7 个独立方程。这种不确定性的很好的理由就是坐标选择的充分的自由,其留下的数学上的不确定性的问题到了这种程度,以至可以任意选择 3 个空间函数。①

§20. 自由空间的麦克斯韦电磁场方程

设 φ_ν 为一个协变矢量,即电磁势矢量的分量。根据式(36),可由此构成电磁场协变六矢量 $F_{\rho\sigma}$。它们满足下列方程组

$$F_{\rho\sigma} = \frac{\partial\varphi_\rho}{\partial x_\sigma} - \frac{\partial\varphi_\sigma}{\partial x_\rho}。 \tag{59}$$

根据式(59),下列方程组将被满足

$$\frac{\partial F_{\rho\sigma}}{\partial x_\tau} + \frac{\partial F_{\sigma\tau}}{\partial x_\rho} + \frac{\partial F_{\tau\rho}}{\partial x_\sigma} = 0。 \tag{60}$$

根据式(37),上式的左边是一个三秩反对称张量。因此式(60)实质上含有 4 个方程,具体如下

$$\left.\begin{array}{l} \dfrac{\partial F_{23}}{\partial x_4} + \dfrac{\partial F_{34}}{\partial x_2} + \dfrac{\partial F_{42}}{\partial x_3} = 0 \\[2mm] \dfrac{\partial F_{34}}{\partial x_1} + \dfrac{\partial F_{41}}{\partial x_3} + \dfrac{\partial F_{13}}{\partial x_4} = 0 \\[2mm] \dfrac{\partial F_{41}}{\partial x_2} + \dfrac{\partial F_{12}}{\partial x_4} + \dfrac{\partial F_{24}}{\partial x_1} = 0 \\[2mm] \dfrac{\partial F_{12}}{\partial x_3} + \dfrac{\partial F_{23}}{\partial x_1} + \dfrac{\partial F_{31}}{\partial x_2} = 0 \end{array}\right\}。 \tag{60a}$$

① 当选择坐标放弃 $g=-1$ 的条件时,还剩 4 个自由选择的空间函数,相当于我们在安排坐标选择时的 4 个任意函数。

上式相当于麦克斯韦第二方程组，作如下设定

$$\left.\begin{aligned}F_{23} &= H_x \quad F_{14} = E_x \\ F_{31} &= H_y \quad F_{24} = E_y \\ F_{12} &= H_z \quad F_{34} = E_z\end{aligned}\right\}, \tag{61}$$

就立刻可以看出这一点。于是，我们可以用通常的三维矢量分析的符号设

$$\left.\begin{aligned}\frac{\partial H}{\partial t} + \operatorname{curl} E &= 0 \\ \operatorname{div} H &= 0\end{aligned}\right\}。 \tag{60b}$$

来代替（60a）。

我们将由闵可夫斯基给出的方程形式来进行推广，就获得麦克斯韦的第一方程组。我们引入一个与 $F_{\alpha\beta}$ 有关的反变六矢量

$$F^{\mu\nu} = g^{\mu\alpha}g^{\nu\beta}F_{\alpha\beta} \tag{62}$$

以及一个反变矢量电流密度 J^μ。于是，考虑到式（40），下列方程对于任何行列式为 1 的坐标变换（与我们选取的坐标一致）将是不变的

$$\frac{\partial F^{\mu\nu}}{\partial x_\nu} = J^\mu。 \tag{63}$$

令

$$\left.\begin{aligned}F^{23} &= H'_x, \quad F^{14} = -E'_x \\ F^{31} &= H'_y, \quad F^{24} = -E'_y \\ F^{12} &= H'_z, \quad F^{34} = -E'_z\end{aligned}\right\}, \tag{64}$$

它们的值与狭义相对论中的量 $H_x \cdots E_x$ 相同，再取

$$J^1 = j_x, \quad J^2 = j_y, \quad J^3 = j_z, \quad J^4 = \rho,$$

则式（63）变为

$$\left.\begin{aligned}\frac{\partial E'}{\partial t} + j &= \operatorname{curl} H' \\ \operatorname{div} E' &= \rho\end{aligned}\right\}。 \tag{63a}$$

于是，方程（60）、方程（62）和方程（63）在我们选择坐标的惯例之下构成自由空间中麦克斯韦方程的推广。

电磁场的能量分量　我们构成一个内积

$$\kappa_\sigma = F_{\sigma\mu}J^\mu。 \tag{65}$$

根据式（61），此式的各分量写成三维形式为

$$\left.\begin{array}{l}\kappa_1 = \rho E_x + [j,\ H]^x \\ \vdots \quad \vdots \quad \vdots \quad \vdots \\ \kappa_4 = -(jE)\end{array}\right\},\tag{65a}$$

κ_σ 是一个协变矢量，其分量依次为在单位体积、单位时间内带电物质传给电磁场的动量和能量的负值。如果没有物质，即单独在电磁场的影响下，协变矢量 κ_σ 将等于零。

为了得出电磁场的能量分量 T_σ^ν，我们只需要给方程 $\kappa_\sigma = 0$ 以式（57）的形式。

首先由式（63）和式（65）有

$$\kappa_\sigma = F_{\sigma\mu}\frac{\partial F^{\mu\nu}}{\partial x_\nu} = \frac{\partial}{\partial x_\nu}(F_{\sigma\mu}F^{\mu\nu}) - F^{\mu\nu}\frac{\partial F_{\sigma\mu}}{\partial x_\nu}.$$

根据式（60），上式右边第二项可以变为

$$F^{\mu\nu}\frac{\partial F_{\sigma\mu}}{\partial x_\nu} = -\frac{1}{2}F^{\mu\nu}\frac{\partial F_{\mu\nu}}{\partial x_\sigma} = -\frac{1}{2}g^{\mu\alpha}g^{\nu\beta}F_{\alpha\beta}\frac{\partial F_{\mu\nu}}{\partial x_\sigma},$$

根据对称性，上式中最后一式又可以写成

$$-\frac{1}{4}\left[g^{\mu\alpha}g^{\nu\beta}F_{\alpha\beta}\frac{\partial F_{\mu\nu}}{\partial x_\sigma} + g^{\mu\alpha}g^{\nu\beta}\frac{\partial F_{\alpha\beta}}{\partial x_\sigma}F_{\mu\nu}\right].$$

此式又可写成

$$-\frac{1}{4}\frac{\partial}{\partial x_\sigma}(g^{\mu\alpha}g^{\nu\beta}F_{\alpha\beta}F_{\mu\nu}) + \frac{1}{4}F_{\alpha\beta}F_{\mu\nu}\frac{\partial}{\partial x_\sigma}(g^{\mu\alpha}g^{\nu\beta}).$$

此式的第一项可以写成较简单的形式

$$-\frac{1}{4}\frac{\partial}{\partial x_\sigma}(F^{\mu\nu}F_{\mu\nu}),$$

其第二项在进行微分运算和整理之后成为

$$-\frac{1}{2}F^{\mu\tau}F_{\mu\nu}g^{\nu\rho}\frac{\partial g_{\sigma\tau}}{\partial x_\sigma}.$$

将全部三项写到一起，我们有

$$\kappa_\sigma = \frac{\partial T_\sigma^\nu}{\partial x_\nu} - \frac{1}{2}g^{\tau\mu}\frac{\partial g_{\mu\nu}}{\partial x_\sigma}T_\tau^\nu,\tag{66}$$

式中

$$T_\sigma^\nu = -F_{\sigma\alpha}F^{\nu\alpha} + \frac{1}{4}\delta_\sigma^\nu F_{\alpha\beta}F^{\alpha\beta}.\tag{66a}$$

如果 κ_σ 等于零，则考虑到式（30），方程（66）将等价于方程（57）或（57a）。因此，T''_σ 是电磁场的能量分量。借助于（61）和（64）二式很容易证明，这个电磁场的能量分量就是狭义相对论中的著名的麦克斯韦-坡印廷表达式。

我们在一直使用 $\sqrt{-g}=1$ 的坐标系情况之下，已经推导出引力场和物质所满足的普遍规律，我们用这种使用特定坐标系的方法达到了对公式和计算的可观的简化，没有堕入处处协变要求的束缚。

尽管如此，提出下列问题是有意义的：不用特殊的坐标系，能否从引力场和物质的能量分量的普遍定义出发，去构成式（56）形式的能量守恒定律和式（52）或（52a）形式的引力场方程，使得左边是（通常意义下的）散度而右边是物质和引力场的能量分量之和。我已经找到了，上述两点确实都是可能的。但是我不认为将我的这些进一步的想法发表出来是值得的，因为这些没有给出任何实质上的新东西。

E

§21. 作为一级近似的牛顿理论

我们已经说过不止一次，狭义相对论是广义相对论的特殊情况，其特点是 $g_{\mu\nu}$ 取式（4）给出的常数值。我们也已说过，这样就意味着完全忽略引力的效应。如果我们考虑到 $g_{\mu\nu}$ 与式（4）给出的值的差值与 1 相比较小的情形，而且忽略二级或更高级小量时，我们就达到了与现实较近的近似（第一阶近似观点）。

还可以进一步假设，如果在我们考虑的时空领域中，在适当选择坐标系的情况下，在空间趋向无限远处 $g_{\mu\nu}$ 趋于式（4）给出的值，这时我们所考虑的引力场，可以认为是完全由有限区域内的物质所产生的。

也许会想到这些近似必然会导致牛顿理论。但是，为了达到牛顿理论，我们还必须对基本方程作第二阶观点的近似。我们来注意一个质点按照方程（16）的运动。在狭义相对论的情况下，下列分量

$$\frac{\mathrm{d}x_1}{\mathrm{d}s}, \quad \frac{\mathrm{d}x_2}{\mathrm{d}s}, \quad \frac{\mathrm{d}x_3}{\mathrm{d}s}$$

可以取任意值，这就意味着小于真空光速（$\nu<1$）的任意的速度

$$v = \sqrt{\left(\frac{dx_1}{dx_4}\right)^2 + \left(\frac{dx_2}{dx_4}\right)^2 + \left(\frac{dx_3}{dx_4}\right)^2}$$

都可以发生。如果我们仅限于讨论那些几乎所有的经验提供给我们的情况，即速度 v 与光速相比是很小的。这表明下列分量

$$\frac{dx_1}{ds}, \quad \frac{dx_2}{ds}, \quad \frac{dx_3}{ds}$$

应该作为小量来处理，而 dx_4/ds 在精确到二阶小量的情况下应等于 1（第二阶近似观点）。

现在我们注意到，根据第一阶近似观点，$\Gamma_{\mu\nu}^{\tau}$ 中的各值至少是一阶小量，看一下式（46）就知道：从第二阶近似观点来看，我们必须考虑 $\mu = \nu = 4$ 的那些项。我们限于仅取最低阶的项，首先获得了代替（46）的

$$\frac{d^2 x_{\tau}}{dt^2} \Gamma_{44}^{\tau},$$

在此我们已经令 $ds = dx_4 = dt$，或者根据第一阶近似观点只保留那些一阶项：

$$\frac{d^2 x_{\tau}}{dt^2} = [44, \ \tau](\tau = 1, \ 2, \ 3),$$

$$\frac{d^2 x_4}{dt^2} = -[44, \ 4]。$$

此外，如果我们假设引力场是准静态的，即限于讨论产生引力场的物质的运动是很慢的（与光速相比），我们可以在右边，与对空间坐标的微分相比，忽略掉对时间的微分。于是我们得到

$$\frac{d^2 x_{\tau}}{dt^2} = -\frac{1}{2} \frac{\partial g_{44}}{\partial x_{\tau}}(\tau = 1, \ 2, \ 3)。 \tag{67}$$

这就是牛顿理论中的质点的运动方程，其中 $\frac{1}{2} g_{44}$ 起着引力势的作用。在这一结果中值得注意的是，在第一阶近似下只有这个分量单独地决定了质点的运动。

现在我们讨论场方程（53）。这里我们必须考虑到，"物质"的能量密度几乎全部由较狭义的"物质"的密度，即由式（58）[或者（58a）或（58b）]的右边第二项决定。如果我们作这样的近似，除了一个分量 $T_{44} = \rho = T$ 之外，所有的分量都等于零。在式（53）的左边的第二项是一个二阶小量，而第一项在我们的近似下为

$$\frac{\partial}{\partial x_1}[\mu\,\nu,\,1] + \frac{\partial}{\partial x_2}[\mu\,\nu,\,2] + \frac{\partial}{\partial x_3}[\mu\,\nu,\,3] - \frac{\partial}{\partial x_4}[\mu\,\nu,\,4]。$$

对于 $\mu=\nu=4$，忽略对时间微分的各项后，此式给出

$$-\frac{1}{2}\left(\frac{\partial^2 g_{44}}{\partial x_1^2} + \frac{\partial^2 g_{44}}{\partial x_2^2} + \frac{\partial^2 g_{44}}{\partial x_3^2}\right) = -\frac{1}{2}\nabla^2 g_{44}。$$

于是，式（53）的最后一个方程给出

$$\nabla^2 g_{44} = \kappa\rho。 \tag{68}$$

式（67）和（68）一起等价于牛顿万有引力定律。

根据（67）和（68）两式，引力势的表达式成为

$$-\frac{\kappa}{8\pi}\int\frac{\rho\pi\tau}{r}, \tag{68a}$$

而对于我们所选定的时间单位牛顿理论给出

$$-\frac{K}{c^2}\int\frac{\rho\,\mathrm{d}\tau}{r},$$

式中 K 表示常数 6.7×10^{-8}，通常称为万有引力常数。与此比较，我们得到

$$\kappa = \frac{8\pi K}{c^2} = 1.87\times10^{-27}。 \tag{69}$$

§22. 静引力场中的尺和钟　光线的行为　行星近日点的运动

为了获得作为一级近似的牛顿理论，我们在引力场的 10 个 $g_{\mu\nu}$ 中只计算了一个分量 g_{44}，因为只有这一个分量进入了质点在引力场中的运动方程的一阶近似式（67）中。由此亦可看出，$g_{\mu\nu}$ 的别的分量必然比式（4）给出的值差一个一阶小量。这是条件 $g=-1$ 所要求的。

对于一个位于坐标原点的点质量所产生的场，在一级近似之下，其径向对称的解为

$$\left.\begin{aligned} g_{\rho\sigma} &= -\delta_{\rho\sigma} - \alpha\frac{x_\rho x_\sigma}{r^3}(\rho \text{ 和 } \sigma \text{ 取 } 1,\,2,\,3)\\ g_{\rho4} &= g_{4\rho} = 0 \,(\rho \text{ 取 } 1,\,2,\,3)\\ g_{44} &= 1 - \frac{\alpha}{r} \end{aligned}\right\}。 \tag{70}$$

式中 $\delta_{\rho\sigma}$ 当 $\rho=\sigma$ 时为 1，当 $\rho\neq\sigma$ 时为零，r 是 $\sqrt{x_1^2+x_2^2+x_3^2}$。考虑到式（68a），令

M 表示产生引力场的质量，有

$$\alpha = \frac{\kappa M}{4\pi},\qquad\qquad (70a)$$

很容易验证，在一阶小量的情况下，质点 M 的场方程（在质点之外）是满足的。

现在我们来考虑质点 M 所产生的场对于空间的度规性质的影响。在"局域"测量（§4）的长度和时间 ds 与坐标差 dx_ν 之间的关系式

$$ds^2 = g_{\mu\nu}dx_\mu dx_\nu。$$

是永远成立的。

例如，一个单位直尺与 x 轴"平行地"放置，我们应当令 $ds^2 = -1$，而 $dx_2 = dx_3 = dx_4 = 0$。因此 $-1 = g_{11}dx_1^2$。如果再加上单位直尺在 x 轴上，式（70）的第一个方程给出

$$g_{11} = -\left(1 + \frac{\alpha}{r}\right)。$$

在第一阶近似下由这两个关系得出：

$$dx = 1 - \frac{\alpha}{2r}。\qquad\qquad (71)$$

因此，由于引力场的存在，如果单位直尺沿着半径方向放置，单位直尺相对于该坐标系来说，显得被稍微缩短。

用类似方法可以得出在切线方向坐标的长度。例如，令

$$ds^2 = -1；\quad dx_1 = dx_3 = dx_4 = 0；\quad x_1 = r，\ x_2 = x_3 = 0。$$

所得结果是

$$-1 = g_{22}dx_2^2 = -dx_2^2。\qquad\qquad (71a)$$

因此，点质量的引力场在切线方向上对于直尺的长度没有影响。

如果我们想用同一个直尺，在不同地点和不同方向上实现同样的间距，那么在引力场存在的情况下，欧几里得几何学即使在一阶近似的情况下也是不成立的。尽管如此，但从（70a）和（69）可以看出，对地面上的测量来说，这种偏差是太小了，根本无法察觉。

现在我们来看静止于一个静态引力场中的时钟快慢。此处令单位时钟周期 $ds = 1$；另外，$dx_1 = dx_2 = dx_3 = 0$，因此得

$$1 = g_{44}dx_4^2，$$

$$dx_4 = \frac{1}{\sqrt{g_{44}}} = \frac{1}{\sqrt{[1+(g_{44}-1)]}} = 1 - \frac{1}{2}(g_{44}-1)$$

或者

$$dx_4 = 1 + \frac{\kappa}{8\pi}\int\frac{\rho\, d\tau}{r}。 \tag{72}$$

因此，时钟若放在有质量物体的附近，它走得要慢一些。由此可以得出，由大恒星表面发出到地球的光线的光谱，要向光谱的红端移动[1]。

现在我们考察光线在静引力场中的过程。根据狭义相对论，光的速度由下式给出

$$-dx_1^2 - dx_2^2 - dx_3^2 + dx_4^2 = 0。$$

因此，在广义相对论中由下式给出

$$ds^2 = g_{\mu\nu}dx_\mu dx_\nu = 0。 \tag{73}$$

如果方向已知，即比例 $dx_1 : dx_2 : dx_3$ 已知，式（73）将给出下列时量

$$\frac{dx_1}{dx_4}, \quad \frac{dx_2}{dx_4}, \quad \frac{dx_3}{dx_4}$$

因而也就给出在欧几里得几何学意义下的速度：

$$\sqrt{\left(\frac{dx_1}{dx_4}\right)^2 + \left(\frac{dx_2}{dx_4}\right)^2 + \left(\frac{dx_3}{dx_4}\right)^2} = \gamma,$$

我们很容易相信，如果 $g_{\mu\nu}$ 不是常数，光线将相对于坐标系发生弯曲。如果 n 是垂直于光传播的方向，则惠更斯原理指出，在 (γ, n) 平面中看来，光线将具有曲率 $-\partial\gamma/\partial n$。

我们看一下光线在质量 M 旁边经过距离为 Δ 时的曲率。如果我们采用附图所示的坐标系，光线的总的弯曲（若弯向原点作为正值）在足够的近似下为

$$B = \int_{-\infty}^{+\infty} \frac{\partial\gamma}{\partial x_1} dx_2,$$

而式（73）及（70）给出

$$\gamma = \sqrt{\left(-\frac{g_{44}}{g_{42}}\right)} = 1 - \frac{\alpha}{2r}\left(1 + \frac{x_2^2}{r^2}\right)。$$

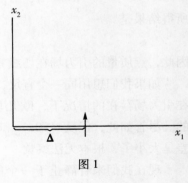

图 1

---

[1] 根据 E. Freundlich，对某些类型恒星的光谱观测，表明有这一类效应存在，但尚未对这个结论做出决定性的核实。

完成计算，得

$$B = \frac{2\alpha}{\Delta} = \frac{\kappa M}{2\pi\Delta}, \tag{74}$$

根据此式，光线经过太阳邻近时的弯曲为 1.7″；经过木星邻近的弯曲约为 0.02″。

如果我们以更高的近似去计算引力场，而以同样的精度去计算一个相对无穷小质量的物质的轨道运动，我们将发现其运动与行星运动的开普勒-牛顿定律的差异如下，即其轨道椭圆将在运动方向上有一个缓慢的进动，其每一圈的进动大小为

$$\varepsilon = 24\pi^3 \frac{a^2}{T^2 c^2 (1 - e^2)}, \tag{75}$$

在上式中 a 为半长轴，c 为通常意义下的光速，e 为偏心率，T 为以秒为单位的公转周期[①]。

计算表明水星轨道的转动为每世纪 43″，与天文观测（Leverrier）完全一致，因为天文学家们观测到了水星近日点的转动，在去除了其他行星的摄动之后，还剩下这么多。

（高尚惠译，吴忠超校）

---

① 关于计算，将参考原始论文：爱因斯坦《普鲁士科学院学报》47（1915），p. 831；K. Schwarzschild, *ibid*,（1916），p. 189。

哈密顿原理和广义相对论

爱因斯坦

英文版译自 "Hamiltonsches Princip wnd allgemeine Relativitätstheorie",
Sitzungsberichte der Preussischen Akad. d. Wissenschaften, 1916

H. A. 洛伦兹和希尔伯特最近成功地将广义相对论表述为一种特别全面的形式[①]，他们单纯由变分原理导出了广义相对论的基本方程。本文也将作同样的事情。我的目的是，在广义相对性原理允许的范围内将二者的基本联系表述得尽可能透明和全面。与希尔伯特不同的是，我将对物质结构使用尽可能少的假设。另一方面也与我本人最近对这方面有关工作不同，对坐标系的选择仍将是完全自由的。

§1. 变分原理和引力及物质的场方程

引力场像通常那样用张量[②] $g_{\mu\nu}$（或 $g^{\mu\nu}$）描写，物质（包括电磁场）则用任意数目的时空函数 $q_{(\rho)}$ 描写，我们忽略其不变性理论特点。令 $\mathfrak{H}$ 为下列各量的函数：

$$g^{\mu\nu}, \ g_\sigma^{\mu\nu}\left(=\frac{\partial g^{\mu\nu}}{\partial x_\sigma}\right), \ g_{\sigma\tau}^{\mu\nu}\left(=\frac{\partial^2 g^{\mu\nu}}{\partial x_\sigma \partial x_\tau}\right) \text{ 以及 } q_{(\rho)}, \ q_{(\rho)\alpha}\left(=\frac{\partial q_{(\rho)}}{\partial x_\partial}\right)。$$

这时，变分原理

$$\delta\left\{\int \mathfrak{H} d\tau\right\} = 0 \tag{1}$$

可提供与函数 $g_{\mu\nu}$ 和 $q_{(\rho)}$ 的数目总和一样多的微分方程，而这些函数正是要被确定的，假定我们同意在变分时要求这些函数 $g^{\mu\nu}$ 和 $q_{(\rho)}$ 彼此互相独立地变化，而且在积分边界上 $\delta q_{(\rho)}$，$\delta g^{\mu\nu}$ 以及 $\frac{\partial \delta g_{\mu\nu}}{\partial x_\sigma}$ 均为零。

我们现在假设 $\mathfrak{H}$ 是 $g_{\sigma\tau}^{\mu\nu}$ 的线性函数，而 $g_\sigma^{\mu\nu}$ 的系数只依赖 $g^{\mu\nu}$。这时，变分原

---

① H. A. 洛伦兹的 4 篇论文发表在《阿姆斯特丹皇家科学院通报》的 1915 和 1916 两卷；D. Hilbert 的论文在《格丁根通讯》1915，Heft. 3。

② 在目前情况下，还未用到 $g_{\mu\nu}$ 的张量性质。

理（1）可用对我们更方便的形式取代。利用合适的分部积分，我们得：

$$\int \mathfrak{H} d\tau = \int \mathfrak{H}^* d\tau + F, \tag{2}$$

式中 F 是一个积分，其积分区域是我们所研究的整个区域的边界，而 $\mathfrak{H}^*$ 则只依赖 $g^{\mu\nu}$，$g^{\mu\nu}_\sigma$，$q_{(\rho)}$，$q_{(\rho)\alpha}$ 而与 $g^{\mu\nu}_{\sigma\tau}$ 无关。对于我们所需要的变分，由式（2）得

$$\delta\left\{\int \mathfrak{H} d\tau\right\} = \delta\left\{\int \mathfrak{H}^* d\tau\right\}, \tag{3}$$

根据此式，我们可以将变分原理（1）式改为更为方便的形式

$$\delta\left\{\int \mathfrak{H}^* d\tau\right\} = 0。 \tag{1a}$$

进行对 $g^{\mu\nu}$ 以及 $q_{(\rho)}$ 的变分，得到引力和物质的场方程①

$$\frac{\partial}{\partial x_\alpha}\left(\frac{\partial \mathfrak{H}^*}{\partial g^{\mu\nu}_\alpha}\right) - \frac{\partial \mathfrak{H}^*}{\partial g^{\mu\nu}} = 0, \tag{4}$$

$$\frac{\partial}{\partial x_\alpha}\left(\frac{\partial \mathfrak{H}^*}{\partial q_{(\rho)\alpha}}\right) - \frac{\partial \mathfrak{H}^*}{\partial q_{(\rho)}} = 0。 \tag{5}$$

§2. 引力场单独存在的情况

能量分量不能分成两部分，使得一部分属于引力场，另一部分属于物质。除非我们做出关于 $\mathfrak{H}$ 如何依赖 $g^{\mu\nu}$，$g^{\mu\nu}_\sigma$，$q_{(\rho)}$，$q_{(\rho)\alpha}$ 的特殊的假设。为了达到这一目的，我们假设

$$\mathfrak{H} = \mathfrak{G} + \mathfrak{M}, \tag{6}$$

式中 $\mathfrak{G}$ 只依赖 $g^{\mu\nu}$，$g^{\mu\nu}_\sigma$，$g^{\mu\nu}_{\sigma\tau}$，而 $\mathfrak{M}$ 只依赖 $g^{\mu\nu}$，$q_{(\rho)}$，$q_{(\rho)\alpha}$。

于是方程（4），（5）变为

$$\frac{\partial}{\partial x_\alpha}\left(\frac{\partial \mathfrak{G}^*}{\partial g^{\mu\nu}_\alpha}\right) - \frac{\partial \mathfrak{G}^*}{\partial g^{\mu\nu}} = \frac{\partial \mathfrak{M}}{\partial g^{\mu\nu}}, \tag{7}$$

$$\frac{\partial}{\partial x_\alpha}\left(\frac{\partial \mathfrak{M}}{\partial q_{(\rho)\alpha}}\right) - \frac{\partial \mathfrak{M}^*}{\partial q_{(\rho)}} = 0。 \tag{8}$$

式中 $\mathfrak{G}^*$ 与 $\mathfrak{G}$ 的关系和 $\mathfrak{H}^*$ 与 $\mathfrak{H}$ 的关系相同。

必须指出，如果我们假设 $\mathfrak{M}$ 或 $\mathfrak{H}$ 依赖 $q_{(\rho)}$ 的一阶以上的高阶导数，则方程

---

① 作为一种简写，公式中的求和号均已省去，在一项中一个指标出现两次的，就应对此指标求和，例如在（4）式中 $\frac{\partial}{\partial x_\alpha}\left(\frac{\partial \mathfrak{H}^*}{\partial g^{\mu\nu}_\alpha}\right)$ 即表示 $\sum_\alpha \frac{\partial}{\partial x_\alpha}\left(\frac{\partial \mathfrak{H}^*}{\partial g^{\mu\nu}_\alpha}\right)$。

（8）或（5）将成为另一种形式。与此同样，如果我们认为 $q_{(p)}$ 不是彼此独立，而是彼此根据某些条件互相联系的话，方程（8）和（5）也将成为另一种形式。所有这些都与下面的讨论无关，因为下面的讨论只根据式（7），而式（7）是对 $g^{\mu\nu}$ 变分而得出的。

§3. 基于不变量理论的引力场方程的性质

现在我们引入一个假设，即

$$\mathrm{d}s^2 = g_{\mu\nu}\mathrm{d}x_\mu\mathrm{d}x_\nu \tag{9}$$

是一个不变量。这个假设确定了 $g_{\mu\nu}$ 的变换性质。我们对描写物质的 $q_{(p)}$ 不做任何预先假设。但是认为在任意时空坐标变换之下，

$$H = \frac{\mathfrak{H}}{\sqrt{-g}}, \quad G = \frac{\mathfrak{G}}{\sqrt{-g}} \text{ 和 } M = \frac{\mathfrak{M}}{\sqrt{-g}}$$

都是不变量。由这些假设可以得出，由（1）式推出的方程（7）和（8）具有普遍的不变性。由此进一步得出，G 等于（相差一个常数因子）黎曼曲率张量的标量，因为再没有别的不变量具有 G 所需的性质[1]。由此 $\mathfrak{G}^*$ 以及方程（7）的左边也就完全确定了[2]。

由广义相对性的假说产生函数 $\mathfrak{G}^*$ 的一些性质，我们现在就来推导。为此目的，我们进行一个无限小的坐标变换，令

$$x'_\nu = x_\nu + \Delta x_\nu, \tag{10}$$

式中 Δx_ν 是任意符合条件的无限小的坐标的函数。x'_ν 是世界点在新坐标系中的坐标，此点在原坐标中的坐标为 x_ν。与坐标的变换一样，任意量 Ψ 也有下列形式的变换规律

$$\Psi' = \Psi + \Delta\Psi,$$

式中的 $\Delta\Psi$ 必须永远可以用 Δx_ν 表示出。由 $g^{\mu\nu}$ 的协变性质，我们可以很容易地导出 $g^{\mu\nu}$ 和 $g^{\mu\nu}_\sigma$ 的变换规律：

$$\Delta g^{\mu\nu} = g^{\mu\alpha}\frac{\partial\Delta x_\nu}{\partial x_\alpha} + g^{\nu\alpha}\frac{\partial\Delta x_\mu}{\partial x_\alpha}, \tag{11}$$

---

[1]　这也就是为什么广义相对论的要求导致一个截然不同的引力理论的原因。

[2]　进行分部积分可得

$$\mathfrak{G}^* = \sqrt{-g}\,g^{\mu\nu}[\{\mu\alpha,\,\beta\}\{\nu\beta,\,\alpha\} - \{\mu\nu,\,\alpha\}\{\alpha\beta,\,\beta\}]。$$

$$\Delta g_\sigma^{\mu\nu} = \frac{\partial(\Delta g^{\mu\nu})}{\partial x_\sigma} - g_\alpha^{\mu\nu}\frac{\partial \Delta x_\alpha}{\partial x_\sigma}。 \tag{12}$$

$\Delta\mathfrak{G}^*$ 可以利用（11）和（12）式算出，因为 $\mathfrak{G}^*$ 只依赖 $g^{\mu\nu}$ 和 $g_\sigma^{\mu\nu}$。这样一来，我们可以得到下列方程

$$\sqrt{-g}\,\Delta\left(\frac{\mathfrak{G}^*}{\sqrt{-g}}\right) = S_\sigma^\nu\frac{\partial \Delta x_\sigma}{\partial x_\nu} + 2\frac{\partial \mathfrak{G}^*}{\partial g_\alpha^{\mu\sigma}}g^{\mu\nu}\frac{\partial^2 \Delta x_\sigma}{\partial x_\nu\partial x_\alpha}, \tag{13}$$

在上式中我们使用了下列缩写：

$$S_\sigma^\nu = 2\frac{\partial \mathfrak{G}^*}{\partial g_\alpha^{\mu\sigma}}g^{\mu\nu} + 2\frac{\partial \mathfrak{G}^*}{\partial g_\alpha^{\mu\sigma}}g_\alpha^{\mu\nu} + \mathfrak{G}^*\delta_\sigma^\nu - \frac{\partial \mathfrak{G}^*}{\partial g_\nu^{\mu\alpha}}g_\sigma^{\mu\alpha}。 \tag{14}$$

由这两个方程我们可以得出对于下文很重要的两个结论。我们知道对于任意代换，$\dfrac{\mathfrak{G}}{\sqrt{-g}}$ 是不变量而 $\dfrac{\mathfrak{G}^*}{\sqrt{-g}}$ 不是。然而可以很容易地证明，后者对于坐标的线性变换是一个不变量。因而当所有的 $\dfrac{\partial^2 \Delta x_\sigma}{\partial x_\nu\partial x_\alpha}$ 都为零时，（13）的右边必然总是等于零。由此得出，$\mathfrak{G}^*$ 必然满足下列恒等式

$$S_\sigma^\nu \equiv 0。 \tag{15}$$

如果我们进一步选择 Δx_ν，使它们在所考虑的区域内不为零，而在无穷接近边界处为零。则方程（2）中的直到边界上的积分之值不因坐标变换而改变，因此我们有

$$\Delta(F) = 0,$$

因而①

$$\Delta\left\{\int\mathfrak{G}\mathrm{d}\tau\right\} = \Delta\left\{\int\mathfrak{G}^*\mathrm{d}\tau\right\}。$$

但是，此式的左边必须为零，因为 $\dfrac{\mathfrak{G}}{\sqrt{-g}}$ 和 $\sqrt{-g}\,\mathrm{d}\tau$ 都是不变量，从而此式的右边亦必为零。其次，我们由式（13）、（14）和（15）得到

$$\int\frac{\partial \mathfrak{G}^*}{\partial g_\alpha^{\mu\sigma}}g^{\mu\nu}\frac{\partial^2 \Delta x_\sigma}{\partial x_\nu\partial x_\alpha}\mathrm{d}\tau = 0。 \tag{16}$$

进行两次分部积分并重新整理，并考虑到 Δx_σ 是可以随意选择的，可得下列恒等式

$$\frac{\partial^2}{\partial x_\nu\partial x_\alpha}\left(\frac{\partial \mathfrak{G}^*}{\partial g_\alpha^{\mu\sigma}}g^{\mu\nu}\right) \equiv 0。 \tag{17}$$

———————————

① 引入 $\mathfrak{G}$ 和 $\mathfrak{G}^*$ 来代替 $\mathfrak{H}$ 和 $\mathfrak{H}^*$。

现在我们应该由两个恒等式（15）和（17）得出结论，而此二式是由 $\dfrac{\mathfrak{G}}{\sqrt{-g}}$ 的不变性得出的，也就是由广义相对论的公设得出的。

引力场方程（7）首先与 $g^{\mu\nu}$ 混合相乘加以变换，我们得到（并交换指标 σ 和 ν）一个与场方程（7）等价的方程

$$\frac{\partial}{\partial x_\alpha}\left(\frac{\partial \mathfrak{G}^*}{\partial g^\mu_{\ \sigma\alpha}}g^{\mu\nu}\right) = -\left(\mathfrak{T}^\nu_\sigma + t^\nu_\sigma\right), \tag{18}$$

式中已令

$$\mathfrak{T}^\nu_\sigma = -\frac{\partial \mathfrak{M}}{\partial g^{\mu\nu}}g^{\mu\nu}, \tag{19}$$

$$t^\nu_\sigma = -\left(\frac{\partial \mathfrak{G}^*}{\partial g^\mu_{\ \sigma\alpha}}g^{\mu\nu}_\alpha + \frac{\partial \mathfrak{G}^*}{\partial g^{\mu\sigma}}g^{\mu\nu}\right) = \frac{1}{2}\left(\mathfrak{G}^*\delta^\nu_\sigma - \frac{\partial \mathfrak{G}^*}{\partial g^\mu_{\ \nu}}g^{\mu\alpha}_\sigma\right)。 \tag{20}$$

后一 t^ν_σ 的表式可以由式（14）和（15）证实。（18）式对 x_ν 微分之后，再对 ν 求和，并考虑到式（17），得

$$\frac{\partial}{\partial x_\nu}(\mathfrak{T}^\nu_\sigma + t^\nu_\sigma) = 0。 \tag{21}$$

（21）表示能量和动量守恒。我们称 $\mathfrak{T}^\nu_\sigma$ 为物质的能量分量，t^ν_σ 为引力场的能量分量。

由引力场方程（7）得到〔在乘以 $g^{\mu\nu}_\sigma$ 后，对 μ 和 ν 求和，并考虑到（20）〕

$$\frac{\partial t^\nu_\sigma}{\partial x_\nu} + \frac{1}{2}g^{\mu\nu}_\sigma\frac{\partial \mathfrak{M}}{\partial g^{\mu\nu}} = 0,$$

或者，考虑到（19）和（21），得

$$\frac{\partial \mathfrak{T}^\nu_\sigma}{\partial x_\nu} + \frac{1}{2}g^{\mu\nu}_\sigma\mathfrak{T}_{\mu\nu} = 0。 \tag{22}$$

（22）式中 $\mathfrak{T}_{\mu\nu}$ 表示 $g_{\nu\sigma}\mathfrak{T}^\sigma_\mu$。这些是物质的能量分量必须满足的四个方程。

必须强调，（普遍协变的）守恒定理（21）和（22）已经单独从引力场方程（7）导出过——还使用广义协变性（广义相对论）的公设——而没有使用物质过程的场方程（8）。

（喀兴林译）

广义相对论中的宇宙学研究

爱因斯坦

英文版译自 "Kosmologische Betrachtungen zur allgemeinen Relativitätstheorie",
Sitzungsberichte der Preussischen Akad. d. Wissenschaften，1917

众所周知，泊松方程

$$\nabla^2 \varphi = 4\pi K p \tag{1}$$

和质点运动方程相结合仍然未能完美地取代牛顿的超距作用理论。在空间无限处势 φ 趋向于一个固定的极限值这一条件仍然必须考虑在内。在广义相对论的引力论中情形也很相似。如果我们真的必须把宇宙认为是空间无限的，那就必须对微分方程附加上在空间无限处的限制条件。

我在处理行星问题时，以如下假设形式来选择这些限制条件：可能选择到一个参考系，使得所有引力势 $g_{\mu v}$ 在空间无限处变成常数。但是在我们希望研究物理宇宙的更大部分时，以为我们可以设下相同的限制条件，绝非理所当然。我将在下面几页，叙述自己迄今对这个重要的基本问题所进行的思索。

§1. 牛顿理论

众所周知，牛顿关于 φ 在空间无限处趋向于常数的限制条件导致在无限处物质密度为零的观点。我们想象在宇宙空间中也许有一处，围绕该处的物质引力场，以大尺度的观点看，具有球对称。那么从泊松方程推出，为了使 φ 在无限处趋于一个极限，随着离开中心距离 r 的增加，平均密度 p 趋向零的减小速度应该比 $\frac{1}{r^2}$ 还要快[①]。因此，在这个意义上，按照牛顿的说法，宇宙是有限的，尽管它可能具有无限大的总质量。

由此，首先可以推论，由天体发射出的辐射一部分径向往外离开宇宙的牛顿系统，变得微弱并在无限处消失。难道所有天体的全部可有不同的行为吗？对这

①　p 是平均的物质密度，它是对一个比邻近恒星之间的距离更大的，但和整个恒星系统尺度相比较小的区域来计算的。

个问题很难给出负面的答案。因为从在空间无限远处 φ 具有有限极限的假设可以推出：一个具有有限动能的天体，能够克服牛顿的吸引力，而到达空间无限远的地方。只要恒星系统转移到一个单一恒星的总能量大到足以将它送上无限之旅，它就永不返回原处，根据统计力学，这种情形随时可能发生。

我们也许可以假定，在无限远的极限势具有非常高的值，以避免这种特殊困难。如果引力势的值本身不以天体作为先决条件，那也许是一种办法。真实的情形是，我们不得不认为，引力场势的任何巨大差值的发生和事实相抵触。这些差值的数量级必须这么低，使得由它们产生的恒星速度，不超过实际观测到的速度。

如果我们把星系和一团处于热平衡的气体相比较，将关于气体分子分布的（玻尔兹曼）定律应用到恒星上，我们就发现牛顿恒星系统根本不能存在。这是因为对应于在中心和空间无限处之间的势的有限差值，存在一个有限的密度比率。这样在无限处密度为零意味着在中心的密度为零。

看来根据牛顿理论克服这些困难几乎是不可能的。我们可以反躬自问，对牛顿理论进行修正可否避免这些困难。我们首先提出一个方法；对这个方法本身不必予以认真对待；它只不过是作为以后发展的陪衬。我们利用以下方程来取代泊松方程：

$$\nabla^2\varphi - \lambda\varphi = 4\pi\kappa\rho, \tag{2}$$

此处 λ 表示一个普适常数。如果 ρ_0 是物质分布的均匀密度，那么

$$\varphi = -\frac{4\pi\kappa}{\lambda}\rho_0 \tag{3}$$

是方程（2）的一个解。这个解对应于固定恒星的物质在整个空间均匀分布的情形，如果密度 ρ_0 等于宇宙中物质的实际平均密度的话。这个解对应于均匀地充满物质的中心空间的无限伸展。如果我们想象物质在局部分布不均匀，而不使平均密度有任何改变，那么在上述的方程（3）的具有常数值的 φ 之上，叠加上一个附加的 φ。只要 $\lambda\varphi$ 在更密集的物质附近比 $4\pi\kappa\rho$ 小，附加的 φ 就和牛顿场非常相似。

一个这样构成的宇宙，就其引力场而言，不具有中心。没有必要假定密度在空间无限处减小，相反地，无论是平均势还是平均密度在趋向无限远时都保持常数。我们在牛顿理论情形中发现的和统计力学的冲突就不再重现。具有一定的但是极端微小的密度，不需要任何内部的物质力（压力）去维持平衡，物质就处

于平衡状态。

§2. 广义相对论的边界条件

在本段落我将带领读者重走我自己旅行过的路途，这是一条相当崎岖和弯曲的路途。否则的话，我认为他们不会对这一行程的终端的结果有太大兴趣。我们将要得到的结论是，我奋斗迄今所得到的引力场方程仍然需要做微小的修正。这样在广义相对论的基础上，才能避免在§1中提到的牛顿理论所遭遇到的基本困难。这一修正和在§1中从泊松方程（1）向方程（2）的转变完美地对应。我们最后推论出，在空间无限处的边界条件干脆不存在，这是因为宇宙的连续统，就它的空间维度而言，可被看成具有有限空间（三维）体积的一个自足的流形。

关于在空间无限处设限制条件，直到最近我还接受的看法是基于以下的考虑。在一个协调的相对性理论中，不可能存在相对于"空间"的惯性，只有质量的相对之间的惯性。因此，如果我有一个和宇宙中的其他所有质量相距足够远的质量，它的惯性必须减小为零。我们将试图在数学上表述这个条件。

根据广义相对论，协变张量乘以 $\sqrt{-g}$ 的前三个分量给出负动量，乘以最后一个分量给出能量

$$m\sqrt{-g}\,g_{\mu\alpha}\frac{\mathrm{d}x_\alpha}{\mathrm{d}s}, \tag{4}$$

此处，正如一直这么做的，我们令

$$\mathrm{d}s^2 = g_{\mu\nu}\mathrm{d}x_\mu\mathrm{d}x_\nu。 \tag{5}$$

特别清楚的情形是，在可能选取一种坐标系，使得在每一点的引力场为空间各向同性的情形下，我们可有更简单的度规

$$\mathrm{d}s^2 = -A(\mathrm{d}x_1^2 + \mathrm{d}x_2^2 + \mathrm{d}x_3^2) + B\mathrm{d}x_4^2。$$

如果同时还要求

$$\sqrt{-g} = 1 = \sqrt{A^3 B},$$

在小速度的一阶近似下，我们从式（4）中得到动量分量

$$m\frac{A}{\sqrt{B}}\frac{\mathrm{d}x_1}{\mathrm{d}x_4},\ m\frac{A}{\sqrt{B}}\frac{\mathrm{d}x_2}{\mathrm{d}x_4},\ m\frac{A}{\sqrt{B}}\frac{\mathrm{d}x_3}{\mathrm{d}x_4}$$

以及能量分量（在静止情形下）

$$m\sqrt{B}。$$

从动量表达式可知，$m\dfrac{A}{\sqrt{B}}$ 起静质量的角色。由于 m 是质点特定的常数，与其位置无关，如果我们在空间无限处保持 $\sqrt{-g}=1$ 的条件，只有当 A 减小至零而 B 增大到无限时，$m\dfrac{A}{\sqrt{B}}$ 才会为零。因此，所有惯性的相对性假设似乎要求系数 $g_{\mu\nu}$ 的这种退化。这一要求意味着在无限处势能 $m\sqrt{B}$ 变成无穷大。这样一个质点将永远不能离开这个系统；而且更细微的研究表明，这也适合于光线。因此，其引力势在无限处具有这种行为的宇宙系统不会有消亡的危机，刚才我们把它和牛顿理论结合起来进行了讨论。

我想指出的是，作为这个论证基础的有关引力势的简化假设，仅仅是因为清晰明了才被引进的。为了表达这个问题的本质，不用进一步的限制假设，就可以找到 $g_{\mu\nu}$ 在无限处行为的一般表述。

在目前阶段，由于数学家 J. 格罗梅的好心帮助，我研究了中心对称的，在无限处以前面提到的方式退化的稳恒的引力场。先给出引力势 $g_{\mu\nu}$，由此在引力场方程基础上计算出物质的能量张量 $T_{\mu\nu}$。但是我们在这里证明了，一个固定恒星的系统根本不需要这类边界条件，正如天文学家德西特最近也正确地强调过的。

有质物体的反变能量张量 $T^{\mu\nu}$ 可表达成

$$T^{\mu\nu}=\rho\,\frac{\mathrm{d}x_\mu}{\mathrm{d}s}\frac{\mathrm{d}x_\nu}{\mathrm{d}s},$$

此处 ρ 是自然单位下的物质密度。在适当选取的坐标系中，恒星的速度和光速相比非常微小。因此，我们可以用 $\sqrt{g_{44}}\,\mathrm{d}x_4$ 来取代 $\mathrm{d}s$。这表明 $T^{\mu\nu}$ 的所有分量和最后的分量 T^{44} 相比较必须非常小。但是要把这个条件和选取的边界条件相调和根本不可能。回顾一下这个结果并不令人吃惊。从恒星具有微小速度的事实可以推出，在任何存在固定恒星之处，引力势（在我们的情形下为 $\sqrt{B}$）永远不可能比在地球上的大太多。这和在牛顿理论的情形完全一样，可由统计理论推出。无论如何，我们的计算使我信服，不能假设 $g_{\mu\nu}$ 在空间无限处的这种退化条件。

这种企图失败之后，出现了下面两种可能性。

（a）正如在行星问题中那样，我们可以要求 $g_{\mu\nu}$ 在适当选择的坐标系中，在空间无限处的值被近似地表达成

$$\left.\begin{matrix} -1 & 0 & 0 & 0 \\ 0 & -1 & 0 & 0 \\ 0 & 0 & -1 & 0 \\ 0 & 0 & 0 & 1 \end{matrix}\right\}。$$

（b）我们可以完全避免为空间无限处设下普遍成立的边界条件；取而代之对于所考虑的区域的空间极限，在每一种单独的情形下分别给出 $g_{\mu\nu}$，这正如迄今为止我们已经习惯的对于时间分别给出初始条件那样。

可能性（b）无望解决这一问题，只好放弃。这是当前德西特①采用的无可争辩的立场。但是，我必须承认，在这个基本问题上全面投降是我无法接受的。在我尽了一切努力而未找到满意的观点之前，我不应该作任何结论。

可能性（a）在许多方面不令人满意。首先，在那些边界条件中预先假定了一个确定的坐标系选取，这和相对论原理相违背。其次，如果我们采取这个观点，我们就不能和惯性的相对性要求相协调。质量为 m（在自然单位下）的质点的惯性依赖 $g_{\mu\nu}$；但是这些和上面给出的在空间无限处的它们的假设值的差别很小。这样，惯性的确受（在有限空间中的）物体的影响，但不以后者为条件。根据这个观点，如果只存在一个单独的质点，它将具有惯性，而且事实上其惯性和它被实际宇宙中的其他质量环绕时的惯性几乎一样大。最后，在牛顿理论框架中提到的，可能仍然会产生对这一观点的统计力学的反驳意见。

从上面的论述可见，我还未能成功地表述空间无限处的边界条件。尽管如此，仍然存在一种出路，而不必像在（b）的可能性暗示下取放弃态度。因为如果可能把宇宙认为是一个在空间维数上有限的（闭合的）连续统，我们就根本不需要任何边界条件。我们将进一步指出，无论是相对论的一般假设，还是小的恒星速度的事实都和空间有限宇宙假设相协调；虽然，为了实现这个思想，我们肯定要对引力场方程作一个推广的修正。

§3. 具有均匀分布物质的空间有限的宇宙

根据广义相对论，每一处的物质以及该物质的状态确定了四维时空连续统在该点的度规特征（曲率）。因此，鉴于物质分布之不均匀，这个连续统的度规结构必然是极端复杂的。但是，如果我们只关心大尺度结构，我们可以认为在巨大

----

① 德西特：阿姆斯特丹科学院，1916 年 11 月 8 日。

的空间中物质是均匀分布的，这样它的分布密度是一个变化极其缓慢的可变函数。这样，我们的步骤就和测地学家有些相似，他们利用一个旋转椭圆面来近似地球表面的形状，地球表面的小尺度是异常复杂的。

我们从关于物质分布的经验得到的最重要事实是，恒星的相对速度和光速相比是非常小的。所以，我认为我们现在可以把我们的论证基于如下的近似假设之上。存在一个参考系，相对于它物质可认为处于永恒的静止状态。因此，相对于这个系统，物体的反变能量张量 $T_{\mu\nu}$，由于式（5）的原因，具有如下简单形式

$$\left.\begin{matrix} 0 & 0 & 0 & 0 \\ 0 & 0 & 0 & 0 \\ 0 & 0 & 0 & 0 \\ 0 & 0 & 0 & \rho \end{matrix}\right\} \circ \tag{6}$$

分布的（平均）密度标量 ρ 想当然地为空间坐标的函数。但是如果我们假定宇宙是空间有限的，我们会想到假定 ρ 与位置无关。在这个假设的基础上我们进行如下论证。

就引力场而言，从质点的运动方程

$$\frac{d^2 x_\nu}{ds^2} + \{\alpha\beta, \nu\} \frac{dx_\alpha}{ds}\frac{dx_\beta}{ds} = 0$$

推出，在一个稳恒引力场中一个质点只有当 g_{44} 和位置无关时才能保持静止。由于，如果我们进一步预先假定所有的量都和时间坐标 x_4 无关，我们可以要求需要的解对所有 x_ν 有

$$g_{44} = 1 \circ \tag{7}$$

正如在处理静态问题中一直那样做的，我们还进一步必须令

$$g_{14} = g_{24} = g_{34} = 0 \circ \tag{8}$$

现在余下的任务仅是确定我们连续统的纯粹空间几何关系的引力势分量（g_{11}，$g_{12}\cdots g_{33}$）。从我们有关产生场的质量分布均匀性的假设推出，所需空间的曲率一定是常数。因此，具有这样的质量分布，具有常数 x_4 的所需的 x_1、x_2、x_3 的有限连续统将是一个球空间。

例如，我们可用下面的方法得到这样的空间。我们从四维的欧几里得空间出发，其坐标为 ξ_1，ξ_2，ξ_3，ξ_4，线元为 $d\sigma$；因此令

$$d\sigma^2 = d\xi_1^2 + d\xi_2^2 + d\xi_3^2 + d\xi_4^2 \circ \tag{9}$$

我们在这个空间中考虑超面

$$R^2 = \xi_1^2 + \xi_2^2 + \xi_3^2 + \xi_4^2 \tag{10}$$

此处 R 表示一个常数。这个超面的点形成一个三维的连续统，具有曲率半径 R 的球空间。

我们由其出发的四维欧几里得空间只是为了定义我们超面的方便。只有其度规性质和具有均匀分布物质的物理空间的度规性质相同的超面上的那些点，我们才感兴趣。我们可以利用坐标 ξ_1, ξ_2, ξ_3（在超平面 $\xi_4 = 0$ 上的投影）来描述这个三维连续统，这是因为从式（10）我们得知，ξ_4 可以按照 ξ_1, ξ_2, ξ_3 来表达。从式（9）中消去 ξ_4，我们得到了空间球的线元的表达式

$$\left. \begin{aligned} \mathrm{d}\sigma^2 &= \gamma_{\mu\nu}\mathrm{d}\xi_\mu\mathrm{d}\xi_\nu \\ \gamma_{\mu\nu} &= \delta_{\mu\nu} + \frac{\xi_\mu\xi_\nu}{R^2 - \rho^2} \end{aligned} \right\}, \tag{11}$$

此处 $\delta_{\mu\nu} = 1$，如果 $\mu = \nu$；$\delta_{\mu\nu} = 0$，如果 $\mu \neq \nu$ 以及 $\rho^2 = \xi_1^2 + \xi_2^2 + \xi_3^2$。在考察两点之一 $\xi_1 = \xi_2 = \xi_3 = 0$ 的邻域时，所选择的坐标很方便。

现在，我们还得到了所需要的四维时空的线元。对于两个下标都不是 4 的势 $g_{\mu\nu}$ 可以表示成

$$g_{\mu\nu} = -\left(\delta_{\mu\nu} + \frac{x_\mu x_\nu}{R^2 - (x_1^2 + x_2^2 + x_3^2)} \right), \tag{12}$$

这个方程结合式（7）和（8）完美地定义了尺子、钟表和光线的行为。

§4. 关于引力场方程的一个附加项

我提出的引力场方程在任意选取的坐标系下写成

$$\left. \begin{aligned} G_{\mu\nu} &= -\kappa\left(T_{\mu\nu} - \frac{1}{2}g_{\mu\nu}T \right), \\ G_{\mu\nu} &= -\frac{\partial}{\partial x_\alpha}\{\mu\nu, \alpha\} + \{\mu\alpha, \beta\} \times \{\nu\beta, \alpha\} + \frac{\partial^2 \log\sqrt{-g}}{\partial x_\mu \partial x_\nu} - \{\mu\nu, \alpha\}\frac{\partial \log\sqrt{-g}}{\partial x_\alpha}. \end{aligned} \right\}$$

$$\tag{13}$$

当我们把式（7）、（8）和（12）中的 $g_{\mu\nu}$ 的值以及在式（6）中的物质的能量（反变）张量代入方程组（13）时，发现根本不满足。在下一段我们会看到如何简便地进行这个计算。如果能断定，我迄今所使用的场方程（13）是仅有的和广义相对论假设相符合的方程，也许我们就只好得出结论，广义相对论不允许空间有限宇宙的假设。

然而，很容易将方程组（13）进行和广义相对论相和谐的推广，这和方程（2）给出的泊松方程的推广完全相似。我们可以在场方程（13）的左边加上一个基本张量 $g_{\mu\nu}$ 乘以当前还未知的普适常数 $-\lambda$，而不破坏其一般协变性。我们用如下方程取代场方程（13）

$$G_{\mu\nu} - \lambda g_{\mu\nu} = -\kappa\left(T_{\mu\nu} - \frac{1}{2}g_{\mu\nu}T\right)。 \tag{13a}$$

这个具有足够小 λ 的场方程，无论如何也和从太阳系推导的经验事实相协调。它还满足动量和能量守恒定律。这是因为从黎曼张量的标量利用哈密顿原理可以推出方程组（13），如果这个标量增加了一个普适常数，就可以同样地推出场方程（13a）；而且哈密顿原理理所当然地保证守恒律成立。我们将会在 §5 看到，场方程（13a）和我们对场和物质的猜测相一致。

§5. 计算和结果

由于我们连续统中的所有点都是平等的，只要对一点进行计算即已足够，例如考虑具有坐标

$$x_1 = x_2 = x_3 = x_4 = 0。$$

的两点之一。那么对式（13a）中的 $g_{\mu\nu}$ 求导一次或不求导的 $g_{\mu\nu}$ 都应代入下值

$$\left.\begin{matrix} -1 & 0 & 0 & 0 \\ 0 & -1 & 0 & 0 \\ 0 & 0 & -1 & 0 \\ 0 & 0 & 0 & 1 \end{matrix}\right\}。$$

这样，我们首先得到

$$G_{\mu\nu} = \frac{\partial}{\partial x_1}[\mu\nu,1] + \frac{\partial}{\partial x_2}[\mu\nu,2] + \frac{\partial}{\partial x_3}[\mu\nu,3] + \frac{\partial^2 \log\sqrt{-g}}{\partial x_\mu \partial x_\nu}。$$

由此以及方程（7）、（8）和（13）容易发现，只要满足下面两个关系，（13a）的所有方程都能满足

$$\frac{-2}{R^2} + \lambda = -\frac{\kappa\rho}{2},$$

$$-\lambda = -\frac{\kappa\rho}{2},$$

或者

$$\lambda = \frac{\kappa\rho}{2} = \frac{1}{R^2}。 \tag{14}$$

这样，新引进的普适常数 λ 不仅确定了可能保持平衡的平均分布密度 ρ，而且确定了球空间的半径 R 和体积 $2\pi^2 R^3$。根据我们的观点，宇宙的总质量 M 是有限的，并且事实上为

$$M = \rho \cdot 2\pi^2 R^3 = 4\pi^2 \frac{R}{\kappa} = \pi^2 \sqrt{\frac{32}{\kappa^3\rho}}。 \tag{15}$$

这样，如果实际宇宙和我们的论证相对应，那么关于它的理论观点如下所述。根据物质的分布，空间的曲率随时间和空间而变化，但是我们可以用一个球空间对它作粗略近似。无论如何，这种观点在逻辑上是自洽的，从广义相对论的观点看也是最显然的；而从当代天文知识的观点看，它是否站得住脚不在此讨论。为了得到这个自洽的观点，我们必须断然对还未被实际证实的引力场方程进行推广。然而，应该强调的是，即使不引进补充的项，我们的结果也给出了空间的正曲率。那一项仅仅是为了能使物质处于准静态分布才引进的，正如恒星的小速度这一事实要求的那样。

（吴忠超译）

引力场在物质的基本粒子结构中起重要作用吗

爱因斯坦

英文版译自 "Spielen Gravitationsfelder im Aufber der materiellen Elewentarteilchen
eine wesentliche Rolle？" Sitzungsberichte der Preussischen Akad. d.
Wissenschaften，1919

到目前为止，无论是牛顿的引力论还是相对论性的引力论，对物质组成的理论都未能有所推进。鉴于这一事实，下面要说明，已经有线索可以设想，那些构成原子的基石的荷电基元实体是由引力结合起来的。

§1. 目前的理解的缺点

为了建立一个可以说明组成电子的电平衡的理论，理论家们已是煞费苦心。G. 迈尤其专心致志地深入研究了这个问题。他的理论在理论物理学家中已经得到了相当的支持，这理论主要根据的是在能量张量中，除了麦克斯韦-洛伦兹电磁场理论的能量项，还引进了那些依赖电动势分量的附加项，这些项在真空里并不重要，可是在荷电基本粒子里反抗电斥力维持平衡是起作用的。尽管由希尔伯特和外尔建立起来的这个理论在形式结构上非常美，可是它的物理结果至今仍然很不令人满意。一方面，它的各种可能性多得令人沮丧；另一方面，那些附加项还未能以这样一种简单的形式建立起来，使它的解可以令人满意。

到目前为止，广义相对论对问题的这种状态未能有所改变。如果我们暂且不管附加的宇宙项，则场方程取形式

$$G_{\mu\nu} - \frac{1}{2}g_{\mu\nu}G = -\kappa T_{\mu\nu}, \tag{1}$$

此处 $G_{\mu\nu}$ 表示缩并后的黎曼曲率张量，G 表示再次缩并后形成的曲率标量，$T_{\mu\nu}$ 表示"物质"的能量张量。这里假定 $T_{\mu\nu}$ 并不依赖 $g_{\mu\nu}$ 的导数，以便同这些方程的历史发展一致。因为这些量在狭义相对论的意义上当然就是能量分量，在那里不出现可变的 $g_{\mu\nu}$。这个方程左边第二项如此选取，使（1）式左边的散度恒等于零；于是通过取（1）式的散度，我们就得到方程

$$\frac{\partial \mathfrak{T}_\mu^\sigma}{\partial x_\sigma} + \frac{1}{2}g_\mu^{\sigma\tau}\mathfrak{T}_{\sigma\tau} = 0。\tag{2}$$

94

在狭义相对论的极限情况下，它就化为完备的守恒方程

$$\frac{\partial T_{\mu\nu}}{\partial x_{\nu}} = 0_{\circ}$$

这里存在着（1）式左边第二项的物理基础。绝非先验地规定这种向不变 $g_{\mu\nu}$ 过渡的极限情况都具有任何可能的意义。因为，如果引力场在物质粒子的构造中起着主要作用，那么过渡到不变 $g_{\mu\nu}$ 的极限情况对于它们就会失去根据；因为在 $g_{\mu\nu}$ 不变的情况下实在不可能有任何物质粒子。因此，如果我们要设想引力有可能在那些组成微小粒子的场的结构中起作用，我们就不能认为方程（1）是得到保证了的。

我们在（1）中放入麦克斯韦-洛伦兹电磁场能量分量 $\phi_{\mu\nu}$，

$$T_{\mu\nu} = \frac{1}{4}g_{\mu\nu}\phi_{\sigma\tau}\phi^{\sigma\tau} - \phi_{\mu\sigma}\phi_{\nu\tau}g^{\sigma\tau}, \tag{3}$$

那么，取式（2）的散度，并经运算[①]后，我们就得到

$$\phi_{\mu\sigma}\mathfrak{F}^{\sigma} = 0 \tag{4}$$

此处为简洁起见，我们置

$$\frac{\partial\sqrt{-g}\,\phi_{\mu\nu}g^{\sigma\mu}g^{\nu\tau}}{\partial x_{\tau}} = \frac{\partial\mathfrak{f}^{\sigma\tau}}{\partial x_{\tau}} = \mathfrak{F}^{\sigma}_{\circ} \tag{5}$$

在计算中，我们用到了麦克斯韦方程组的第二个方程

$$\frac{\partial\phi_{\mu\nu}}{\partial x_{\rho}} + \frac{\partial\phi_{\nu\rho}}{\partial x_{\mu}} + \frac{\partial\phi_{\rho\mu}}{\partial x_{\nu}} = 0_{\circ} \tag{6}$$

我们从式（4）可以看出，电流密度 $\mathfrak{F}^{\alpha}$ 必定处处为零。因此，由方程（1），我们就得不到一个局限于麦克斯韦-洛伦兹理论的电磁分量的电子理论，正如早就知道的那样。于是，如果我们坚持式（1），我们就不得不走上迈理论的道路[②]。

不仅物质问题，而且宇宙学问题也导致了对方程（1）的怀疑。正如我在前一篇文章中指出过，广义相对论要求宇宙在空间上是闭合的。但是这种观点使得有必要扩充方程（1），在其中引入一个新的普适常数 λ，它同宇宙的总质量（或者物质的平衡密度）保持固定关系。这对于理论的形式美来说是一个严重的缺陷。

---

① 例如，参见 A. Einstein, *Sitzungsber. d. Preuss*, *Akad. d. Wiss.*，1916，pp. 187 - 188。

② 参见 D. 希尔伯特, *Göttinger Nachr.*，20 Nov.，1915。

§2. 无标量的场方程

我们用下列方程

$$G_{\mu\nu} - \frac{1}{4}g_{\mu\nu}G = -\kappa T_{\mu\nu} \tag{1a}$$

代替场方程（1），上述困难就可以除去，此处 $T_{i\kappa}$ 表示由（3）所给出的电磁场的能量张量。

这个方程的第二项中的因子 $-\frac{1}{4}$ 的形式根据，在于它使左边的标量

$$g^{\mu\nu}\left(G_{\mu\nu} - \frac{1}{4}g_{\mu\nu}G\right)$$

恒等于零，就像右边的标量

$$g^{\mu\nu}T_{\mu\nu}$$

由于（3）而恒等于零一样。若是根据方程（1）而不是（1a）来推导，那么我们相反应当得到条件 $R=0$，这无论在哪里对于 $g_{\mu\nu}$ 都必定成立，而同电场无关。显然，方程组〔（1a），（3）〕是方程组〔（1），（3）〕的结果，而不是反过来。

乍一看我们会怀疑，（1a）连同（6）一起是否足以确定整个场。在广义相对论性的理论中，为了确定 n 个相依变量，我们需要 $n-4$ 个彼此独立的微分方程，因为在这个解中，考虑到坐标的自由选择，必定会自然出现 4 个关于所有坐标的完全任意的函数。因此，要确定 16 个相依变量 $g_{\mu\nu}$ 和 $\phi_{\mu\nu}$，我们需要 12 个彼此独立的方程。但恰好方程组（1a）中的 9 个方程和方程组（6）中的 3 个方程是彼此独立的。

如果我们构成（1a）的散度，考虑到 $G_{\mu\nu} - \frac{1}{2}g_{\mu\nu}G$ 的散度等于零，于是得到

$$\phi_{\sigma\alpha}J^{\alpha} + \frac{1}{4\kappa}\frac{\partial G}{\partial x_{\sigma}} = 0。 \tag{4a}$$

从这里我们首先认出，在电密度等于零的四维区域里，曲率标量 G 是常数。如果我们假定空间的所有这些部分都是相连的，从而电密度只有在分开的世界线束中才不等于零，这样，曲率标量在这些世界线束外面的任何地方都具有常数值 G。但是，关于 G 在电密度不等于零的区域里的性质，方程（4a）也允许作出一个重要结论。如果我们像通常那样把电看作是运动着的电荷密度，当我们置

$$J^\sigma = \frac{\mathfrak{J}^\sigma}{\sqrt{-g}} = \rho \frac{\mathrm{d}x_\sigma}{\mathrm{d}s}, \tag{7}$$

从（4a）通过用 $\mathfrak{J}^\sigma$ 内乘，并考虑到 $\phi_{\mu\nu}$ 的反对称性，我们就得到关系式

$$\frac{\partial G}{\partial x_\sigma} \frac{\mathrm{d}x_\sigma}{\mathrm{d}s} = 0 。 \tag{8}$$

因此，曲率标量在电荷运动的每一条世界线上都是常数。方程（4a）可以直观地以下列陈述来解释：曲率标量 G 起着一种负压力的作用，在电粒子的外面它具有常数值 G_0。在每一个粒子里面都存在着一个负压力（正的 $G-G_0$），这个压力的下降就保持了电动力的平衡。这个压力的极小值，或者曲率标量的极大值，在粒子内部不随时间改变。

我们现在把场方程（1a）写成形式

$$\left(G_{\mu\nu} - \frac{1}{2}g_{\mu\nu}G\right) + \frac{1}{4}g_{\mu\nu}G_0 = -\kappa\left[T_{\mu\nu} + \frac{1}{4\kappa}g_{\mu\nu}(G-G_0)\right] 。 \tag{9}$$

另一方面，我们改变先前的场方程，加上宇宙项后为

$$G_{\mu\nu} - \lambda g_{\mu\nu} = -\kappa\left(T_{\mu\nu} - \frac{1}{2}g_{\mu\nu}T\right) 。$$

减去乘以 1/2 的标量方程，立刻得到

$$\left(G_{\mu\nu} - \frac{1}{2}g_{\mu\nu}G\right) + g_{\mu\nu}\lambda = -\kappa T_{\mu\nu} 。$$

现在，在只有电场和引力场存在的区域内，这个方程的右边等于零。对于这样的区域，通过构成标量我们得到

$$-G + 4\lambda = 0 。$$

于是在这样的区域内，曲率标量为常数，因而可以用 $R_0/4$ 来代替 λ。因此，我们可以把先前的场方程（1）写成形式

$$\left(G_{\mu\nu} - \frac{1}{2}g_{\mu\nu}G\right) + \frac{1}{4}g_{\mu\nu}G_0 = -\kappa T_{\mu\nu} 。 \tag{10}$$

比较式（9）和（10），我们可以看出，新的场方程同先前场方程的区别在于，现在出现了与曲率标量无关的 $T_{\mu\nu} + \frac{1}{4\kappa}g_{\mu\nu}(G-G_0)$ 以代替作为"引力质量"的张量 $T_{\mu\nu}$。但是，这个新表述形式比之先前的表述形式有这样一大优点：量 λ 作为一个积分常数出现在理论的基本方程中，而不再作为基本定律所特有的普适常数了。

§3. 关于宇宙学问题

最后这个结果已经允许作这样的猜测：根据我们新的表述方式，可以把宇宙看作是空间上闭合的，而无须任何附加的假设。像以前那篇论文那样，我们再一次指明，在物质均匀分布的条件下，球形宇宙是同这些方程相容的。

首先我们置

$$ds^2 = - \sum \gamma_{ik} dx_i dx_k + dx_4^2 (i, \ k = 1, \ 2, \ 3) \tag{11}$$

于是，如果 P_{ik} 和 P 分别是三维空间中的二秩曲率张量和曲率标量，我们有

$$G_{ik} = P_{ik}(i, \ k = 1, \ 2, \ 3)$$

$$G_{i4} = G_{4i} = G_{44} = 0$$

$$G = - P$$

$$- g = \gamma。$$

因此，对于我们的情况，得到

$$G_{ik} - \frac{1}{2} g_{ik} G = P_{ik} - \frac{1}{2} \gamma_{ik} P(i, \ k = 1, \ 2, \ 3)$$

$$G_{44} - \frac{1}{2} g_{44} G = \frac{1}{2} P。$$

为了进一步思考，我们以两种方式进行。首先我们借助方程（1a）。在这个方程组中，$T_{\mu\nu}$ 表示由组成物质的电粒子所产生的电磁场的能量张量。对于这种场，

$$\mathfrak{T}_1^1 + \mathfrak{T}_2^2 + \mathfrak{T}_3^3 + \mathfrak{T}_4^4 = 0$$

到处都成立。各个 $\mathfrak{T}_\mu^\nu$ 都是随位置迅速变化的量；但是对于我们的任务来说，无疑可以用其平均值来代替它们。因而我们必须选取

$$\mathfrak{T}_1^1 = \mathfrak{T}_2^2 = \mathfrak{T}_3^3 = - \frac{1}{3} \mathfrak{T}_4^4 = 常数$$

$$\mathfrak{T}_\mu^\nu = 0(\mu \neq \nu), \tag{12}$$

因此

$$T_{ik} = + \frac{1}{3} \frac{\mathfrak{T}_4^4}{\sqrt{\gamma}} \gamma_{ik}; \ \ T_{44} = \frac{\mathfrak{T}_4^4}{\sqrt{\gamma}}。$$

考虑到迄今已经证明的结果，我们得到下列方程以代替（1a）：

$$P_{ik} - \frac{1}{4} \gamma_{ik} P = - \frac{1}{3} \gamma_{ik} \frac{\kappa \mathfrak{T}_4^4}{\sqrt{\gamma}} \tag{13}$$

$$\frac{1}{4}P = -\frac{\kappa \mathfrak{T}_4^4}{\sqrt{\gamma}}。 \tag{14}$$

（13）的标量方程与（14）相符。正因为如此，我们的基本方程允许球形宇宙。因为式（13）和（14）可得

$$P_{ik} + \frac{4}{3}\frac{\kappa \mathfrak{T}_4^4}{\sqrt{\gamma}}\gamma_{ik} = 0, \tag{15}$$

并且我们已经知道[①]，一个（三维）球形宇宙是满足这个方程组的。

但是，我们也可以根据方程（9）来思考。在方程（9）的右边是这样一些项，从现象学的观点看来，它们应该代之以物质的能量张量；因此，它们应该代之以

$$\begin{matrix} 0 & 0 & 0 & 0 \\ 0 & 0 & 0 & 0 \\ 0 & 0 & 0 & 0 \\ 0 & 0 & 0 & \rho, \end{matrix}$$

此处 ρ 表示假定处于静止的物质的平均密度。我们于是得到方程

$$P_{ik} - \frac{1}{2}\gamma_{ik}P - \frac{1}{4}\gamma_{ik}G_0 = 0, \tag{16}$$

$$\frac{1}{2}P + \frac{1}{4}G_0 = -\kappa\rho。 \tag{17}$$

由（16）的标量方程和方程（17），我们得到

$$G_0 = -\frac{2}{3}P = 2\kappa\rho。 \tag{18}$$

从而由方程（16），得到

$$P_{ik} - \kappa\rho\gamma_{ik} = 0, \tag{19}$$

这个方程，直到关于系数的表示式，是同式（15）相符的。通过比较，我们得到

$$\mathfrak{T}_4^4 = \frac{3}{4}\rho\sqrt{\gamma}。 \tag{20}$$

这个方程意味着，构成物质能量的 3/4 属于电磁场，1/4 属于引力场。

---

① 参见 H. 外尔，"Raum, Zeit, Materie"，§ 33。

§4. 结束语

上述思考显示了仅仅由引力场和电磁场从理论上构建物质的可能性，而无须按迈的理论路线去引进一些假设的附加项。由于在解宇宙学问题时，它使我们避免了引入一个特殊常数 λ 的必要性，这种可能性就显得特别可取。另一方面，也会遇到一个特殊的困难。因为，如果我们把式（1）限定为球对称静止的情形，那么我们就得到一个方程，这对于确定 $g_{\mu\nu}$ 和 $\phi_{\mu\nu}$ 来说是太少了，其结果是，电的任何球对称分布看来都似乎能够维持在平衡中。因此，根据已有的场方程，还是远远不能解决元量子的构成问题。

（许良英译，邹振隆校）

第二部分
狭义相对论和广义相对论

导　言

　　地球是一个稍微扁平的球体，而从地面上看，它显得是平坦的，而且在几千年的时间里一直被认为是平坦的。同理，在欧几里得公理似乎显然正确的意义上来讲，我们眼中的宇宙是"平坦的"；这些公理中的重要一条是两条直线或者光束最多只能相交一次。空间的这个"平坦"图像是最简单，也是被爱因斯坦之前所有物理学家接受的图像。

　　爱因斯坦并没有立即推翻宇宙的平坦模型，而只不过在高度、宽度和长度之外加上另一维：时间。爱因斯坦在《狭义相对论和广义相对论》中描述了平直空间中的物理学，即狭义相对论的领域。他的假设十分简单：首先，对所有以常速度运动的观察者物理定律是相同的；其次，所有这类观察者都测量到同样的光速。艾萨克·牛顿爵士肯定会承认第一点，但他肯定会认为第二点不可能。爱因斯坦之所以得到这个结果是由于注意到，物理定律不仅在空间方向之间旋转下，而且在空间和时间之间"旋转"下不变。

　　爱因斯坦承认该理论不包括引力，因此必然是不完备的。正如在第二部分讨论的，为了修补这个，他论断宇宙也可能是弯曲的。空间和时间的曲率有一些根本的含义：光线在围绕大质量物体时不是沿着直线，而是沿着曲线行进。钟表处在大质量物体邻近比在远处走得较慢。换言之，爱因斯坦注意到，不仅空间而且时间也是弯曲的。爱因斯坦利用一套简单的"场方程组"不仅推导出牛顿提出的运动定律和引力定律，而且为解释一些直到那时还莫名其妙的现象铺平了道路。

　　在 1915 年爱因斯坦发表其广义相对论之后，卡尔·施瓦茨席尔德几乎立即指出，在单个有质量物体的情形下，可以解出爱因斯坦场方程。尽管当时爱因斯坦没有意识到，也从未承认过，这个解描述了一个紧致的物体，甚至连光都不能从该物体逃逸出来：这就是我们现在称为"黑洞"的东西。现在我们相信，一些恒星以黑洞来终结其生命，而且在大多数（若不是所有的）星系中心存在超大质量的黑洞。最近的证据暗示，在我们自己的银河系中存在一个大约 300 万倍太阳质量的黑洞。

由于光线在围绕大质量物体时被偏折，遥远星系的像在它们到达地球这里观察者的路途上被畸变或者甚至变成多个。这个称作"引力透镜"的效应和弯曲的玻璃片不无相似。阿瑟·爱丁顿在 1919 年日食时看到的透镜效应是广义相对论最早的观测验证之一。爱丁顿注意到一个恒星在天空的位置相对于它的正常位置似乎被移动了。这个移动和给定太阳质量下由爱因斯坦预言的结果相一致。这种空间的弯曲不一定是局域的。许多当代天体物理学家关注宇宙整体的"形状"是什么样子，它是否是"平坦的"，像球那样是"闭合的"（因此有限），或者像鞍面那样是"开放的"（因此是无限的）。从威尔金孙微波各向异性探测器（WMAP）卫星最近的测量暗示，宇宙是平坦的，或者巨大到还无法和完全平坦区分开来。

爱因斯坦首次提出广义相对论时承认，他的理论预言，宇宙整体不能像过去一直以为的那样是静止的：引力的吸引意味着，宇宙必须要么正在膨胀，要么正在收缩。因此，他加上一个"宇宙常数"去平衡引力的吸引，并保持宇宙静止。1922 年天文学家埃德温·哈勃通过观测测量宇宙的膨胀，这个膨胀和爱因斯坦原先的理论全然一致，而和他的宇宙常数的值不一致。在本书的附录 4 中，爱因斯坦对于这最新的发现进行了回应，并在别处表示：他人为地引进宇宙常数是他"最大的错误"。然而，作为有趣的尾声，在 1990 年代中期对遥远超新星的测量表明，也许终究存在一个宇宙常数，虽然不是爱因斯坦提出的那个数值。

（吴忠超译）

狭义与广义相对论浅说

前　言

　　本书面向的是从一般科学和哲学的观点出发对相对论感兴趣，但是对理论物理的数学工具并不熟悉的读者①，并尽可能使他们能够准确深入地了解相对论。本书假定读者具备大学入学考试所要求的教育水准。尽管篇幅短，但仍要求读者具有相当的耐心和毅力。作者不遗余力地以深入浅出的方式表达该理论的精髓，并从总体上保持它们原先创始过程中的顺序和关系。为了表达清晰，看来我必须不断有所重复，而丝毫不能顾及文体的优雅。我谨遵卓越的理论物理学家玻尔兹曼的教诲，他说优雅性应该留给裁缝和鞋匠去考虑。我完全没有刻意向读者隐瞒这个理论的固有困难。另一方面，我有意以"继母般"的方式论述该理论的经验物理基础，以使对物理学不熟悉的读者不至于感到像个迷路人，只见树木不见森林。但愿本书给你带来浮想联翩的快乐时光。

爱因斯坦
1916 年 12 月

---

　　① 狭义相对论的数学基础见 Teubner 的《相对论原理》，这本"数学的进展"专著，详尽地收集了洛伦兹、爱因斯坦、闵可夫斯基和劳厄的论文原件（Braunschweig 的 Friedr. Vieweg&Sohn 出版社出版）。广义相对论，包括其所涉及的张量理论的数学手段，见作者撰写的小册子《广义相对论基础（Joh. Ambr. Barth，1916 年）》。该小册子假定读者已对狭义相对论有所了解。

第一部分　狭义相对论

§1. 几何命题的物理意义

　　本书的大部分读者在学校里的时候就已经熟悉了欧几里得几何的宏伟大厦，你还记得——也许心里的崇敬多于爱戴——那个富丽堂皇的体系，在其高耸的阶梯上，你被尽责的老师催赶了数不清的时间。凭你过去的经验，如果有人否定该学科中的任何一个命题，哪怕是最冷僻的命题，你都必定会嗤之以鼻。可是如果有人问你："那么，断言这些命题成立的意思又是什么呢？"你的这种妄自尊大的感觉便会立即荡然无存。下面让我们对这个问题稍作考虑。

　　几何学的出发点包括某些概念，如"平面"、"点"和"直线"，我们能够把它们与大体上明确的直观观念联系起来；还包括某些简单命题（公理），有了这些直观观念，我们倾向于接受这些命题为"真理"。然后，在逻辑推理的基础上（我们不得不承认逻辑的正确性），所有其他命题都从这些公理推出，也就是得到证明。于是，若一个命题以公认的方式从公理推导出，它便是正确的（"真实"的）。这样，一个几何命题是否"真实"的问题就转化为了公理是否"真实"的问题。现在，人们早就知道，最后这个问题不仅用几何方法无法回答，而且它本身根本毫无意义。我们不能问，过两点是否只有一条直线。我们只能说，欧几里得几何研究的是称为"直线"的东西，每条直线都具有这样的性质：其上的两个点唯一决定了这条直线。"真实"这个概念不适合纯几何命题，因为用"真实"这个词，我们在习惯上总是指与"实际"事物相符合；但是，几何学并不关心它的概念与经验物体的关系，而只关心这些概念之间的逻辑关系。

　　不难理解，为什么尽管这样，我们仍不得不称这些几何命题是"真实"的。几何概念或多或少与自然界的实际物体相对应，这些物体毫无疑问是那些概念的唯一渊源。为了使其结构具有最大限度的逻辑统一性，几何学应当避免这样的方法。例如，在一定"距离"外观察实际是刚性的物体上的两个带标记的位置，这个习惯是深植于我们的思维习惯中的。此外，对于三个点，如果适当地选择观察角度，用一只眼观察若能使它们出现的位置重叠，我们习惯于认为这三个点位于同一条直线上。

如果顺从我们的思维习惯，现用这样一个命题来补充欧几里得几何学：在一个实际是刚性的物体上的两个点总是对应于同一距离（线间距），与物体位置的变动无关。那么欧几里得几何命题本身就会转变为关于实际刚性的物体的可能相对位置的命题①。经过这样扩充的几何学可视为物理学的分支。现在我们可以合法地询问经过这样解释的几何命题的"真实性"了，因为我们有正当的理由询问，与我们的几何观念相关联的那些实际物体是否满足这些命题。用不太严格的术语，这句话可以表达为：我们把几何命题在这种意义上的"真实性"理解为它在尺规作图方面的正当性。

当然，几何命题在这种意义上的"真实性"的信仰单独地建立在相当不完全的经验基础上。目前我们假设几何命题的"真实性"是成立的，以后（在广义相对论中）我们将看到这个"真实性"是有限的，并讨论它的受限制程度。

§2. 坐标系

根据上述对距离的物理解释，我们还可以用测量的办法确立刚体上两点间的距离。为此，需要有一个永远可以使用的"距离"（杆 S）用作测量标准。现在，若 A 和 B 是刚体上的两个点，则根据几何学法则，可以作一直线连接这两点；然后，从 A 点开始，逐次量出距离 S，直到达到 B 点。所度量的次数就是距离 AB 的数字测量值。这是所有长度测量的基本原则。②

对于空间中事件的发生地点或物体的位置的描述，都是基于指明该事件或物体在刚体（参照物）上的位置而得到的。不仅科学描述是这样，日常生活也是如此。如果我分析"柏林，波茨坦广场"的地理位置，就会得到下列结果。地球是确定该位置所参照的刚体；"柏林的波茨坦广场"是一个定义明确的一点，它被赋予一个名字，该事件在空间中与之重合。③

这种确定位置的原始方法只能用于刚体表面的位置，而且该表面上存在可以彼此区分的点。但是我们可以摆脱这两个限制条件，而且不会改变我们的确定位

---

① 由此得出结论，自然界的物体也与直线相关。刚性物体上的三个点 A，B，C，若 A 与 C 已给定，且 B 的选择使得 AB 和 BC 两个距离的和尽可能短，则它们在一条直线上。这个不完整的建议将足以满足我们现在的要求。

② 这里我们假设没有任何剩余，即测量结果是整数。这一困难可以采用细分的测量杆加以克服，引进这种测量杆不需要对测量方法作根本性改变。

③ 这里没必要深入研究"空间中重合"的意义。这个概念已十分明显，足以确保在其实际适用性上很少会发生意见分歧。

置的本质。例如，如果一朵云飘浮在波茨坦广场上空，那么我们就可以在广场上立一根垂直的杆，让杆够到云朵，从而确定它相对于地球表面的位置。利用标准量尺测得的杆长，结合对杆的根部位置的确定，我们就得到一个完整的位置情况。通过这个例子，我们能够看出位置概念是如何得到改进的。

（a）我们想象以某种方式扩充确定位置所参照的刚体，使得扩充后的刚体能够得着位置待定的那个物体。

（b）在确定该物体的位置时，我们使用的是一个数字（这里是用量尺测得的杆长），而不是指定的参照点。

（c）即使触及云朵的杆子还没竖立起来，我们就谈论了云朵的高度。方法是在地面上不同的地方对云朵进行光学观测，并考虑到光的传播特性，就可以确定出用来够到云朵所需的杆的应有长度。

从这些讨论可以看出，在描述位置时，如果有可能利用数值量度，使我们不依赖刚性参照物上带标记（有名字）的位置，那么事情就会更有利。在物理测量中，利用笛卡儿坐标系达到了这个目的。

该坐标系由三个牢牢地固定在刚体上的、互相垂直的平面组成。相对于坐标系，事件的发生地点（主要）由从事件发生地向那三个平面所作的三条垂线的长度或坐标（x，y，z）来确定。这三条垂线的长度可以用刚性量尺根据欧几里得几何所确立的法则和方法，进行一系列测量来确定。

实际上，构成坐标系的刚性表面一般不存在；而且，坐标值实际上也不是由刚性杆所确定，而是用间接方法获得。物理学和天文学的结果如果要保持清晰，那么就必须按照上述的讨论去寻找位置描述的物理意义。①

这样我们就得到下列结果：空间中事件的所有描述都涉及使用这些事件所必须参照的刚体。所得的关系认为：欧几里得几何定律适用于"距离"，这种"距离"在物理上习惯用刚体上的两个标记点来表示。

§3. 经典力学中的空间与时间

力学的目的是描述物体的空间位置如何随"时间"改变。如果我不经认真的反思和详细的解释，就把力学的目的描述成这样，那么我就违背了力求清晰的神圣精神，我的良心会因这严重的过失而受到谴责。下面让我们来揭示这些

---

① 在我们进入本书第二部分讨论的广义相对论之前，没必要对这些观点进行细化和修改。

过失。

这里的"位置"和"空间"应该如何理解尚不明了。我站在一列匀速行驶的火车车厢内的窗户旁，向路堤丢下一块石头，注意不是投掷。如果忽略空气阻力的影响，那么我看到石头以直线下落。从人行道上观察这种不良行为的行人会注意到，石头是以抛物线落到地上的。现在要问：石头经过的"位置"在"实际中"呈直线还是呈抛物线？还有，"空间中"的运动是什么含义？根据上一节的讨论，答案是显而易见的。首先我们完全避开模糊不清的字眼"空间"，必须坦然地承认，我们无法为这个词形成丝毫的概念，我们将它替换成"相对于实际上刚性的参照物的运动"。上一节已经详细定义了相对于参照物（火车车厢或路堤）的位置。如果不用"参照物"，而是用"坐标系"这个有利于数学描述的概念，那么我们就能够说：相对于牢牢地固定在车厢上的坐标系来说，石头划过的是一条直线；可是相对于牢牢地固定在地上（路堤）的坐标系来说，则是一条抛物线。借助于这个例子，就能很清楚地看出，没有独自存在的轨迹（字面意思是"路径-曲线"① ）这种东西，只有相对于特殊参照物的轨迹。

为了完整地描述运动，我们必须说明物体的位置如何随时间变化，即对于轨迹上的每一点，必须指明物体到达那里的时间。这些数据还必须辅以这样的时间定义，依据这种定义，这些时间值可以在本质上视为能够观测到的量值（测量结果）。若从经典力学的角度来看，我们可以用下列方式满足有关要求。我们想象有两个构造相同的时钟，站在车厢窗户旁的那个人手中拿着其中一个时钟，人行道上的那个人拿着另一个时钟。每个观察者在自己手中的时钟的每一次滴答声响时，测定石头在自己的参照物上的位置。这里我们没有考虑光速有限性带来的误差。对于这一点以及此处第二个突出的难点，我们将在后面另行细述。

§4. 伽俐略坐标系

众所周知，被称为惯性定律的伽俐略-牛顿力学的基本定律可以这样表述：一个离开其他物体充分远的物体将保持静止或匀速直线运动状态。该定律不仅论述了物体的运动，而且还简述了力学上允许的、可以用于力学描述的参照物或坐标系。在很大近似程度上，可见的固定不动的恒星是惯性定律肯定适用的物体。如果我们使用一个牢牢地固定在地球上的坐标系，那么相对于该坐标系，在一个

---

① 即物体运动走过的曲线。

天文日期间，每一个固定不动的恒星都划过一个半径巨大的圆圈，这个结果与惯性定律的说法相悖。因此，如果我们坚持该定律，那么在讨论这些运动时，就只能采用那些固定的恒星不在其中做圆周运动的坐标系。如果一个坐标系的运动状态使得惯性定律相对它能够成立，那么这个坐标系就被称为"伽俐略坐标系"。伽俐略-牛顿力学定律可视为仅对伽俐略坐标系成立。

§5. 相对论原理（狭义）

为了尽量清楚地表达，我们先回到火车车厢的例子，假设火车在匀速前进。我们将它的运动称为匀速平移（"匀速"是因为其速度和方向保持恒定，"平移"是因为车厢尽管相对于路堤发生位置变化，但没有发生旋转）。设想有一只乌鸦在空中飞过，在路堤上观察，乌鸦沿直线匀速飞行。如果在行驶中的车厢上观察飞行的乌鸦，就会发现它以不同的速度和方向在飞行，但仍然沿直线匀速飞行。抽象地说：如果一个质点 m 相对于坐标系 K 沿直线匀速运动，只要第二个坐标系 K' 相对于 K 做匀速平移，那么该质点相对于 K' 也沿直线匀速运动。根据上一节的讨论，可以推出：

如果 K 为伽俐略坐标系，那么其他每一个相对于 K 做匀速平移运动的坐标系 K' 也属于伽俐略坐标系。如同适用于 K 一样，伽俐略-牛顿力学定律完全适用于 K'。

当我们表述上述原理时，我们还可进一步地推广：如果坐标系 K' 相对于 K 做匀速运动且没有旋转，那么相对于 K'，自然现象的变化过程所遵循的普遍规律与相对于 K 时完全一样。这一论述称为相对性原理（狭义）。

只要你相信，借助于经典力学，所有自然现象都可表述，那就没有必要怀疑相对性原理的正确性。但是由于电动力学和光学的最新发展，越来越多的证据表明，在对所有自然现象进行物理描述方面，经典力学提供的基础显然已不够用。在这时刻，讨论相对性原理的正确性问题的时机已经成熟，而且看来不是没有可能，这个问题的答案可能是否定的。

不过有两个普遍的事实，从一开始就强烈支持相对性原理的正确性。虽然经典力学没有为所有物理现象的理论表述提供足够广泛的基础，但是我们仍然必须承认它具有相当程度的"真理性"，因为它精细地刻画了天体的极为精彩的实际运动情况。因此，在力学的领域内，相对性原理肯定非常精确。可是，一个如此广泛普遍的原理，在一个现象领域内能够这样精确地适用，而在另一个领域内却不成立，推测起来，这是不太可能的事。

现在我们进入第二个论据，后面还会再次论述这个论据。如果相对性原理（狭义）不成立，那么互相做匀速运动的伽俐略坐标系 K, K', K'' 等在描述自然现象方面就不会等价。在这种情况下，我们将被迫认为，自然定律能够以特别简单的形式表述，当然必要条件是：从所有可能的伽利略坐标系中，我们选出了一个特别的运动状态的坐标系（K_0）作为参照物。这样我们就有理由（因为它在描述自然现象方面的优势）称这个坐标系是"绝对静止的"，而所有其他伽俐略坐标系 K 是"运动的"。例如，如果我们的路堤为坐标系 K_0，那么火车车厢就是坐标系 K，相对于 K 的自然定律就不如相对于 K_0 的自然定律那样简单。这一简单性被减弱是由于这样的事实：车厢 K 相对于 K_0 在运动（即"真正的运动"）。在相对于 K 表示的一般自然定律中，车厢速度的大小和方向必然发挥了作用。例如，可以预料到，当风琴管的轴向与车厢行驶方向平行时，风琴发出的声调不同于风琴管的轴向与行驶方向垂直时发出的声调。由于我们的地球沿轨道环绕太阳运动，它就相当于一列火车以每秒约 30 km 的速度行驶。如果相对性原理不成立，那么我们会预料到，地球在任何时刻的运动方向会体现在自然定律中，而且物理系统的行为将依赖它相对于地球的空间方位。由于一年中地球公转速度方向的变化，它不可能在全年中相对于假想的坐标系 K_0 保持静止状态。然而，即使非常仔细地观测也从来不曾揭示出这种地球物理空间的各向异性，即不同方向上的物理不等价性。这是对相对性原理非常有力的有利论据。

§6. 经典力学的速度叠加定理

让我们设想老朋友火车车厢以恒定速度 v 沿铁轨行驶，有一个人以速度 w 沿行驶方向穿过车厢。在这个过程中，这个人相对于路堤行走得有多快？换句话说，他的速度 W 是多少？看来唯一可能的答案来自下面的考虑：若这个人静立 1 秒钟，则他相对于路堤向前移动了距离 v，数值上等于车厢的速度。然而，因为他在行走，他相对于车厢又移动距离 w，所以在这 1 秒钟里，相对于路堤他也移动了距离 w，数值上等于他的行走速度。这样，在这 1 秒钟里，他相对于路堤的移动总距离为 $W=v+w$。后面我们会看到，表达了经典力学中的速度叠加定理的这一结果不再正确；换句话说，我们刚才写下的定律实际上并不成立。但是，目前我们姑且假设它是正确的。

§7. 光传播定律与相对性原理的表面矛盾

在物理学中几乎没有什么定律比光在真空中的传播定律更简单。每个学童都知道，或者以为自己知道，这种传播以直线方式发生，速度为 $c = 300\ 000$ km/s。无论如何，我们非常精确地知道，所有颜色的光线都具有这个速度，因为如果不是这样，那么当固定的恒星被它邻近的暗星遮蔽时，不同颜色的光线的最低辐射就不会被同时观测到。根据对双星的观测做类似的考虑，荷兰天文学家 De Sitter 还能够证明，光的传播速度并不会依赖发光物体的运动速度。光的传播速度与"在空间中"的方向有关的假设本身也是不可能的。

简言之，我们假设光速 c（在真空中）恒定这一简单定律受到学童信奉是无可非议的。谁会想到这个简单定律竟会使严谨细致的物理学家陷入极大的智力困境中？让我们看一看这些困难是如何产生的。

当然，光的传播过程（以及每个其他过程）必须相对于一个刚性参考物（坐标系）。让我们再次选取路堤作为这样一个坐标系。想象路堤上方的空气已经抽空。如果沿着路堤发射一束光，那么从上面观察，我们会看到光束的前端相对于路堤以速度 c 传播。现在假设车厢还是以速度 u 沿着铁轨行驶，其方向与光束的方向相同，但速度当然低得多。我们来探究一下光束相对于车厢的传播速度。很明显，这里可以像上节那样考虑，因为光束充当了相对于车厢行走的人。这里人相对于路堤的速度 W 被光相对于路堤的速度所替代。w 是所求的光相对于车厢的速度。有：

$$w = c - v。$$

结果光束相对于车厢的传播速度就来得比 c 小。

但是这个结果与§5节阐述的相对性原理相矛盾。因为像其他所有普遍自然定律一样，按照相对性原理，不管取火车车厢为参照物还是取铁轨为参照物，真空中光传播定律必须是一样的。可是，从上述的考虑来看，这似乎是不可能的。如果所有光线相对于路堤的传播速度都是 c，那么相对于车厢，似乎就必须有另一条光传播定律成立——这个结果与相对性原理相矛盾。

鉴于这种两难局面，我们要么放弃相对性原理，要么放弃简单的真空中光传播定律，似乎没有别的选择。认真地理解了前述讨论的读者几乎肯定会料想到，我们应当保留相对性原理，因为它是如此自然和简单，在思想上的说服力又很强。那么，真空中光传播定律就必须被符合相对性原理的更为复杂的定律所替代。然而，理论物理的发展表明，我们不能走这条路。洛伦兹关于和运动物体有关的电动力学和光学现象的划时代理论研究表明，该领域的经验无可辩驳地引导出关于电磁现象的一个理论，真空中光速不变定律是它的必然结果。因此，著名的理论物理学家更倾向于否定相对性原理，尽管还没有发现与该原理相矛盾的实验数据。

在这个节骨眼上，相对论问世了。通过分析时间与空间的物理概念，结果清楚地表明，实际上相对性原理和光传播定律之间没有一丁点儿矛盾，系统而忠实地坚持这两个定律会得出一个逻辑严密的理论。这个理论被称为狭义相对论，以区别于后面将要讨论的推广的理论。下面我们将介绍狭义相对论的基本思想。

§8. 物理学的时间概念

一道闪电击中铁路路堤上相距甚远的两个地方 A 和 B。我再补充一点，这两处雷击同时发生。如果我问你这句话有没有意义，你会很肯定地回答"有"。但是如果现在我请你向我更准确地解释这句话的意思，你考虑片刻后会发现，这个问题的答案不像它咋看起来那么容易。

过一会儿，你也许会这样回答："这句话的意思本身是很清楚的，不需要进一步解释；当然，如果要求我通过观测来判断这两个事件是否实际上同时发生，那我就得考虑考虑了。"我对这种回答并不满意，理由如下。假设经过巧妙的思索，一位能干的气象学家发现闪电总是会同时击中 A 和 B 这两个地方，那么我们就会面临一个任务：检验这个理论结果是否与实际相符。在所有涉及"同时性"概念的物理学陈述中，我们都会面临同样的困难。对于物理学家来说，在他有可能确定一个概念是否符合实际情况以前，这个概念是不存在的。因此，我们需要给同时性下定义，使得这个定义给我们提供一种方法，这种方法使他能够在目前情况下，通过实验判定这两个闪电是否同时发生。在我以为能够给同时性陈述赋予意义的时候，只要上述要求满足不了，那么作为物理学家，我就是自愿上当受骗（当然，如果我不是物理学家也是一样）（我建议读者在完全信服这一点之后再继续读下去）。

在经过一段时间的仔细思考后，你提出下面的建议来检测同时性。沿着铁轨测量就可以得到 AB 连线，指定一位观察者站在 AB 间的中点 M 上。还应该给观察者一个设备（如两面呈 90°的镜子），使他能够同时用肉眼观察到 A 和 B 两地。如果观察者同时察觉到这两个闪电，那么它们就是同时的。

113

这个建议令我很高兴，但尽管如此，我仍不认为问题已经完全解决，因为我不得不提出下列反对意见："你的定义肯定是对的，条件是我知道，M 处的观察者看到的闪电的光线沿 $A \rightarrow M$ 传播的速度与沿 $B \rightarrow M$ 传播的速度一样。可是只有在我们已经有了测量时间的手段的情况下，才有可能检验这个推测。这样看来，我们好像在逻辑上兜圈子。"

经过进一步思考后，你轻蔑地瞥了我一眼——这无可非议——声明："但是我依然坚持前述的定义，因为事实上这个定义对光根本没有什么假设。同时性的这个定义只有一个要求，即：在所有实际情况中，这个定义必须给我们提供关于判断所定义的概念是否符合实际的试验手段。而我的定义满足这个要求是毫无疑问的。光线沿着 $A \rightarrow M$ 传播与沿着 $B \rightarrow M$ 传播所需的时间相同，这一点实际上既不是对光的物理性质的推测，也不是假设，而是我为了得到同时性的定义而可以随意制定的约定。"

很清楚，不仅可以使用该定义给两个事件的同时性赋予精确的意义，而且可以给我们想要选择的任意多个事件的同时性赋予精确的意义，与这些事件的发生地点相对于参照物（这里是铁路路堤）的位置无关①。这样我们还导出了物理学中的"时间"定义。为此，我们设想在铁路线（坐标系）的 A，B 和 C 三个地方安放有结构相同的时钟，将它们的指针同时（按以上的意义）调定在相同位置上。在这种条件下，我们把事件的"时间"理解为（在空间中）紧邻该事件的那一个时钟的读数（指针的位置）。这样，每一个本质上能够观测到的事件都一个相关联的时间值。

这种约定还包含另一个物理假设，若没有相反的实验证据，则其正确性几乎不会被怀疑。即，如果这些时钟结构相同，那么它们行走的快慢相同。更准确地讲：当两个时钟静止地放在参照物的两个不同地方的时候，如果在一个时钟的指针指向某个特别位置的同时（按以上的意义），另一个时钟的指针也指向同一个位置，那么相同的"指针位置"就总是同时（在上述定义的意义下）出现。

§9. 同时性的相对性

迄今为止，我们的描述都是参考一个特定的参照物，我们称之为"铁路路

---

① 我们进一步假设，当三个事件 A、B 和 C 发生于不同的地方时，若 A 与 B 同时，B 与 C 同时（就是在上述定义下的同时），则 A 和 C 这一对事件的同时性标准也就得到满足。这个假设是关于光传播定律的物理假设，若要坚持真空中光速不变定律，这个假设就必须被满足。

堤"。假设有一列很长的火车沿着铁轨以恒速 v 行驶，方向如图 1 所示。该列车上的乘客可以方便地将列车作为刚性的参照物（坐标系）；他们相对于这列火车来考察一切事件。那么沿铁路线发生的每一个事件也发生在列车的某个特定点上。而且也可以相对于火车给出同时性定义，其方式与相对于路堤完全一样。然而，很自然地会出现下列问题：

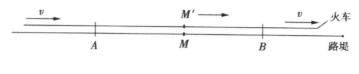

图 1

相对于铁路路堤同时发生的两个事件（例如 A 和 B 两处的雷击）是否相对于列车也是同时发生的？我们将直截了当地表明，答案肯定是否定的。

当我们说 A 和 B 两处的雷击相对于路堤是同时发生时，我们的意思是：发生雷击的 A 和 B 两处发出的光束在路堤 $A \rightarrow B$ 段的中点 M 处相遇。可是事件 A 和 B 也与列车上的 A 和 B 两处对应。令 M 为行进中的列车上 $A \rightarrow B$ 距离的中点。当闪电发生那一刻①，点 M' 当然与点 M 重合，但是它在图中以火车的速度 v 向右运动。如果坐在列车 M' 处的观察者不具有该速度，那么他就会一直停留在 M 处，A 和 B 两处闪电发出的光线就会同时到达他这里，即它们正好相遇在观察者的位置。而实际上（相对于路堤来考虑）他正迎着来自 B 点的光线前进，同时又是赶在 A 点发出的光线前头前进。所以观察者将首先看到来自 B 点的光线，然后才看见来自 A 点的光线。因此以火车为参照物的观察者肯定会得出结论，认为闪电 B 早于闪电 A。这样我们就得到一个重要的结果：

相对于路堤同时发生的事件，相对于火车并不同时发生，反之亦然（同时性的相对性）。每个参照物（坐标系）都拥有自己特定的时间；除非陈述时间时指明参照物，否则有关事件时间的陈述将毫无意义。

在相对论问世之前，物理学总是默认，关于时间的陈述具有绝对意义，即时间与参照物的运动状态无关。可是我们刚刚已经看到，这个假设与最自然的同时性定义相矛盾；如果我们放弃这个假设，那么真空中光传播定律与相对性原理（见 §7）之间的矛盾便荡然无存。

是 §6 的讨论把我们引向这个矛盾，现在这些观点不再站得住脚了。在 §6，

———————————

① 从路堤上判断！

我们的结论是：车厢里的人相对于车厢每秒移动距离 w，他相对于路堤每秒移动距离相同。但是根据前述的讨论，一个特定事件相对于车厢所持续的时间绝不应视为等同于从路堤（作为参照物）上判断它所持续的时间。因此我们不能断言，行走的那个人相对于铁路线移动距离 w 所需的时间等于从路堤上判断的 1 秒。

而且 §6 的讨论还基于另一个假设，严格说来，这个假设似乎太随意，虽然在引入相对论之前，它一直是不言而喻的。

§10. 距离概念的相对性

让我们来考虑沿路基以速度 v 行驶的火车上的两个特定的点①，研究它们之间的距离。我们已经知道，测量距离必须有一个参照物，相对于它的距离才能被测出。最简单的做法是将火车本身当作参照物（坐标系）。火车上的观察者沿直线用量杆测量这段距离（例如，沿着车厢地板测），从一个标记点到另一个标记点需要量多少下，他就量多少下。量杆落下的次数就是所需的距离。

如果这段距离要从铁路线上来判断，就是另一回事了。这里是解决这个问题的自然方法。如果我们将火车上有待求取距离的两个点称为 A' 和 B'，那么这两个点都以速度 v 沿着路堤移动。首先，我们需要确定在某个时刻 t——从路基上判断，刚刚被 A' 和 B' 这两点所经过的路堤上的点 A 和点 B。路堤上的点 A 和点 B 可以采用 §8 中给出的时间定义确定出来，然后沿路堤反复使用量杆就可以测出它们的距离来。

推测起来，丝毫不能肯定，这后一次测量的结果会与第一次的相同。所以从路堤上测得的火车长度可能不同于在火车上测得的结果。这种情况使我们必须针对 §6 给出的表面上显然的观点提出第二个异议，即如果车厢内的人在单位时间内移动距离 w——在火车上测量，那么这段距离——从路基上测量——不一定也等于 w。

§11. 洛伦兹变换

前面三节的结果表明，光传播定律与相对性原理（见 §7）表面上的矛盾，是由于我们借用了经典力学中的两个不合理的假设；它们是：

（1）两个事件之间的时间间隔（时间）与参照物的运动状态无关；

---

① 例如：第 1 节和第 20 节车厢的中点。

（2）刚性物体上两个点之间的空间间隔（距离）与参照物的运动状态无关。

如果我们舍弃这些假设，那么§7的困境就会消失，因为§6导出的速度叠加定理不再成立。这就有可能，真空中光传播定律与相对性原理可以相容，问题是：为了消除这两个基本实验结果之间的表面矛盾，应当如何修改§6的观点呢？这个问题引出了一个一般性的问题。在§6的讨论中，我们必须考虑相对于火车及路堤两者的地点和时间。当我们已知事件相对于铁路路堤的地点和时间后，又如何找出它相对于火车的地点和时间呢？对这个问题是否存在一个能想到的答案，使得真空中光传播定律与相对性原理不矛盾？换句话说，我们能否想到各个事件相对于两个参照物的时空之间的相互关系，使得每一光线相对于路堤和火车都具有传播速度 c？这个问题导致了一个非常明确的肯定答案，以及一个十分明确的变换定律，把事件的时空量值从相对于一个参照物变为相对于另一个参照物。

开始着手前，我们先引入以下附带的考虑。迄今我们只是考虑沿路堤发生的事件，数学上必须认为路堤起到直线的作用。如§2那样考虑，我们可以设想在该参照物的横向和纵向加装杆子组成的框架，从而任何地方发生的事件均可以相对于该框架得到定位。类似地，我们可以设想火车以速度 u 继续穿过整个空间，每个事件，不管它有多远，还可以相对于这第二个框架来定位。在不犯根本性错误的条件下，我们可以忽略这一事实：由于固体的不可入性，实际上这些框架会不断地相互干扰。在每个这样的框架中，我们设想画出三个相互垂直的平面，称它们为"坐标平面"（"坐标系"）。坐标系 K 对应于路堤，坐标系 K' 对应于火车。一个事件，无论它发生在哪里，在空间中相对于 K 的位置都可以通过坐标平面上的三条垂线 x，y，z 得以确定，而时间由时间值 t 得以确定。同一个事件，相对于 K' 的空间与时间通过对应的值 x'，y'，z'，t' 来确定，它们当然不和 x，y，z，t 一样。上文已经详细讲过如何通过物理测量来求取它们的数值。

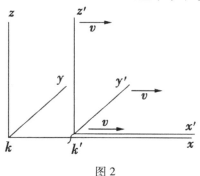

图 2

117

我们的问题显然可以用下列方式精确地描述。当已知一个事件相对于 K 的 x，y，z，t 数值时，该事件相对于 K' 的 x'，y'，z'，t' 数值为多少？所选定的关系式必须使得同一光线（当然也是每一光线）在真空中的传播定律相对于 K 和 K' 都成立。对于图 2 所示的坐标系的空间相对方位来说，这个问题可用下列方程式解出：

$$x' = \frac{x - vt}{\sqrt{1 - \dfrac{v^2}{c^2}}},$$

$$y' = y,$$

$$z' = z,$$

$$t' = \frac{t - \dfrac{v}{c^2}x}{\sqrt{1 - \dfrac{v^2}{c^2}}}。$$

这组方程组被称为"洛伦兹变换"。[①]

如果我们用旧力学默认的关于时间和长度的绝对性的假设作为讨论的基础，而不是将光传播定律作为基础，那么我们得到的不是以上的方程，而是下列方程：

$$x' = x - vt,$$

$$y' = y,$$

$$z' = z,$$

$$t' = t。$$

这组方程常被称为"伽利略变换"。将洛伦兹变换中的光速 c 代之以一个无穷大量，就可以得到伽利略变换。

借助于下述解释，很容易看出，根据洛伦兹变换，真空中光传播定律相对于参照物 K 和 K' 都成立。沿 x 正轴发射一个光信号，该光信号按下式前进：

$$x = ct,$$

即以速度 c 前进。根据洛伦兹变换方程，x 和 t 之间的这个简单关系牵涉到 x' 和 t' 之间的关系。事实上，如果将洛伦兹变换的第一和第四个方程中的 x 代之以 ct 就

[①]　洛伦兹变换的简单推导见附录 1。

会得到：

$$x' = \frac{(c-v)t}{\sqrt{1-\dfrac{v^2}{c^2}}},$$

$$t' = \frac{(1-\dfrac{v}{c})t}{\sqrt{1-\dfrac{v^2}{c^2}}}。$$

两式相除，马上得到下式：

$$x' = ct'。$$

若以 K' 为参照系，则光按此公式传播。于是我们看到，相对于参照系 K'，光传播速度也等于 c。不管光线沿哪个方向前进，都会得到同样的结果。当然这并不奇怪，因为洛伦兹变换方程就是遵照这个观点推导的。

§12. 量杆和时钟在运动中的行为

我将一根米尺放在 K' 的 x' 轴上，使得它的一端（始端）对准点 $x'=0$，另一端（末端）对准点 $x'=1$，那么米尺相对于坐标系 K 的长度为多少呢？为了了解这一点，我们只需要搞清楚，在坐标系 K 的某个时刻 t，米尺的始端和末端在坐标系 K 的什么位置就行了。利用洛伦兹变换的第一个方程，在 $t=0$ 的时刻，这两个点的值可以表示为

$$x_{(米尺始端)} = 0 \cdot \sqrt{1-\frac{v^2}{c^2}}$$

$$x_{(米尺末端)} = 1 \cdot \sqrt{1-\frac{v^2}{c^2}},$$

这两点间的距离为 $\sqrt{1-\dfrac{v^2}{c^2}}$。可是米尺在以速度 v 相对于 K 运动。因此结论是，沿着长度方向以速度 v 运动的刚性米尺的长度为 $\sqrt{1-\dfrac{v^2}{c^2}}$ m。这样，刚性米尺在运动时比在静止时要短些，运动速度越快，尺子就越短。速度 $v=c$ 时，会有 $\sqrt{1-\dfrac{v^2}{c^2}}=0$，速度更大时，平方根变为虚数。由此我们得出这样的结论，在相对论中，速

度 c 起着极限速度的作用，任何实际物体既不可能达到也不可能超越这个极限速度。

当然，速度 c 作为极限速度的这一特点从洛伦兹变换方程中也可以清楚地推导出，因为如果令 v 的值大于 c，这些方程就毫无意义了。

相反，如果我们考虑一根相对于 K 静止在 x 轴上的米尺，那么就会发现，从 K' 的角度看，米尺的长度为 $\sqrt{1-\dfrac{v^2}{c^2}}$；这与作为我们讨论基础的相对性原理完全一致。

推测起来，显然我们一定能够从这些变换方程中，了解量杆和时钟的物理行为，因为 x，y，z，t 这些量恰恰是可以通过量杆和时钟获得的测量结果。如果我们的讨论所依据的是伽利略变换，那么就不会得到量杆因运动而缩短的结果。

现在让我们考虑永久地位于 K' 的原点（$x'=0$）处的一个秒表。$t'=0$ 和 $t'=1$ 是该秒表相继两下滴答声。对于这两次滴答，洛伦兹变换的第一和第四个方程给出：

$$t = 0$$

和

$$t = \frac{1}{\sqrt{1-\dfrac{v^2}{c^2}}}。$$

从 K 的角度判断，该秒表正在以速度 v 运动；从这个参照物来看，秒表两次滴答之间的时间间隔并非 1 秒，而是 $\dfrac{1}{\sqrt{1-\dfrac{v^2}{c^2}}}$ 秒，稍长些。该秒表因运动而比它静止时走得慢些。这里速度 c 也起着不可达到的极限速度的作用。

§13. 速度叠加定理斐索实验

在实际中，我们只能以远小于光速 c 的速度来移动时钟和量杆；因此几乎不能将上一节的结果直接与实际情况相比较。但是另一方面，这些结果因其非常奇特，必定会使你震惊。为此，我将从该理论推导出另一个结论，这个结论从前面的描述中很容易就可得出，而且已经在实验中得到完美验证。

在§6中，我们推导出沿一个方向的速度叠加定理，其形式由经典力学假设得出。从伽利略变换（§11）也可以容易地推导出该定理。我们引入一个按照下述方程相对于坐标系 K' 运动的点来代替车厢内行走的人：

$$x = wt'$$

利用伽利略变换的第一和第四个方程，我们可以用 x 和 t 来表示 x' 和 t'，得到：

$$x = (v + w)t。$$

该等式表示的只不过是该点相对于坐标系 K（该人相对于路堤）的运动规律。我们用符号 W 来表示该速度，如同 §6 一样，得到：

$$W = v + w。 \tag{A}$$

可是，我们也可以基于相对论进行同样的考虑。在下式中

$$x' = wt'$$

我们必须利用洛伦兹变换的第一和第四个方程，用 x 和 t 来表示 x' 和 t'。这样得到的就不是方程（A），而是下述方程：

$$W = \frac{v + w}{1 + \dfrac{vw}{c^2}}。 \tag{B}$$

该式相当于基于相对论的沿一个方向的速度叠加定理。现在出现的问题是，这两个定理中哪一个更符合实验。在这一点上，杰出的物理学家斐索在半个多世纪以前完成的一个非常重要的实验给我们以启迪，该实验后来被一些最好的实验物理学家重复多次证实，其结果确凿无疑。该实验与下述问题有关。光在静止的液体中以速度 w 传播。当上述液体以速度 v 流过管子 T 时，光在管子中沿箭头方向（见图3）的传播快慢如何？

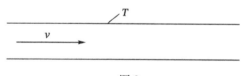

图 3

根据相对性原理，我们当然会认为，光相对于液体的传播速度肯定总是 w，无论液体相对于其他物体是否在运动。已知光相对于液体的速度以及液体相对于管子的速度，我们需要求出光相对于管子的速度。

显然，我们又面临与 §6 同样的问题。管子相当于铁路路堤或者坐标系 K，液体相当于车厢或者坐标系 K'，光相当于车厢内行走的人或者本节的运动的点。如果我们将光相对于管子的速度表示为 W，那么它应该由方程（A）或（B）给

出，取决于伽利略变换和洛伦兹变换哪一个更符合实际。

实验结果[①]倾向于支持由相对论导出的方程（B），其吻合程度确实很好。根据塞曼最近所做的非常出色的测量，流速 v 对光传播的影响可用方程（B）表示，误差在1%之内。

然而我们必须注意到这一事实，即在相对论问世以前很久，洛伦兹就给出了关于该现象的理论。该理论是一个纯粹的电动力学理论，是利用物质的电磁结构方面的特殊假设而得到的。但是这种情况一点也没有削弱该实验作为支持相对论的关键实验的决定性意义，因为作为原始理论基础的麦克斯韦-洛伦兹的电动力学与相对论一点儿也不矛盾。更确切地说，相对论是从电动力学发展而来的，它是对原先彼此独立的、作为电动力学基础的那些假设的一种令人震惊的简洁推广和综合。

§14. 相对论的启发性价值

前文思路我们可概括如下。实验使我们确信，一方面相对性原理是成立的；另一方面真空中光的传播速度必须认为等于常数 c。将这两个基本条件结合起来，我们就得出关于构成自然界变化过程的事件的直角坐标 x，y，z 和时间 t 的变换定律。在这方面，我们得出的不是伽利略变换，而是不同于经典力学的洛伦兹变换。

我们的实际知识已经认可的光传播定律，在这一思考过程中起了重要的作用。然而一旦掌握了洛伦兹变换，我们就可以将它与相对性原理结合起来，将理论总结如下：

所有一般自然定律的组成必须满足这样的条件：当我们引入新的坐标系 K' 的时空变量 x'，y'，z'，t' 来代替原坐标系 K 的时空变量 x，y，z，t 时，该定律变换后的形式与变换前完全相同。在这一点上，不带撇和带撇的量之间的关系应遵循洛伦兹变换。简而言之，自然界的普遍规律相对于洛伦兹变换是协变的。

这是相对论对自然定律所要求的一个明确的数学条件，借助于这一点，相对论在帮助探索自然界普遍规律方面成为一个有价值的启发性工具。如果发现某个

---

① 斐索发现 $W = w + v\left(1 - \dfrac{1}{n^2}\right)$，其中 $n = \dfrac{c}{w}$ 是液体的折射系数。另一方面，由于 $\dfrac{vw}{c^2}$ 与 1 相比非常小，我们可以首先用 $W = (w+v)\left(1 - \dfrac{vw}{c^2}\right)$ 替代（B），或以相同的近似度用 $w + v\left(1 - \dfrac{1}{n^2}\right)$ 来替代，这就与斐索的结果一致了。

自然界普遍规律不能满足这个条件，那么该理论的两个基本假设中至少有一个不能成立。我们现在来看一看相对论迄今证明了哪些普遍性结果。

§15. 相对论的普遍性结果

从上面的讨论可以清楚地看出，（狭义）相对论是从电动力学和光学发展而来。在这些领域中，相对论一点儿没有改变理论的预言结果，但却大大简化了理论结构，即定律的推导，而且——更为重要的是——大大减少了构成理论基础的那些独立假设的数目。狭义相对论使得麦克斯韦-洛伦兹理论显得合理可信，以至于即使实验结果并不怎么明确地支持后者，它也得到了物理学家的广泛认可。

经典力学必须先经过修改才能与狭义相对论的要求相符。但是这种修改大多只影响快速运动的有关定律，在这种快速运动中，物体的速度 v 与光速相比并非很小。我们只有在电子和离子中才会见到这种快速运动；对于其他运动，经典力学定律的误差非常小，实际中很不明显。在讨论广义相对论之前，我们将不考虑恒星的运动。根据相对论，质量为 m 的质点的动能不再由著名的表达式

$$m\frac{v^2}{2}$$

给出，由以下表达式给出：

$$\frac{mc^2}{\sqrt{1-\dfrac{v^2}{c^2}}}。$$

当速度 v 接近光速 c 时，该表达式趋向无穷大。因此无论用来加速的能量有多大，该速度必须始终小于 c。如果我们把这个动能公式表示为级数形式，就会得到①

$$mc^2 + m\frac{v^2}{2} - \frac{3}{8}m\frac{v^4}{c^2} + \cdots$$

当 $\dfrac{v^2}{c^2}$ 远小于 1 时，上式第三项肯定远小于第二项，所以在经典力学中只考虑第二项。第一项 mc^2 没有包含速度，如果我们只关心质点的能量与速度的关系问题，则不需要考虑该项。我们以后会讨论它的本质意义。

狭义相对论得到的最重要的普遍性结论与质量概念有关。相对论问世之前，

---

① 原文此公式有误，这里已经更正过。——译者注

物理学承认两个具有根本重要性的守恒定律，即能量守恒定律和质量守恒定律；这两个基本定律似乎是彼此独立的。通过相对论，它们结合成为一条定律。我们现在简略地看看它们是如何结合的，以及这种结合有什么意义。

相对性原理要求能量守恒定律不仅相对于坐标系 K 成立，而且相对于每一个相对于 K 处于匀速平移运动状态的坐标系 K' 也成立，简而言之，相对于每一个"伽利略"坐标系都成立。与经典力学不同，洛伦兹变换是从一个这样的坐标系过渡到另一个这样的坐标系的决定性因素。

经过比较简单的考虑，结合麦克斯韦电动力学的基本公式，从这些前提可以得到下列结论：以速度 v 运动的物体，若吸收①辐射能量 E_0，而在此过程中没有改变速度，则结果是它的能量增加了

$$\frac{E_0}{\sqrt{1-\dfrac{v^2}{c^2}}}。$$

考虑上述关于物体动能的表达式，所求的物体能量应为

$$\frac{\left(m+\dfrac{E_0}{c^2}\right)c^2}{\sqrt{1-\dfrac{v^2}{c^2}}}。$$

这样，该物体的能量与运动速度为 v 质量为 $m+\dfrac{E_0}{c^2}$ 的物体的能量相同。因此我们可以说：如果一个物体吸收了能量 E_0，那么它的惯性质量增加 $\dfrac{E_0}{c^2}$；物体的惯性质量不恒定，而是随物体能量的变化而改变。一个物体系统的惯性质量甚至可以视为其能量的量度。系统的质量守恒定律变得与能量守恒定律是一回事，而且只有在系统既不吸收也不散失能量的条件下才能成立。将能量表达式写成如下形式

$$\frac{mc^2+E_0}{\sqrt{1-\dfrac{v^2}{c^2}}},$$

---

① E_0 是从一个与物体一起运动的坐标系上来判断所吸收的能量。

我们可以看到，至今一直吸引我们注意的 mc^2 项只不过是物体①在吸收能量 E_0 所具有的能量。

目前（1920 年，见文后的注释）尚不可能将此关系式与实验直接比较，因为我们能够给予一个系统的能量变化 E_0 尚不够大，所引起的系统的惯性质量的变化还观测不到。与能量变化前的质量 m 相比，$\dfrac{E_0}{c^2}$ 太小了。正是因为这一点，经典力学才能够成功地将质量守恒确立为一条独立的、有效的定律。

让我就一个基本性质最后说几句。法拉第-麦克斯韦对电磁超距作用的成功解释，使物理学家们相信，不存在像牛顿万有引力定律那种类型的（不涉及中间媒介的）瞬时超距作用。根据相对论，以光速传播的超距作用总是会取代瞬时超距作用，或者说具有无穷大传播速度的超距作用。这与速度 c 在该理论中起着根本性作用这一事实有关。在第二部分我们将看到，在广义相对论中，这个结果是如何被修正的。

§16. 经验与狭义相对论

经验对狭义相对论的支持程度有多大呢？这个问题不容易回答，其原因已经在讨论斐索的重要实验时提到过。狭义相对论是电磁现象的麦克斯韦-洛伦兹理论的结晶，因此所有支持电磁理论的经验事实都同样支持相对论。这里我要谈到的一个特别重要的事实是，相对论使我们能够预测从恒星发射到达我们地球的光线所受到的影响。获得这些结果的方法极其简单，所揭示的因地球相对于这些恒星的运动而产生的效应与实验结果相符。我们指的是因地球环绕太阳的运动所造成的恒星视位置的周年运动（光行差），以及恒星相对于地球所作运动的径向分量对于从这些恒星发射到我们的光线颜色的影响。这后一种效应表现为，与地面光源所产生的光谱线的位置相比，恒星发射给我们的光线的同种光谱线的位置有略微的位移（多普勒原理）。支持麦克斯韦-洛伦兹理论，同时也支持相对论的实验论据多得数不胜数。实际上它们在很大程度上限制了可能的理论，以至于除了麦克斯韦-洛伦兹理论以外，没有其他理论能够经得起实验的检验。

但是至今有两类实验事实，只有再引入一个附加的假设以后才能用麦克斯韦-洛伦兹理论来表示它们，该假设本身——即不使用相对论的话——显得像是

---

① 从与物体一起运动的坐标系上来判断。

与理论毫不相干。

人们知道，阴极射线和放射性物质发出的所谓 β 射线由带负电的粒子（电子）组成，它们惯性很小，速度很高。通过观察在电磁场作用下这些射线的偏转情况，我们可以非常精确地研究这些粒子的运动规律。

对这些电子进行理论处理时，我们所面临的困难是电动力学理论本身并不能说明这些电子的特性。由于电荷相同的带电物质相互排斥，构成电子的带负电的物质在相互排斥作用下必然会散开，除非它们之间存在另一种作用力，其性质迄今仍不明了[①]。如果我们现在假设，构成电子的带电物质之间的相对距离在电子运动期间保持不变（经典力学意义上的刚性联结），那么我们便得到一条与经验不相符的电子运动定律。洛伦兹从纯形式的观点出发，率先引入这样的假设：由于运动的缘故，电子的形状在运动方向上出现收缩，收缩的长度与 $\sqrt{1-\dfrac{v^2}{c^2}}$ 成正比。这个假设并没有得到任何电动力学事实的证实，但它为我们提供了一条特殊的运动定律，该规律近年来已被精确地证实。

从相对论也得到同一条运动定律，而无须对电子的结构和行为做任何特殊的假设。我们在 §13 讨论斐索实验时得到过类似的结论，其结果为相对论所预言，而无须对液体的物理性质做任何假设。

我们提到过的第二类事实所针对的问题是，地球在空间中的运动是否在地面实验中可观察到。在 §5 我们已经说过，这方面的所有尝试均得到否定结果。提出相对论之前，人们很难接受这个否定结果，原因如下：关于时间与空间的固有偏见不容许质疑伽利略变换对于从一个参照物改变成另一个参照物这一过程所具有的重要意义。现在假设麦克斯韦-洛伦兹方程对参照物 K 成立，那么我们会发现，如果假设在坐标系 K 和相对于 K 做匀速运动的坐标系 K' 之间存在伽利略变换关系，那么这些方程相对于参照物 K' 就不成立。看来在所有伽利略坐标系中，有一个坐标系（K）对应于特殊的运动状态，在物理上是唯一的。这个结果在物理上的解释为：将 K 视为相对于空间中假想的以太处于静止状态；另一方面，所有相对于 K 运动的坐标系 K' 应视为相对于以太处于运动状态；被认为相对于 K' 成立的定律之所以更加复杂，是由于 K' 相对于以太的这种运动（相对于 K' 的"以太漂移"）的缘故。严格地讲，这种以太漂移也应该认为是相对于地球发生

[①] 广义相对论可能认为，电子的带电物质是靠引力聚集在一起的。

的。有很长一段时间，物理学家全力以赴企图找到地球表面存在着的以太漂移现象。

在这些努力中，最著名的是迈克耳孙设计的一种方法，看起来好像它是具有决定意义的。设想在一个刚性物体上放有两面镜子，使其反射面彼此相对。如果这整个系统相对于以太处于静止状态，那么一束光线从一面镜子到达另一面镜子后再返回就需要一段十分明确的传播时间 T。但是经过计算发现，如果该物体与镜子一起相对于以太运动，那么上述过程就需要一段稍微不同的时间 T''。还有一点：计算表明，给定相对于以太的运动速度 v，物体与镜面垂直运动时的时间 T'' 不同于物体与镜面平行运动时的时间 T'。尽管估计这两个时间之差非常小，但是在迈克耳孙和莫雷开展的涉及干涉的实验中，这一时间差应能明显地检测到。可是实验结果是否定的——一个令物理学家非常困惑的结果。洛伦兹和菲茨杰拉德假设物体相对于以太的运动使物体在运动方向上发生收缩，收缩量恰好足够弥补上述的时间差，从而使该理论摆脱了这一僵局。与 §12 的讨论相比可以看出，也从相对论的观点来看，这个解决困难的方法是正确的。但是以相对论为基础的解释方法要远远地更令人满意。根据相对论，不存在"特别优越"（唯一）的坐标系，这种东西为引入以太概念提供机会，因而也不会存在以太漂移，不会有实验来证明它。这里运动物体的收缩是从相对论的两个基本原理得出的，没有引入任何特殊的假设；我们发现，这种收缩所涉及的主要因素不是运动本身，我们对这运动本身无法赋予任何意义，而是相对于在这一特殊情况下所选择的参照物的相对运动。于是对于一个与地球一起运动的坐标系，迈克耳孙和莫雷的镜子系统没有缩短，而对于一个相对于太阳静止的坐标系，该镜子系统的确缩短了。

§17. 闵可夫斯基四维空间

非数学专业人员听到"四维"这个说法时会不寒而栗，那感觉就像想到神怪一样。然而我们所生活的世界是一个四维的时空连续统，这是再普通不过的说法了。

空间是一个三维连续统。这句话的意思是说，可以用三个数（坐标）x，y，z 来描述一个（静止）点的位置，在该点周围有无数个相邻的点，它们的位置可以用坐标 x_1，y_1，z_1 来描述，它们的值可以任意靠近第一个点的对应坐标 x，y，z。正是由于这后一个性质，我们称其为"连续统"，又由于有三个坐标，我们称它为"三维"的。

  类似地，被闵可夫斯基简称为"世界"的物理现象的世界，在时空意义上很自然地是四维的。因为它是由单个事件组成的，每一个事件用四个数来描述，即三个空间坐标 x，y，z 和一个时间坐标，时间值 t。"世界"在这种意义下也是一个连续统；因为对于每一个事件，我们可以选择任意多的"相邻"事件（已经发生的或者至少是想象的），这些事件的坐标 x_1，y_1，z_1，t_1 与原先考虑的事件的坐标 x，y，z，t 之间相差一个无穷小量。我们还不习惯把这种意义下的世界看作四维连续统，这是因为在相对论问世之前的物理学中，与空间坐标相比，时间起的作用不同，更加独立。因此，我们习惯于把时间当作独立的连续统来看待。事实上，根据经典力学，时间是绝对的，即它与坐标系的位置和运动状态无关。我们看到，这一点表达在伽利略变换的最后一个方程中（$t' = t$）。

  在相对论中，按四维模式来考虑"世界"是很自然的，因为根据这个理论，时间被剥夺了独立性。这一点表现在洛伦兹变换的第四个方程：

$$t' = \frac{t - \dfrac{v}{c^2}x}{\sqrt{1 - \dfrac{v^2}{c^2}}}。$$

而且根据该方程，即使当两个事件相对于 K 的时间差 Δt 为零时，这两个事件相对于 K' 的时间差 $\Delta t'$ 一般也不为零。两个事件相对于 K 的纯粹"空间距离"造成这两个事件相对于 K' 的"时间距离"。但是对于相对论的形式推导至关重要的伽利略的发现并不在于此，而是在于他认识到，相对论的四维时空连续统，在其最根本的形式性质方面，表现出与三维欧几里得几何空间连续统有明显的关系[1]。然而，为了使这个关系得到应有的显现，我们必须把通常的时间坐标 t 替换为与之成正比的虚数 $\sqrt{-1}\,ct$。在此条件下，满足（狭义）相对论要求的自然定律所具有的数学形式中，时间坐标的作用与三个空间坐标的作用完全一样。形式上，这四个坐标准确对应于欧几里得几何的三个空间坐标。即使对于非数学专业人士，下面这一点也肯定是很清楚的：由于增加了这种纯形式的知识，相对论的清晰度必然得到极大的提高。

  这些不太充分的评论只能使读者对闵可夫斯基所贡献的重要思想有一个模糊的概念。没有他的思想，广义相对论（其基本观点详见下文）可能不会成长壮

---

  ① 详见附录2。

大起来。对数学不熟的人无疑很难搞懂闵可夫斯基的工作，可是为了理解狭义相对论或广义相对论的基本概念，也没有必要非常准确地掌握他的理论内容，所以目前我先讲到这儿，只在第二部分末尾再回来讨论它。

第二部分　广义相对论

§18. 狭义和广义相对性原理

作为前面所有讨论的中心的基本原理，是狭义相对性原理，即所有匀速运动的物理相对性原理。让我们再次仔细分析它的含义。

一直很清楚的是，从这个原理传递给我们的观点来看，每个运动都只能视为相对运动。回到我们不断引用的路堤和火车车厢的例子，我们可以用下列两种形式来表达所发生的运动，这两种形式都同样合理：

（a）车厢相对于路堤运动。

（b）路堤相对于车厢运动。

在我们对运动描述中，（a）中的参照物是路堤，（b）中的参照物是车厢。如果问题仅仅是检测或描述所涉及的运动，那么以哪个物体为参照物原则上无关紧要。正如前面所述，这一点是不言而喻的，但切勿将它与称为"相对性原理"的更全面的陈述相混淆，后者已经是我们的研究基础。

我们所使用的原理不仅仅断言，车厢和路堤都同样可以作为描述事件的参照物（这一点也是不言而喻的），更确切地说，这个原理还断言：如果我们表示获自于经验的普遍自然定律时，利用

（a）路堤为参照物，

（b）火车车厢为参照物，

那么在这两种情况下，这些普遍自然定律（例如，力学定律或真空中的光传播规律）的形式都完全一样。这亦可表达为：对自然过程进行物理描述时，参照物 K，K' 中哪一个都不比另一个更特殊。与前一个陈述不同，这后一个陈述的正确性并不一定能先验地成立；它并非包含在"运动"和"参照物"这些概念中，也不能从这些概念中推导出；只有经验才能确定其正确与否。

可是迄今，我们根本就没有认定在表述自然定律方面所有参照物 K 都等价。

129

我们的思路主要是遵循以下路线：首先，我们的出发点是假设存在一个参照物 K，它的运动状态使得伽利略定律相对于它是成立的：离开所有其他粒子充分远的孤立粒子将做匀速直线运动。相对于 K（伽利略参照物），自然定律会是最简单的。可是除了 K 以外，所有参照物 K' 也应该得到同样的待遇，在表述自然定律方面它们都应与 K 完全等价，只要它们相对于 K 处于匀速直线和非旋转运动状态；所有这些参照物都应视为伽利略参照物。过去相对性原理只有对于这些参照物才成立，对于其他参照物（例如运动状态超出上述范围的物体）则不成立。在这种意义下，我们说它是狭义相对性原理，或者狭义相对论。

与此不同，我们想把"广义相对性原理"理解为下列陈述：所有参照物 K，K' 等在描述自然现象（表达普遍自然定律）方面都是等价的，不管它们的运动状态如何。但是在深入讨论之前，应当指出的是，这个陈述在以后必须被一个更加抽象的陈述所替代，其理由在后文将会变得明显。

既然已经证明引入狭义相对性原理是正确的，那么每一位追求普遍化的才智之人都必定会受到诱惑，奋勇追索广义相对性原理。但是从一个简单且貌似可靠的观点来看，似乎至少就目前而言，这种尝试成功的希望很渺茫。设想我们回到老朋友——匀速行驶的火车车厢里，只要它做匀速运动，车厢里的乘客就感觉不到它的运动，因此他可以毫不犹豫地认为，车厢是静止的，而路堤在运动。而且根据狭义相对论，这种解释从物理学的角度来看也是完全正确的。

如果现在车厢的运动变为非匀速运动，例如发生急刹车，那么车厢里的乘客就会相应地向前猛地颠簸一下。这种减速运动表现在物体相对于车厢乘客的力学行为中。这种力学行为与前面考虑的例子中的情况不同，因此相对于静止或匀速运动的车厢成立的力学定律，相对于非匀速运动的车厢似乎不可能成立。无论如何，伽利略定律相对于非匀速运动的车厢显然是不成立的。因此，在当前这个节骨眼上，与广义相对性原理相反，我们被迫将非匀速运动看作具有几分绝对物理实在性。但是在下文中，我们很快会看到，这个结论并不成立。

§19. 引力场

"如果我们拿起一块石头，然后松开手，为什么它会掉到地上呢？"对这个问题的一般回答是："因为它受到地球的吸引。"现代物理学对这个答案的描述很不一样，原因如下。对电磁现象更深入的研究结果使我们认识到，超距作用离开某种中间介质的介入是不可能存在的。例如，如果一块磁体吸引一块铁，我们不会承认这是磁体通过中间的虚空直接作用在铁上面，而是被迫按照法拉第的方式，想象磁体在其周围空间总是产生了某种物理实在的东西，这就是我们称为"磁场"的东西，然后这种磁场作用在铁块上，使铁块朝向磁体运动。这里我们不想讨论这一确实有点随意性的概念是否有道理。我们只想说，借助于它，电磁现象的理论表述要比没有它更加令人满意，它尤其适用于电磁波的传播现象。对引力效应的看法也是类似。

地球对石头的作用是间接发生的。地球在其周围产生引力场，该引力场作用在石头上，使它做下落运动。从经验得知，当我们离开地球越来越远，物体受到的作用强度按照非常明确的定律减弱。从我们的观点来看，这表示：为了正确地表示引力作用随作用物体的距离加大而减弱的程度，空间中引力场的性质所遵循的定律必须非常明确。大致说来：物体（例如地球）在其紧邻区域产生一个场；这个场在离开这个物体的各点处的强度和方向由主宰引力场自身的空间性质的定律所决定。

与电磁场不同，引力场具有非常显著的特性，这个特性对于下面的内容至关重要。在引力场单独作用下运动的物体具有一个加速度，该加速度与物体的材料和物理状态毫不相关。例如，在引力场中（真空），若一块铅和一块木头初始时都为静止状态，或具有相同的初速度，则它们下落的状态完全相同。按照下面的论述，这个非常准确的定律可以用一种不同的形式来表达。

根据牛顿运动定律，我们有：

（力）＝（惯性质量）×（加速度），

其中，"惯性质量"是被加速物体的一个特征常数。如果引力是造成加速度的原因，那么就有：

（力）＝（引力质量）×（引力场强度），

其中，"引力质量"同样也是物体的一个特征常数。从这两个关系式可得：

（加速度）＝［（引力质量）／（惯性质量）］×（引力场强度）。

如果现在，正如我们根据经验所知，这个加速度与物体的性质和状态无关，并且对于给定的引力场总是同样的，那么引力质量与惯性质量之比对于所有物体同样也必须相同。通过适当地选择单位，可以使得该比值等于1。于是得到下列定律：物体的引力质量等于它的惯性质量。

的确，这个重要的定律迄今一直被记录在力学中，但是还没有得到过解释。只有当我们承认下列事实时才会得到令人满意的解释：物体的同一性质依照环境不同，或表现为"惯性"，或表现为"重量"。在下面的章节中，我们将说明这一点在多大程度上符合实际，以及这个问题是如何与广义相对性假设相联系的。

§20. 广义相对性假设的论据：惯性质量与引力质量的相等性

设想有一片很大的虚空，它远离恒星和其他可测量到的物质，使我们有了几乎满足伽利略基本定律要求的条件，这样就有可能为这部分空间（世界）选择一个伽利略参照物，相对于这个参照物，处在静止状态的点依然静止，处在运动状态的点继续保持匀速直线运动。我们把一个像房间似的宽敞的箱子想象为参照物，里面有一位配备仪器的观察者。对他而言，引力自然不存在。他必须用绳子将自己拴在地板上，否则稍微碰一下地板都会使他慢慢上升到天花板上去。

在箱子盖的中部，从外面固定有一个钩子，钩子上拴有绳子。现在设想有一个"生物"（是何种生物无关紧要）开始用一个恒定的力拉动绳子。箱子和观察者一起开始"向上"做匀加速运动。随着时间的推移，他们的速度将达到空前的值——假若我们从另一个没用绳子拉动的参照物来观察这一切的话。

但是箱子内的人如何看待这一过程呢？箱子的加速度将通过箱子与地板的反作用传递给观察者。因此，如果他不想整个人躺在地板上，就必须通过双腿承受该压力。他站在箱子内的方式同任何人站在地球上的房间里的方式完全一样。如果他将手中握着的一个物体松开，那么箱子的加速度不再传递到该物体上，因此物体就会以加速相对运动方式向箱子的地板运动。观察者会进一步使自己相信，不管实验中使用何种物体，物体朝向箱子地板运动的加速度总是同样大小。

借助于他对引力场的知识（如上节所讨论的），箱子里的人将得出结论：他和箱子都处在不随时间变化的引力场中。当然，他会一度感到困惑，为什么箱子在引力场中不下落。然而这时，他会发现箱子盖中部的钩子以及拴在钩子上的绳子，从而他便得出结论：箱子是被静止地悬挂在引力场中。

我们是否该笑话这个人，说他的结论是错误的？如果我们要保持前后一致，我认为不应当笑话他，而是必须承认，他掌握事物的方式既不无道理，也没有违背已知的力学定律。即使箱子相对于开始所考虑的"伽利略空间"做加速运动，我们仍然可以把它视为静止。因此，我们拥有充分的依据拓展相对性原理，将彼此做相对加速运动的参照物包括进去，结果得到推广的相对性假设的有力论据。

我们必须认真注意到，这种解释方式的可能性依赖引力场的基本性质，即它给予所有物体相同的加速度，或者换句话说，依赖惯性质量和引力质量的相等性定律。如果不存在这个自然定律，那么在加速运动的箱子内的那个人就不能够在假设引力场存在的情况下，解释自己周围物体的行为，而且他也没有理由基于经验假设他的参照物是"静止的"。

假设箱子里的人将一根绳子拴在盖子的内侧，将一个物体拴在绳子的另一端。这样做的结果是使得绳子拉直，"垂直"向下悬挂着。如果我们追究绳子张力产生的原因，那么箱子里的人会说："悬挂的物体受到引力场的向下的力的作用，这个力被绳子的张力所抵消；决定绳子张力大小的因素是悬挂物体的引力质量。"另一方面，一位自由悬在空中的观察者会这样解释这一情况："绳子必然参与箱子的加速运动，并将该运动传递给拴在它上面的物体。绳子的张力大小恰好足够产生物体的加速度。决定绳子张力大小的因素是物体的惯性质量。"从这一例子，我们看到，相对性原理的推广蕴含着惯性质量与引力质量相等这一定律的必要性。这样我们就得到该定律的物理解释。

从我们对加速运动的箱子的讨论可以看出，广义相对论必然会在引力定律上产生重要结果。事实上，对广义相对性概念的系统研究已经产生了为引力场所满足的定律。然而在深入讨论之前，我必须提醒读者不要受到这些讨论所隐含的一个错误看法的影响。尽管事实上对于最早选用的坐标系不存在引力场，但是对于箱子里的人仍然存在这样的引力场。现在我们可能会轻易地认为，引力场的存在仅仅是个表观现象。我们还可能认为，不管出现的是何种引力场，我们总有可能选择另一个参照物，使得相对于它就不存在引力场了。这一点绝不是对于所有引力场都成立的，而只是对于那些形式非常特殊的引力场才成立。例如，不可能选择到这样一个参照物，以它来判定地球的（整个）引力场是否消失。

我们现在知道了，为什么在§18末尾提出的反对广义相对性原理的那个论据没有说服力。刹车造成车厢里的观察者猛地向前颠簸，由此他意识到车厢的非匀速运动（减速），这些当然都是确实的。可是没有人迫使他将这种颠簸归因于车厢的"真正的"加速度（减速）。他还可以将此解释为："我的参照物（车厢）一直处于静止状态。但是相对于它，（在刹车期间）存在一个引力场，它的方向朝前，随时间变化。在该引力场的作用下，路堤和地球一起做非匀速运动，使得它们原来向后的速度不断减小。"

§21. 经典力学与狭义相对论的基础在哪些方面不令人满意

我们已经讲过多次，经典力学的出发点是以下定律：充分远离其他质点的质点将保持匀速直线运动或静止状态。我们还反复强调，这个基本定律只对于具有某种特殊运动状态、彼此相对匀速平移运动的参照物 K 才成立。相对于其他参照物 K，该定律不成立。因此，在经典力学和狭义相对论中，我们将参照物 K 分为两类：一类是公认的"自然定律"相对于它成立的参照物；另一类是这些定律相对于它不成立的参照物。

但是凡是思维有逻辑性的人都不会满足于这种情况。他会问道：某些参照物（或其运动状态）怎么会优越于其他参照物（或其运动状态）呢？这种优越性的原因是什么？为了更清楚地说明我提出这个问题的寓意，我打个比方。

我站在一个煤气炉前，炉子上并列放着两个非常相像、容易混淆的平底锅，它们都盛有半锅的水。我注意到，一个锅在不断地往外冒蒸汽，而另一个锅则不冒。即使我以前不曾见过煤气炉或平底锅，我也会对此现象感到惊奇。但是当我注意到第一个锅的下面有一种蓝色发光的东西，而另一个锅则没有时，我就不再惊讶了，即使我以前从未见过煤气火焰。因为我只能说，正是这种蓝色的东西使蒸汽冒出来，或者起码有这种可能。然而，如果我在两个锅下面都见不到这种蓝色的东西，而且我观察到一个锅不断地往外冒蒸汽，而另一个则不冒，那么我依旧会感到诧异和不满意，直至我发现某个因素，可以将两个锅的差异归因于它为止。

类似地，我在经典力学（或狭义相对论）中徒劳地寻找某种实在的东西，作为解释物体相对于参照系 K 和 K' 出现不同行为的原因[①]。牛顿看出了这一缺陷，并试图消除它，但没有成功。但是在所有人中马克尔看得最清楚，因为这一缺陷，他主张力学必须建立在新的基础上。只有依靠符合广义相对性原理的物理学才有可能消除这一缺陷，因为这种理论的方程对于所有参照物都成立，不论其运动状态如何。

§22. 广义相对性原理的几个推论

§20 的讨论表明，广义相对性原理使我们能够以纯理论的方式推导出引力场的性质。例如，假设我们已知任一自然过程的时空"进程"，即它在伽利略区域中相对于伽利略参照物 K 的发生方式。通过纯理论分析（即仅靠计算），我们就能够知道，从相对于 K 做加速运动的参照物 K' 来看，这个已知的自然过程会

[①] 当参照物的运动状态不需要任何外部力量维持时，例如当参照物匀速旋转时，这一缺陷就尤为重要了。

是什么样子。可是由于相对于这个新的参照物 K' 存在一个引力场，这个讨论还告诉我们，该引力场是如何影响所研究的过程的。

例如，我们知道，一个相对于 K 做匀速直线运动的物体（根据伽利略定律），相对于加速的参照物 K'（箱子）则在做加速的且一般为曲线的运动。该加速度或曲率与相对于 K' 存在的引力场对运动物体所施加的影响相对应。人们已经知道引力场就是这样影响物体的运动，所以这种讨论没有给我们什么新东西。

然而，当我们对一束光做类似的考虑时，就会得到一个非常重要的新结果。相对于伽利略参照物 K，这样一束光线以速度 c 直线传播。很容易看出，相对于加速运动的箱子（参照物 K'），该光束的路径不再是直线。由此我们得出结论：一般来说，在引力场中光以曲线方式传播。这个结果在两个方面十分重要。

首先，它可以与实际情况相对比。虽然仔细研究该问题会发现，广义相对论所要求的光线的曲率对于我们在实际中可以自由使用的引力场来说是极其微小的，但是对于擦着太阳边缘射过来的光线，其曲率的估计值仍有 1.7 弧秒。这个值应当可以用下面的方式表现出来。从地球看去，某些恒星出现在太阳的旁边，因此在全日食期间能够观察到它们。在这个时候，与太阳位于天空另一部分时它们在天空中的视位置相比较，这些恒星应该看起来向外偏离太阳一定距离，该距离的大小如上所述。检验该推论正确与否是一个非常重要的问题，期待天文学家及早解决该问题。[1]

其次，我们的结果表明，根据广义相对论，作为狭义相对论两个基本假设之一的、我们经常提到的真空中光速不变定律，其正确性不能是无限制的。只有当光的传播速度随位置而变化时，光线才能发生弯曲。现在我们可能会认为，由于这种情况，狭义相对论乃至整个相对论都要被埋葬了。但实际上并非如此。我们只能得出这样的结论：狭义相对论的正确性不可能是无限制的；只有当我们能够忽略引力场对现象（例如光）的影响时，其结论才能成立。

由于相对论的反对者经常声称，狭义相对论被广义相对论推翻了，所以通过适当的比较把事实说清楚，也许是值得的。在电动力学发展起来以前，静电学定律被视为电学定律。现在我们知道，只有在带电物质相互间并且相对于坐标系呈完全静止状态的情况下，电场才能正确地从静电学观点中推导出，而这种情况根本不能严格实现。那么我们是否就有理由说，因为这一点，静电学就被电动力学

---

① 理论所要求的光线的偏折，通过皇家学会和皇家天文学会组成的联合委员会所装备的两支远征队在 1919 年 5 月 29 日日食期间所拍摄的恒星照片，首次得以证实（参见附录 3）。

中的麦克斯韦场方程推翻了呢？完全不能。静电学作为一个局限的情况包含在电动力学中；在场不随时间变化的情况下，后者的定律直接导出前者的定律。一个物理理论能够得到的最好归宿，莫过于它自然而然地为引入更全面的理论指出了道路，而自己在这个新理论中作为一个局限的情况继续存在。

在刚才谈到的光传播的例子中，我们看到，广义相对论使我们能够从理论上推导出引力场对自然过程的影响，在引力场不存在时这些过程所遵循的定律已经为人所知。但是最吸引人的问题是研究引力场本身所遵循的定律，广义相对论为这个问题提供了关键答案。让我们考虑一下这个问题。

我们已经熟悉经过适当选择参照物后（近似地）遵循"伽利略"方式的时空域，即没有引力场的域。如果我们现在相对于具有某种运动状态的参照物 K' 来考察这样一个域，那么相对于 K'，就存在一个相对于时间和空间①变化的引力场。这个场的性质当然依赖 K' 所具有的运动状态。根据广义相对论，所有以这种方式得到的引力场都应满足引力场的普遍定律。尽管绝不是所有引力场都能以这种方式产生，但是我们依然希望引力的普遍定律能够从这种特殊的引力场中推导出来。这种希望已经十分完美地实现了。但是，从认清这一目标到实际实现它之间，还必须克服一个严重的困难。由于这一困难涉及问题的根基，我不敢向读者隐瞒它。我们需要进一步拓展时空连续统的概念。

§23. 在旋转参照物上时钟和量杆的行为

至此我一直有意闭口不谈时空数据在广义相对论下的物理解释。因此，我有一定的处理得草率之罪。正如我们从狭义相对论所了解到的，这种疏忽绝不是不重要和可原谅的。现在正是弥补这一缺陷的时候，但是在开始之前，我愿指出，这个问题对读者的耐心和抽象能力的要求不低。

我们还是从以前频频用过的很特殊的情况入手。让我们考虑一个时空域，这个时空域中相对于运动状态适当选定的参照物 K 不存在引力场。那么相对于所考虑的这个域而言，K 属于伽利略参照物，狭义相对论相对于 K 成立。设想这同一个域相对于另一个参照物 K' 的情况，K' 相对于 K 做匀速旋转运动。为了明确我们的想法，将 K' 想象为一个平面圆盘，正在其平面上环绕其中心匀速旋转。在圆盘 K' 上离开中心的位置坐着一位观察者，他能够感受到沿半径方向向外作用的

---

① 这个论断从 §20 讨论的推广中得出。

力，对于相对于原来的参照物 K 处于静止状态的观察者来说，这个力可以解释为惯性作用（离心力）。但是圆盘上的观察者可以将所在的圆盘视为"静止"的参照物，根据广义相对性原理，他这样做完全合理。他可以将作用在他身上的力，事实上也是作用在其他所有相对于圆盘静止的物体上的力，视为引力场的作用。然而该引力场的空间分布在牛顿的引力理论中是不可能的①。但是因为观察者相信广义相对论，这对他没有影响；他完全有理由相信，能够建立起引力的普遍定律——该定律不仅能够正确地解释恒星的运动，而且还能够解释他自己感受到的力场。

该观察者在他的圆盘上用时钟和量杆开展实验。他这样做的目的是想要为相对于圆盘 K' 的时空数据的意义找到准确的定义，这些定义以他的观察为依据。在这项工作中他会经历些什么呢？

开始时，他将两个结构完全一样的时钟中的一个放在圆盘的中央，另一个放在圆盘的边缘，这样这两个时钟都相对于圆盘静止。我们自问：从非旋转的伽利略参照物 K 的角度来看，这两个时钟是否走得一样快？从该参照物来看，圆盘中央的时钟没有速度，而圆盘边缘的时钟因为旋转的缘故而相对于 K 在运动。根据§12获得的结果可知，后面这个时钟走得永远比圆盘中央的时钟慢，即从 K 的角度观察。很明显，设想有一位观察者和时钟一起坐在圆盘中央，那么他也会看到同样的效果。于是在我们的圆盘上，或者为了使情形更一般，在每一个引力场中，时钟走得快慢依赖它（静止地）所处的位置。因此，我们不可能借助于相对于参照物静止安放的时钟获得时间的合理定义。当我们试图在这种情况下应用先前关于同时性的定义时，也会遇到类似的困难，但是我不想进一步讨论这个问题。

此外，在此阶段，空间坐标的定义也出现难以克服的困难。如果观察者将他那标准的量杆（一种与圆盘半径相比之下很短的杆）与圆盘的边缘呈切线方向摆放，那么从伽利略系统来看，该杆的长度将小于1，因为按照§12的结论，运动中的物体在运动方向上会变短；另一方面，如果量杆沿半径方向摆在圆盘上，那么从 K 来看，量杆的长度就不会变短。如果观察者用量杆先测量圆盘的周长，然后测量圆盘的直径，那么将结果相除后，他得到的商就不会是大家都熟悉的数 $\pi = 3.14\cdots$，而是一个更大的数②。当然，对于相对于 K 静止的圆盘，这一过程

---

① 这个场在圆盘的中心消失，当我们向外移动时，它随着离开中心的距离增加成比例地增大。

② 在整个讨论中，我们必须采用伽利略（非旋转）系统尺作为参照物，因为我们只能假设狭义相对论的结论相对于 K 是正确的（相对于 K' 力场占上风）。

将精确地得到 π。这证明，欧几里得几何公式在旋转圆盘上不能完全成立，更一般地，在引力场中也不能完全成立，至少是只要我们认为在所有位置和所有方向上，量杆的长度都是 1 的话，就是这种情况。因此直线这个概念也失去了意义。这样我们就不能依靠讨论狭义相对论时使用的方法来精确地定义相对于圆盘的坐标 x, y, z，而且只要事件的坐标和时间没被定义，我们就无法对包含这些指标的自然定律赋予精确的意义。

因此，我们前面所有依据广义相对性的结论似乎都有问题。实际上，为了能够准确地应用广义相对性假设，我们必须巧妙地迂回一下。下文将使读者对此做好准备。

§24. 欧几里得与非欧几里得连续统

一张大理石桌面铺展在我的面前。我可以这样从桌子上任何一点到达另外任何一点，即连续地从一点移动到"邻近"的一点，重复这个过程（很）多次，或者换句话说，不经过"跳跃"地从一点到达另一点。我确信读者很清楚地知道我这里说的"邻近"和"跳跃"是什么意思（如果他不是太迂腐的话）。我们通过将桌面描述为连续统来表达桌面的这个属性。

现在设想我们已经做成了许多等长的小杆子，与大理石板的尺寸相比，它们的长度很小。当我说它们等长时，意思是说任何一根杆子可以放在另一根杆子上面而且杆端互相重叠。下一步，我们将四根这样的小杆放在大理石板上，使它们构成一个对角线等长的四边形（正方形）。为了保证对角线等长，我们使用一根小测试杆。我们添加类似的四边形到这个正方形上，每个添加的四边形都与第一个正方形共用一根杆。对于每一个正方形都如此进行下去，直到最后整个大理石板都铺满了正方形。排列方式使得正方形的每个边都归属于两个正方形，每个角都归属于四个正方形。

确实令人惊奇的是，我们能够完成这一切而没有遇到太大的困难。只需要想一想下面的情况。在任何时刻，如果三个正方形在一个角相遇，那么第四个正方形的两条边就已经摆放好了，因此该正方形的另外两条边的摆法就已经完全确定。可是我现在不再能够调整这个四边形，使它的对角线相等。如果它们自己主动相等，那么这是大理石板和小杆子的恩惠，对此我只能表示感激和惊讶。如果这种构造能够成功，那么我们必定会经历许多这样的惊讶。

如果凡事都确实进展顺利，那么我就说，该大理石板的点相对于小杆子组成一个欧几里得连续统，小杆被用作"距离"（线距）。选择一个正方形的一个角作为"原点"，我就可以相对于该原点用两个数来刻画正方形的所有其他角。我只需要说明，为了到达正方形的某个角，我从原点出发，向"右"然后向"上"，必须经过多少根杆子就可以了。这两个数就是这个角相对于由小杆的排列所确定的"笛卡儿坐标系"的"笛卡儿坐标"。

对这个抽象实验做如下的改变，我们就会认识到，肯定会存在使实验不成功的情况。设想小杆会随着温度升高成比例地"膨胀"。我们对大理石板的中央部分加热，但边缘部分不加热，在这种情况下，桌面的每个位置仍能有两根小杆被重合地放置。但是在加热期间，由于桌面中央区域的小杆膨胀，而外缘部分的小杆不膨胀，所以正方形的构建必然会乱套。

相对于我们的小杆——定义为单位长度——大理石板不再是欧几里得连续统，而且因为无法再进行上述的构建，我们也无法再直接借助于小杆来定义卡笛儿坐标。但是既然还有其他一些因素并不像小杆那样受到桌子温度的影响（或许完全不受影响），因而保留大理石板是个"欧几里得连续统"的观点也许是很自然的。这个目的能够令人满意地得以实现，办法是对长度的测量或比较制订更精妙的规则。

但是当各种（即各种材料的）小杆放在受热不均的大理石板上时，如果它们在温度影响下的行为方式都一样，而且如果除了依靠在类似上述实验中的小杆的几何行为以外，我们别无其他办法来探测温度效应，那么最好的办法莫过于只要一根杆的两端能够与石板上两个点重合，就规定这两个点的距离为1；我们还能怎样定义距离呢？其他任何方法都会使我们的定义变得极其武断随意。这样我们就必须放弃笛卡儿坐标法，代之以另一种不认为欧几里得几何学对刚性物体成立的方法①。读者会注意到，这里所描述的情况相当于广义相对性假设所招致的那种情况（§23）。

---

① 我们的问题已经以下列形式提到数学家面前。如果在欧几里得三维空间中给定一个表面（例如椭球面），那么对于这个表面，如同对于一个平面一样，存在一个二维几何学。高斯从基本原理出发来探讨这个二维几何学，而不利用该表面属于三维欧几里得连续统这一事实。如果我们想象用刚性小杆在该表面上做些结构（类似于上文在大理石板上的构造），我们就会发现，这些构造遵循的定律不同于依据欧几里得平面几何学所得出的定律。对于小杆来说，该表面不是欧几里得连续统，在该表面上我们无法定义笛卡儿坐标。高斯指出了使我们能够据以处理该表面上的几何关系的原则，从而指明了通向处理多维非欧几里得连续统的黎曼法的道路。因此，广义相对性假设带给我们的形式问题很久以前就被数学家们解决了。

§25. 高斯坐标

根据高斯的研究，可以用下列方法得到这种分析与几何相结合的处理问题的方法。想象在桌面上画有一组任意的曲线（图4）。我们称它们为 u 曲线，并用数字标示各曲线。图上绘出了 $u=1$，$u=2$ 和 $u=3$ 三根曲线。在曲线 $u=1$ 和 $u=2$ 之间，我们必须认为还可以画出无数的曲线，每一条都对应于 1 和 2 之间的一个实数。这样我们就有了一个 u 曲线系统，而且这个

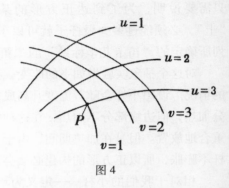

图 4

"无限稠密"的系统覆盖了整个桌面。这些曲线一定不能彼此相交，而且穿过平面上的每一个点有且只有一条曲线。因此大理石板表面上的每一个点都有一个非常明确的值 u。同样地，我们想象在桌面上画有一组 v 曲线。这些曲线满足的条件与 u 曲线相同，同样用数字编号，而且同样具有任意的形状。由此可知，桌面上的每一个点既有 u 值也有 v 值。我们将这两个数称为桌面的坐标（高斯坐标）。例如，图上 P 点的高斯坐标为 $u=3$，$v=1$。表面上两个相邻的 P 点和 P' 点对应于坐标：

$$P:\ u,\ v$$
$$P':\ u+\mathrm{d}u,\ v+\mathrm{d}v,$$

其中 $\mathrm{d}u$ 和 $\mathrm{d}v$ 代表非常小的数。类似地，如同用小杆测量出来一样，我们可以用非常小的数 $\mathrm{d}s$ 表示 P 和 P' 之间的距离（线距）。根据高斯的理论，有：

$$\mathrm{d}s^2 = g_{11}\mathrm{d}u^2 + 2g_{12}\mathrm{d}u\mathrm{d}v + g_{22}\mathrm{d}v^2,$$

其中 g_{11}，g_{12}，g_{22} 的值以完全明确的方式依赖 u 和 v。g_{11}，g_{12}，g_{22} 的值决定了小杆相对于 u 曲线和 v 曲线的行为，因而也决定了小杆相对于桌面的行为。在所考虑的桌面上的点相对于测量杆形成欧几里得连续统的情况下，也只有在这种情况下，才有可能以这样的方式画出 u 曲线和 v 曲线并给它们编号，使得下面的简单关系式成立：

$$\mathrm{d}s^2 = \mathrm{d}u^2 + \mathrm{d}v^2。$$

在这种情况下，u 曲线和 v 曲线是欧几里得几何意义上的直线，而且彼此垂直。这里的高斯坐标就是笛卡儿坐标。很清楚，高斯坐标只不过是两组数与所考虑的

表面上的点的一种关联，使得彼此相差非常小的数值和"空间中"相邻的点相关联。

迄今为止，这些讨论对于二维连续统成立，但是高斯的方法还适用于三维、四维或更多维的连续统。例如，假设存在一个四维连续统，我们就可以如下表示它。对于连续统上的每一个点，我们可以任意赋予四个数字 x_1，x_2，x_3，x_4 称为"坐标"，邻近的点对应于邻近的坐标值。如果邻近的点 P 和 P' 的距离为 ds，从物理的观点来看，该距离可以测量而且定义明确，那么下面的公式成立：

$$ds^2 = g_{11}dx_1^2 + 2g_{12}dx_1dx_2 + \cdots + g_{44}dx_4^2$$

其中 g_{11} 等的数值随着点在连续统上的位置而变化。只有当连续统是欧几里得连续统时，它上面的点所关联的坐标 x_1，$\cdots$，x_4 才可能有如下的简单关系式：

$$ds^2 = dx_1^2 + dx_2^2 + dx_3^2 + dx_4^2。$$

在这种情况下，四维连续统中成立的关系式与三维测量中成立的关系式类似。

然而，高斯对上述 ds^2 的分析并非永远可行。只有当所考虑的连续统的充分小的区域可以视为欧几里得连续统时才可行。例如，在大理石桌面局部温度变化的情况下，这显然是成立的。对于一小部分石板而言，温度实际上是常数，因此小杆的几何行为非常接近遵循欧几里得几何法则所要求的。这样，上一节中构造正方形的瑕疵问题，只有到构建的区域扩展到桌面相当大面积上以后，才会明显地表现出来。

我们可以总结如下：高斯发明了对一般连续统进行数学分析的方法，其中定义了"大小关系"（相邻点之间的"距离"）。给连续统的每一个点都指定一些数字（高斯坐标），数字的个数等于连续统的维数。其做法使得这种指定只有一个意义，而且彼此相差无穷小的数字（高斯坐标）被指定给相邻的点。高斯坐标系是笛卡儿坐标系的逻辑推广。它也适用于非欧几里得连续统，但是只有当相对于所定义的"大小"或"距离"而言，所考虑的该连续统的小区域越小，其表现越接近欧几里得系统时，它才适用。

§26. 视为欧几里得连续统的狭义相对论时空连续统

我们现在可以更精确地表达闵可夫斯基的概念了，这个概念只在 §17 中含糊地提到过。根据狭义相对论，在描述四维时空连续统时，某些坐标系享有特殊的地位，我们称它们为"伽利略坐标系"。对于这些坐标系，确定一个事件，或者换句话说，确定四维连续统的一个点的四个坐标 x，y，z，t 在物理上具有简单的定义，详见本书第一部分。当从一个伽利略坐标系变换到另一个相对于它做匀速运动的坐标系时，洛伦兹变换方程成立。这些方程最终构成狭义相对论推论的基础，它们本身表达的只不过是光传播定律对于所有伽利略参照系的普适正确性。

闵可夫斯基发现洛伦兹变换满足下列简单的条件。考虑两个相邻的事件，相对于伽利略参照物 K，它们在四维连续统中的相对位置由空间坐标差 dx，dy，dz 和时间差 dt 给出。相对于另一个伽利略坐标系，假设这两个事件相应的差为 dx'，dy'，dz'，dt'。那么这些量满足下列条件：[①]

$$dx^2 + dy^2 + dz^2 - c^2 dt^2 = dx'^2 + dy'^2 + dz'^2 - c^2 dt'^2。$$

洛伦兹变换的正确性就是从这个条件导出的。我们可以将此表述如下：属于四维时空连续统的两个相邻点的数值

$$ds^2 = dx^2 + dy^2 + dz^2 - c^2 dt^2$$

对于所有选中的（伽利略）参照物具有相同的值。如果我们用 x_1，x_2，x_3，x_4 来代替 x，y，z，$\sqrt{-1}\,ct$ 就会得到：

$$ds^2 = dx_1^2 + dx_2^2 + dx_3^2 + dx_4^2。$$

这个结果与参照物的选择无关。我们将数值 ds 称为这两个事件或四维点之间的"距离"。

因此，如果我们选择虚数变量 $\sqrt{-1}\,ct$，而不是实数 t 来作为时间变量，那么我们就可以——根据狭义相对论——将时空连续统视为"欧几里得"四维连续统，这个结果可以从前一节的讨论中推出。

§27. 广义相对论的时空连续统不是欧几里得连续统

在本书的第一部分，我们能够利用容许对它进行简单直接的物理解释的时空坐标，而且根据§26，这些坐标可以视为四维笛卡儿坐标。基于光速不变定律，这样做是可以的。可是按照§21，广义相对论无法保持这个定律。相反，我们得到的结果是，根据广义相对论，当存在引力场时，光速肯定与坐标相关。联系到§23的一个具体例子，我们发现，把我们引向狭义相对论中的目标的那种坐标和时间的定义，在存在引力场的情况下失效了。

---

① 参考附录 1 和附录 2，在那里对于各坐标本身所推导出的关系对于坐标差也成立，因而对于坐标微分（无限小的差）也成立。

考虑到这些讨论结果，我们相信，根据广义相对性原理，时空连续统不能被视为欧几里得连续统，而是一种更普遍的情形，相当于存在局部温度变化的大理石板，它作为二维连续区的例子曾为我们所熟悉。正如那时不可能用等长的小杆来建造笛卡儿坐标系一样，这里也不可能用刚体和时钟来建立一个具有这种性质的坐标系（参照物），使得量杆和时钟在彼此相对固定好之后，能够直接指示位置和时间。这就是我们在 §23 碰到的困难的本质。

但是 §25 和 §26 的分析给我们指出了克服这一困难的道路。我们将四维时空连续统随意地与高斯坐标联系起来。给连续统中每一个点（事件）指派四个数 x_1，x_2，x_3，x_4（坐标），它们没有任何直接的物理意义，只是为了明确而随意地用数字标示连续统的点而已。这种安排甚至不需要我们必须将 x_1，x_2，x_3 视为"空间"坐标，x_4 视为"时间"坐标。

读者可能会认为，对世界进行这样的描述会很不充分。如果坐标 x_1，x_2，x_3，x_4，本身没有意义，那么给一个事件指派这些坐标又有什么意义呢？然而更仔细地思考一下就会发现，这种担忧是没有根据的。例如，考虑一个具有某种运动状态的质点。如果该点只是瞬间存在，没有持续时间，那么在时空中它就由单独一组值 x_1，x_2，x_3，x_4 来描述。因此，它的持续存在就必须由无限多这样的数值组来刻画，它们的坐标值非常接近，表现出连续性；于是对应于这个质点，我们在四维连续统中得到一条（一维的）线。同样地，在我们的连续统中任何一些这类的线都对应于运动着的许多点。与这些点有关的、涉及物理存在性的陈述实际上只有关于它们相遇的陈述。在我们的数学分析中，这种相遇被表达为：代表这些点的运动的两条线具有共同的一组坐标值 x_1，x_2，x_3，x_4。经过深思熟虑之后，读者毫无疑问地会承认：事实上，这种相遇构成了我们在物理描述中遇见的时空性质的唯一实际证据。

当我们描述一个质点相对于参照物的运动时，我们描述的只不过是该点与参照物的某些特定点的相遇关系。通过观察物体与时钟的相遇，以及观察时钟指针与钟面上特定点的相遇关系，我们也能确定相应的时间值。稍做考虑就可以看出，这就如同用量杆进行空间测量的情况一样。

下面的陈述一般都成立：每一个物理描述本身都可以分解为一系列陈述，每一条陈述都涉及两个事件 A 和 B 的时空重合。用高斯坐标的术语来说，每一条这种陈述都表达为这两个事件的四个坐标 x_1，x_2，x_3，x_4 的相等关系。因此实际上，用高斯坐标对时空连续统的描述就完全代替了借助于参照物的描述，避免了后一种描述方式具有的缺陷；它不受所必须表述的连续统的欧几里得性质的束缚。

§28. 广义相对性原理的精确表述

我们现在能够用精确的表述来替代§18关于广义相对性原理的临时表述。§18所用的表述方式为"在描述自然现象（表述普遍自然定律）方面，所有参照物 K，K'等都是等价的，不管它们的运动状态如何"，这个表述不再维持，因为在时空描述中，一般不可能使用在狭义相对论的方法意义上的刚性参照物。必须用高斯坐标系来替代参照物。下面的陈述反映了广义相对性原理的基本思想："在描述普遍自然定律方面，所有高斯坐标系都是完全等价的。"

我们也可以用另一种方式来阐述这个广义相对性原理，与使用狭义相对性原理的自然推广形式相比，这种形式更容易理解。根据狭义相对论，当使用洛伦兹变换，将（伽利略）参照物 K 的时空变量 x，y，z，t 替换为新参照物 K' 的时空变量 x'，y'，z'，t' 时，表达普遍自然定律的方程式的形式不变。另一方面，根据广义相对论，对高斯变量 x_1，x_2，x_3，x_4 进行任意代换，方程式的形式必须保持不变；因为每一个变换（不仅是洛伦兹变换）相当于从一个高斯坐标系转变为另一个高斯坐标系。

如果我们想坚持"旧时代"的对事物的三维观点，那么我们可以将广义相对论的基本思想目前发展的特点刻画为：狭义相对论涉及的是伽利略域，即没有引力场存在的域。在这一点上，伽利略参照物被用作参照物，即一个运动状态经过特别选择的刚体，使得"孤立"质点保持匀速直线运动的伽利略定律相对于它成立。

经过考虑可以看出，我们也应该把同样的伽利略域去参照非伽利略参照物。那么相对于这些参照物就会存在一种特殊的引力场（参见§20和§23）。

在引力场中，不存在具有欧几里得性质的刚体这类东西，因此传统的刚性参照物在广义相对论中就没有用了。时钟的运动也受到引力场的影响，其影响方式使得直接靠时钟得到的时间的物理定义完全没有在狭义相对论中那样程度的有道理。

为了这个原因，我们使用非刚性参照物。总体上它们不仅以任意的方式在运动，而且在运动中它们的形状还不受限制地改变。时钟用来定义时间，它可以遵循任何运动定律，无论有多么不规则。我们必须设想每一个时钟固定在非刚性参照物上的一点上。这些时钟只满足一个条件，即（空间中）相邻时钟被同时观察到的"读数"彼此相差无穷小量。将这种非刚性参照物称为"参照软体"比较合适，它大体上相当于任意选择的高斯四维坐标系。与高斯坐标系相比，该"软体"在某种程度上更容易理解的地方是，它在形式上保留了空间坐标与时间坐标分别存在的状态（这一点完全没有得到证明）。只要将软体当作参照物，那么软体上的每一个点都被当作空间点，每一个相对于它静止的质点都被视为处在静止状态。广义相对性原理要求，在表达普遍自然定律方面，所有这些软体都可以作为参照物，它们享有同等的权利，能够取得同样的成功；这些定律本身应当与软体的选择毫无关系。

广义相对性原理的巨大力量在于它给自然定律所做的全面限制，原因我们在上面已经看到了。

§29. 基于广义相对性原理解决引力问题

如果读者理解了前面的所有讨论，他就不难理解解决引力问题的方法。

我们从考虑伽利略域开始，即相对于伽利略参照物 K 没有引力场的域。从狭义相对论可以知道量杆和时钟相对于 K 的行为，同样可以知道"孤立"的质点的行为，后者沿直线匀速运动。

现在让我们将这个域相对于任意的高斯坐标系或者"软体"参照物 K' 来考虑。相对于 K'，存在（某一种）引力场 G。仅通过数学变换我们就可以知道量杆和时钟以及自由运动的质点相对于 K' 的行为。我们将这一行为解释为在引力场 G 的作用下量杆、时钟和质点的行为。这里我们引入一个假设：即使当前的引力场不能简单地通过坐标变换从伽利略的特殊情况下推导出来，它对量杆、时钟和自由运动的质点的作用仍然按照同样的定律持续发生。

下一步是研究从伽利略的特殊情况简单地通过坐标变换推导出来的引力场 G 的时空行为。这种行为表述为一条定律，不管如何选用描述中所用的参照物（软体），这条定律永远成立。

因为所考虑的是一种特殊的引力场，所以该定律还不是引力场的普遍定律。为了找到普遍引力场定律，我们还需要将上面找到的定律进行推广。然而考虑到下列要求，无须奇思异想就可以得到这种推广：

（a）所需的推广必须也满足广义相对性假设。

（b）如果所考虑的域中存在物质，那么对于它激发一个场的效应而言，只有其惯性质量，根据§15，也就是只有其能量才具有重要作用。

（c）引力场和物质一起必须满足能量（及动量）守恒定律。

最后，对于所有那些当不存在引力场时按照已知定律发生的过程，即那些已经纳入狭义相对论讨论范围的过程，广义相对性原理使我们能够确定引力场对它们的进程的影响。在这方面，我们原则上采用已经对量杆、时钟和自由运动的质点解释过的方法进行下去。

用这种方法从广义相对性假设推导出的引力理论不仅结构优美，同时消除了§21揭示的经典力学的缺陷，它也不仅解释了惯性质量和引力质量相等这一实验定律，而且还解释了经典力学无能为力的一个天文观测结果。

如果我们将该理论的应用局限在下面这种情况：引力场可以认为很弱，而且其中所有物体相对于坐标系的运动速度都远小于光速，那么作为初次近似，我们就得到牛顿理论。这里不用做任何特殊假设就可以得到牛顿理论，但是牛顿却不得不引入了这样的假设，即相互吸引的质点之间的引力与它们的距离的平方成反比。如果我们提高计算的精度，那么与牛顿理论的偏差就会显现出来，不过由于这些偏差太小，实际上它们都肯定不能被检测出来。

这里我们必须注意到这些偏差中的一个。根据牛顿理论，行星沿椭圆轨道绕太阳运行，如果我们可以忽略恒星本身的运动以及所考虑的其他行星的影响，那么该椭圆轨道会永远保持它相对于恒星的位置不变。因此，如果我们考虑到这两种影响，并据此修正了所观测到的行星运动，而且牛顿的理论是严格正确的，那么我们所得到的行星轨道就应该是一个相对于恒星固定不变的椭圆。这个推论能够以很高的精度进行检验，除了一个例外，它已经在所有行星上以目前所能达到的最高观测精度得以证实。唯一的例外是离太阳最近的行星——水星。自从勒维叶时代以来，人们就已经知道，水星轨道的椭圆在经过消除上述影响修正之后，相对于恒星并非固定不变，而是在轨道运动的意义上，在轨道平面内极其缓慢地旋转。这一轨道椭圆的旋转运动的数值为每世纪43弧秒，误差保证在几弧秒内。要通过经典力学来解释这个效应，只能引入可能性很低的、专门为此设立的假设才行。

基于广义相对论，我们发现，每一个行星环绕太阳的椭圆轨道必须按上述方式旋转；对于所有行星，除了水星以外，这种旋转太小，目前的观测精度还无法检测出来；但是对于水星，它肯定达到每世纪43弧秒，这与观测结果确实一致。

除此以外，迄今这个理论只可能做出两个推论能够通过观测得以检验，即光线在太阳引力场作用下的弯曲①，以及从大恒星射到我们这里的光谱线，与地面上以类似方式（即用同一种原子）产生的相应的光谱线相比，有位移发生②。从理论得出的这两个推论都已得到证实。

第三部分　对宇宙的整体考虑

§30. 牛顿理论的宇宙学困难

除了§21讨论的困难以外，经典天体力学还有另一个根本困难。就我所知，天文学家泽利格第一个对它进行了详细讨论。如果思索这个问题：宇宙作为一个整体，我们该如何看待它？首先想到的第一个答案肯定是：在空间（及时间）方面，宇宙是无限的。到处都有星星，物质的密度，虽然在细节处千变万化，但是平均来说处处都是一样的。换言之：不论在空间中行走多远，我们会发现到处都有稀薄的恒星群，它们有着大致一样的种类和密度。

这种观点不符合牛顿理论。后者要求，宇宙应该具有某种中心，中心处恒星的密度最大，由中心向外，恒星的群密度逐渐变小，直到最后，在很远的距离上，只剩下无穷无尽的真空区域。恒星的宇宙应该是在无限的空间海洋中矗立的一块有限的海岛。③

这种观念本身并不十分令人满意。由于能导出下面的结果，它就更加不令人满意了：由星系中的恒星发出的光以及恒星系统的个体恒星不断地跑到无限空间中去，永不回头，永不再与自然界中的其他物体相互作用。这样一个有限物质宇宙必定会逐渐地按部就班地枯竭掉。

为了避免这一困境，泽利格提出修改牛顿定律。他假设在很远的距离上，两

---

① 首次由爱丁顿和其他人在1919年观测到（参见附录3，pp. 145—151）。

② 由亚当斯在1924年证实（参见第151页）。

③ 证明：根据牛顿理论，从无限远处来，到一个物体止的所有"力线"的数量，与该物体的质量 m 成正比。如果平均说来，宇宙中的物质密度是常数 ρ_0，那么体积为 V 的球体包含的平均质量为 $\rho_0 V$ 则穿过该球体的表面 F 进入其内部的引力线的数量与 $\rho_0 V$ 成正比。所以在该球体表面的单位面积上，进入球体的引力线的数量与 $\rho_0 \dfrac{V}{F}$，或 $\rho_0 R$ 成正比。随着球体半径 R 的增大，球体表面的引力场强度最终会变得无限大，这是不可能的。

物体间的吸引力减弱的速度，比倒平方数定律①还快。这样，物质的平均密度就有可能处处都是一样的，甚至在无限远处，不需要产生无限大的引力场。于是，我们就把自己从这样一个讨厌的观念中解脱出来，即物质宇宙应该占有自然界的中心。当然，我们从上文提及的根本困难中得以解脱，其代价是修改并且复杂化了牛顿定律，而这种修改既没有实验的基础也没有理论的基础。我们可以设想无数这样的定律，它们都可以达到同一目的，却找不出理由说明为什么其中一个比其他的定律更好，因为这些定律中任何一个都与牛顿定律一样，只有很少基于更一般的理论原则。

§31. "有限"而"无界"宇宙的可能性

但是对宇宙结构的思索也在另一个不同的方向上进行。非欧几里得几何的发展使我们认识到这一事实，即我们可以质疑空间的无限性，而不会与思维法则和经验发生矛盾（黎曼，亥姆霍兹）。亥姆霍兹和庞加莱已经以无与伦比的透彻性详细地论述过这些问题，我这里只能简略讨论一下。

首先，想象在二维空间中的一个存在。扁平的生物，带着扁平的工具，特别地带有扁平的刚性量杆，在平面上自由移动。对它们来讲，在该平面以外，什么都不存在：它们观察到的发生在它们自己和它们的扁平"东西"上的一切，就是它们的平面所有的全部实在。特别地，利用这些杆子，可以完成平面欧几里得几何的结构构造，例如，§24 讨论的格子结构。与我们的宇宙不同，这些生物的宇宙是二维的；但与我们的宇宙一样，它向无限伸展。在它们的宇宙中，有地方放无数根杆子做成的相同的正方形，即（平面）体积是无限的。如果这些生物说它们的宇宙是"平面"，这句话是有意义的，因为它们的意思是说它们可以用杆子完成平面欧几里得几何的结构构造。在这方面，一根根杆子总是代表同样的长度，与其位置无关。

现在考虑另一种二维存在，但这次是在球的表面，而非平面。扁平生物带着量杆及其他东西，刚好贴在该表面上，无法离开。它们观察的整个宇宙仅仅包括球的表面。这些生物能够把它们的宇宙的几何看作是平面几何，同时把它们的杆子还看作是"距离"的实现吗？不能。因为当它们企图实现一条直线时，会得到曲线，我们"三维生物"称之为大圈，即有限长的自足的线，可以用量杆度

---

① 指牛顿的万有引力定律：两物体间的引力与距离的平方成反比。——译者注

量。类似地，该宇宙的面积是有限的，可以与杆子构造的正方形面积相比较。这种思考的巨大魅力在于承认这一事实：这些生物的宇宙是有限但无界的。

然而，球面上的生物无须周游世界，就能察觉它们没有生活在欧几里得宇宙中。在它们的"世界"的任何部分，它们都能够使自己相信这一点，只要它们所利用的那部分不是太小即可。从某一点出发，向所有方向画等长的"直线"（从三维空间判断就是弧线）。它们把与这些线的自由端相接的线称为"圆"。在平面上，用同一把尺子测量圆周长和直径，根据平面欧几里得几何，二者之比，等于常数 π，与圆的直径无关。在球表面，扁平生物会发现，该比值为：

$$\pi \, \frac{\sin\left(\dfrac{r}{R}\right)}{\left(\dfrac{v}{R}\right)},$$

即一个比 π 小的值。圆的半径与"世界球"的半径 R 相比越大，则该比值与 π 的差别就越大。利用这种关系，球体上的生物就可以确定它们的宇宙（"世界"）的半径，即使只有一小部分世界球可供它们测量。但是如果这一部分实在太小，它们就不再能证明它们是在一个球形的"世界"上，而不在欧几里得平面上了，因为一小部分球面与同样大小的平面只有微小的差别。

因此，如果球面生物生活在某太阳系的行星上，而此太阳系仅仅占据球形宇宙的一丁点儿地方，那么它们就无法判定其生存的宇宙究竟是有限的还是无限的，因为在这两种情况下，它们所了解的那"一小片儿宇宙"几乎都是平面的，或欧几里得的。从该讨论直接可知，对球面生物来说，圆的周长首先随着半径的增大而增大，直至达到"宇宙的周长"，其后随着半径的进一步增大，圆周长逐渐减小到零。在这一过程中，圆面积持续不断地增大，直到最后等于整个"世界球"的总面积。

读者也许想知道，为什么我们把那些"生物"放在球面上，而不是其他的封闭表面上。这一选择有它的理由：在所有封闭表面中，球面拥有这个独一无二的性质：它的所有点都是等价的。我承认，圆周长 c 与半径 r 的比值依赖 r，但是当给定 r 的值时，该比值对"世界球"的所有点都是一样的。换言之，"世界球"是一个"曲率恒定的表面"。

相应于此二维球宇宙，有一个三维的类比物，即黎曼发现的三维球空间。它的点也同样是等价的，它的体积是有限的（$2\pi^2 R^3$），由其"半径"所决定。有可能想象一个球空间吗？想象一个空间只不过意味着想象一下我们的"空间"

149

感受的要点，即那种在移动"刚体"时所拥有的感受。在此意义上，我们可以想象球空间。

假设从一点出发，向所有方向画直线或拉绳子，并且用量杆为每条线标示出距离 γ。这些线的自由端都落在一个球面上。利用量杆做成的正方形，我们可以特地度量出该球面的面积（F）。如果宇宙是欧几里得的，那么 $F=4\pi\gamma^2$；如果宇宙是球形的，那么 F 总是小于 $4\pi\gamma^2$。随着 γ 的增大，F 从零增大到由"世界半径"决定的最大值，但是当 γ 的值进一步增大时，面积会逐渐减小到零。首先，从起点出发的直线彼此渐行渐远，但是后来，它们彼此靠近，最后重新汇聚在起点的"对立点"上。在此情形下，它们已经穿越了整个球空间。容易看出，三维球空间十分类似于二维球面，它是有限的（即体积有限），而且无界。

可以提一下，还有另一种弯曲空间，即"椭圆空间"。可以把它看成是这样一种弯曲空间：它的两个"对立点"是同一的（彼此不分）。于是，在某种程度上，椭圆宇宙可以被看成是拥有中心对称性的弯曲宇宙。

从上文可知，封闭无界的空间是可以想象的。在这些空间中，球形空间（和椭圆空间）因其简单性而优于其他空间，因为它的所有点都是等价的。作为这一讨论的结果，给天文学家和物理学家提出了一个最有趣的问题，即我们生活的宇宙究竟是无限的，还是照球形宇宙那样是有限的？我们的经验还远远不足以回答这一问题。但是广义相对论允许我们得到相当确定的回答，在这点上，§30 提到的困难有了答案。

§32. 广义相对论描绘的空间结构

根据广义相对论，空间的几何性质并非独立的，而是由物质决定的。所以，只有在已知物质状态的前提下进行思考，我们才能得出有关宇宙几何结构的结论。从经验得知，适当地选择坐标系，恒星的速度与光速相比非常小，因此，如果把物质看作静止的，我们可以大致粗略地得出一个有关宇宙本质的总体上的结论。

从前面的讨论已知，量杆和时钟的行为受引力场，也就是物质分布的影响。单凭这一点就足以证明，欧几里得几何在我们的宇宙中是不可能完全准确的。但是我们的宇宙仍有可能只与欧几里得空间相差一点点，这种想法似乎非常可能正确，因为计算表明，即使如太阳这么大质量的物质，对我们周围空间度规的影响也是极其微小的。可以设想，就几何而言，我们的宇宙近似一张平面，虽在个别地方凹凸不平，但无一处与平面有显著的差别：有点像湖面的涟漪。这样一个宇宙可以恰当地称为准欧几里得宇宙。就它的空间而言它是无限的。但是计算表明，在准欧几里得宇宙中，物质的平均密度必定是零。所以这样的宇宙不可能处处都有物质，它给我们呈现的是§30所描绘的那一幅不令人满意的图画。如果我们想要在宇宙中具有不等于零的物质平均密度，不论这种差别有多么微小，那么宇宙就不可能是准欧几里得的。相反，计算结果表明，如果物质分布是均匀的，那么宇宙必定是球形的（或椭圆的）。因为实际上物质的详细分布不是均匀的，所以真实的宇宙在个别地方会与球形不同，即宇宙是准球形的。但它必定是有限的。实际上，这个理论告诉我们，在宇宙的空间广度和其中的物质平均密度之间，有一个简单的关系式。①

附录1　洛伦兹变换的简单推导

[§11补充]

就图2所示的那两个坐标系的相对取向而言，二者的 x 轴永远重合。在目前情况下，我们可以把问题分解，首先只考虑局限在 x 轴上的事件。任何这样的事件，相对于坐标系 K，可以由横坐标 x 和时间 t 表示，而相对于坐标系 K' 由横坐标 x' 和时间 t' 表示。当给定 x 和 t 时，我们需要找出 x' 和 t' 来。

沿正 x 轴方向前进的光信号，其传播方程为

$$x = ct$$

或

$$x - ct = 0。 \tag{1}$$

因为该光信号相对于 K' 的传播速度必定是 c，所以其相对于 K' 的传播速度可以由类似的方程表示：

$$x' - ct' = 0。 \tag{2}$$

满足式（1）的那些时空点（事件）必定也满足式（2）。显然，一般来讲，在这

---

① 对于宇宙"半径" R，我们有方程：

$$R^2 = \frac{2}{\kappa\rho}。$$

把厘米·克·秒制应用于该方程，得 $\frac{2}{\kappa} = 1.08 \times 10^{27}$；$\rho$ 是物质的平均密度，κ 是与牛顿引力常数有关的常数。

种情况当下面的关系式成立时才会出现：

$$(x' - ct') = \lambda (x - ct), \tag{3}$$

其中 λ 是常数。原因是，根据（3），（$x-ct$）消失会使（$x'-ct'$）消失。

如果对沿着负 x 轴传播的光线进行完全类似的讨论，则得到条件式：

$$(x' + ct') = \mu (x + ct)。 \tag{4}$$

把方程（3）和（4）相加（或相减），为方便起见，引入常数 a 和 b 来代替常数 λ 和 μ，其中

$$a = \frac{\lambda + \mu}{2},$$

且

$$b = \frac{\lambda - \mu}{2},$$

则得到方程：

$$\left. \begin{array}{l} x' = ax - bct \\ ct' = act - bx \end{array} \right\}。 \tag{5}$$

如果常数 a 和 b 已知，那么我们就应该得到问题的答案了。从下面的讨论可知 a 和 b 的值。

对于 K' 的原点，永远有 $x'=0$，所以根据方程（5）的第一个等式：

$$x = \frac{bc}{a}t。$$

如果设 v 为 K' 的原点相对于 K 运动的速度，则有：

$$v = \frac{bc}{a}。 \tag{6}$$

如果计算 K' 中另外一点相对于 K 的速度，或者计算 K 的一点相对于 K' 的速度（向负 x 轴方向运动），则从方程（5）会得到同样的值 v。简言之，我们可以认为 v 是这两个坐标系的相对速度。

进一步，相对性原理告诉我们，相对于 K' 静止的单位量杆的长度，从 K 的角度判断，必定完全等于相对于 K 静止的单位量杆的长度从 K' 的角度判断的值。为了看出 x' 轴上的点从 K 的角度看是个什么样子，只需从 K 上取 K' 的一个"瞬相"，这意味着必须引入 t 的一个具体的值（K 的时间），如 $t=0$。对于 t 的这个值，从方程（5）的第一个等式可得：

$$x' = ax。$$

在 K' 中测量，相隔距离为 $\Delta x' = 1$ 的 x' 轴上的两个点，在我们的瞬相中的相隔距离就是：

$$\Delta x = \frac{1}{a}。 \tag{7}$$

但是如果是从 K' 取瞬相（$t' = 0$），并且从方程（5）中消去 t，考虑到表达式（6），则有：

$$x' = a\left(1 - \frac{v^2}{c^2}\right)x。$$

由此得知：x 轴上相隔距离为 1（相对于 K）的两个点，在瞬相中的相隔距离为：

$$\Delta x' = a\left(1 - \frac{v^2}{c^2}\right)。 \tag{7a}$$

但是根据前面说的，这两个瞬相必定是相同的，所以（7）中的 Δx 肯定等于（7a）中的 $\Delta x'$，于是得到：

$$a^2 = \frac{1}{1 - \frac{v^2}{c^2}}。 \tag{7b}$$

方程（6）和（7b）决定了常数 a 和 b。把这些常数值代入方程（5），就得到 §11 所列方程的第一和第四个等式。

$$\left.\begin{array}{l} x' = \dfrac{x - vt}{\sqrt{1 - \dfrac{v^2}{c^2}}} \\[3em] t' = \dfrac{t - \dfrac{v}{c^2}x}{\sqrt{1 - \dfrac{v^2}{c^2}}} \end{array}\right\}。 \tag{8}$$

这样就得到了 x 轴上的事件的洛伦兹变换，它满足关系：

$$x'^2 - c^2 t'^2 = x^2 - c^2 t^2。 \tag{8a}$$

为了包含在 x 轴以外发生的事件，推广该结果，保留方程（8），补充以下的关系：

$$\left.\begin{array}{l} y' = y \\ z' = z \end{array}\right\}。 \tag{9}$$

这样，对任意方向的光线，不论是在 K 中，还是在 K' 中，我们都保证了真空中光速恒定这一假设。下面的讨论可以证明这一点。

假设在时间 $t=0$，由 K 的原点发出一个光信号，其传播方程为：

$$r = \sqrt{x^2 + y^2 + z^2} = ct,$$

或者把此方程两边平方，得：

$$x^2 + y^2 + z^2 - c^2t^2 = 0。 \tag{10}$$

光传播定律，结合相对性假设，要求这里的信号传播——从 K' 的角度判断——应当符合下面的公式：

$$r' = ct',$$

或者

$$x'^2 + y'^2 + z'^2 - c^2t'^2 = 0。 \tag{10a}$$

为使方程（10a）能从方程（10）导出，必须有：

$$x'^2 + y'^2 + z'^2 - c^2t'^2 = \sigma(x^2 + y^2 + z^2 - c^2t^2)。 \tag{11}$$

既然方程（8a）对 x 轴上的点必定成立，于是有 $\sigma = 1$。易见，洛伦兹变换确实满足 $\sigma = 1$ 时的方程（11）。因为方程（11）是方程（8a）和（9）的结果，也就是方程（8）和（9）的结果。于是导出了洛伦兹变换。

由方程（8）和（9）表示的洛伦兹变换仍有待推广。显然，K' 的轴是否在空间上平行于 K 的轴是无关紧要的，K' 相对于 K 的平移速度是否应朝 x 轴的方向也是不重要的。简单考虑一下就可知，我们能够从两种变换中构造这一广义的洛伦兹变换，即从狭义的洛伦兹变换和从纯粹的空间变换。后者用一个新的坐标系替换直角坐标系，它的轴指向其他方向。

在数学上，广义的洛伦兹变换可以刻画如下：

它把 x'，y'，z'，t' 表达为 x，y，z，t 的齐次线性函数，使得下面的关系式恒等成立：

$$x'^2 + y'^2 + z'^2 - c^2t'^2 = x^2 + y^2 + z^2 - c^2t^2。 \tag{11a}$$

就是说：如果左边以 x，y，z，t 的表达式替换 x'，y'，z'，t'，那么（11a）的左边就等于右边。

附录2　闵可夫斯基四维空间（"世界"）

[§17 补充]

若引入虚数 $\sqrt{-1}\,ct$ 来代替 t 作为时间变量，则可以更加简单地刻画洛伦兹变换。若据此引入：

$$x_1 = x,$$
$$x_2 = y,$$
$$x_3 = z,$$
$$x_4 = \sqrt{-1}\,ct,$$

对带撇的 K' 也类似处理，那么洛伦兹变换保证成立的条件可以表述如下：

$$x_1'^2 + x_2'^2 + x_3'^2 + x_4'^2 = x_1^2 + x_2^2 + x_3^2 + x_4^2, \qquad (12)$$

即通过上述选择的"坐标"，（11a）变成了这一等式。

由方程（12）可见，在变换条件式中，虚时坐标 x_4 与空间坐标 x_1，x_2，x_3 以同样的方式出现。其原因在于这一事实：根据相对论，"时间" x_4 在自然定律中出现的形式与空间坐标 x_1，x_2，x_3 完全相同。

由"坐标" x_1，x_2，x_3，x_4 描述的四维连续统被闵可夫斯基称为"世界"，他还把点事件称为"世界点"。物理事件从三维空间中"发生的事件"仿佛变成了四维"世界"中"存在的实物"。

该四维"世界"与（欧几里得）解析几何的三维"空间"非常相似。如果给后者引入一个原点相同的新的笛卡儿坐标系（ x_1'，x_2'，x_3' ），那么 x_1'，x_2'，x_3' 是 x_1，x_2，x_3 的线性齐次函数，满足下面的恒等式：

$$x_1'^2 + x_2'^2 + x_3'^2 = x_1^2 + x_2^2 + x_3^2。$$

与方程（12）完全相似。我们可以形式地把闵可夫斯基的"世界"看成四维欧几里得空间（带有虚时坐标），洛伦兹变换对应于该四维"世界"的坐标系的一次"旋转"。

附录3　广义相对论的实验验证

从系统的理论观点来看，我们可以把经验科学的发展过程想象成一个不断的归纳过程。理论发展起来，以经验定律的形式简洁地概括了大量具体观察资料，通过比较可以从中探知一般规律。以这种观点，科学的发展类似于编纂分类目录，仿佛是一个纯粹的实验过程。

但是这种观点绝没有包含全部的实际过程，因为它忽略了直觉和演绎思维在精密科学的发展过程中所扮演的重要角色。一旦科学从其原始阶段脱胎出来，理论的进步就不再仅仅依靠排列整理来取得了。以实验数据为指导，研究者发展起一套思想。一般地，这套思想是合乎逻辑地建立在少量基本假设，即所谓的公理的基础之上。我们称这套思想为理论。理论存在的意义在于这一事实：它把大量单个的观察资料联系起来了。而理论的"真理性"就恰恰在于此。

对于同一组实验数据，可能有多个理论，彼此相当不同。但是就能够被实验检验的理论的推论而言，理论间的一致性可能会非常完善，以至于难以找到能够区分这两个理论的推论。例如，大家都感兴趣的一个例子是在生物学领域，达尔文的物竞天择式的物种进化论，和基于获得性特征遗传假设的进化论。

两理论的推论间具有广泛一致性的另一个例子发生在牛顿力学和广义相对论之间。这种一致性如此深远，以至于直到现在，只能从广义相对论中找到很少的可以考察的推论，使相对论以前的物理学不能导出它们，尽管这两个理论的基本假设存在根本差别。下面，我们会再考察这些重要推论，还要讨论迄今所获得的与它们有关的实验证据。

1. 水星近日点的运动

根据牛顿力学和牛顿引力定律，绕日运行的行星轨迹是一个环绕太阳的椭圆，或更准确一点说，是一个环绕太阳和该行星共同的重心的椭圆。在这样一个系统中，太阳，或者说共同的重心，落在椭圆轨道的焦点之一上，使得在一个行星周年中，日星距离从最小增到最大，然后又变回最小。如果在计算中不用牛顿定律，而引入稍有不同的引力定律，那么会发现，根据这新的定律，行星的运动方式仍然会使得日星距离呈现出周期变化。但是此时，在这样一个周期中（从近日点——离太阳最近的地方——到近日点），太阳与行星的连线所画的角度会不等于360°。轨道曲线不会是封闭的，而是在这一过程中，填满了轨道平面的环形区域，即由日星间的最小距离决定的圆与最大距离决定的圆之间的环形区域。

根据广义相对论——当然是与牛顿理论不同的理论——行星在其轨道上的运动应当与其开普勒-牛顿运动方式稍有不同，其方式使得在从一个近日点到下一个近日点的周期中，日星半径所画的角度超过了一个完整公转所画的角度，超出部分由下式给出：

$$+\frac{24\pi^3 a^2}{T^2 c^2(1-e^2)}°$$

（注意：按照物理学中绝对角度量惯例，一个完整公转对应的角度是2π。上式给出的是，在从一个近日点到下一个近日点的时间间隔中，日星半径超出这一角度的部分。）在该式中，a代表椭圆的长半轴，e代表离心率，c代表光速，T代表行星公转周期。我们的结果还可以陈述如下：根据广义相对论，椭圆长轴绕日转动和行星的轨道运动具有同样意义。理论要求，对于水星，该转动应该等于每100年43弧秒，但是对于太阳系的其他行星，其数值太小，肯定检测不到了。①

事实上，天文学家已经发现，用牛顿理论来计算的水星运动，达不到对应于目前能够获得的观测灵敏度的精确观测的运动。在考虑到其他行星施加在水星上的所有干扰因素之后，人们发现（勒维叶，1859；Newkomb，1895），水星轨道近日点运动仍然存在无法解释的额外的份额，其数额与上文提到的每100年+43弧秒没有明显的不同。实验结果的不确定性只有几个弧秒。

2. 光线在引力场中的偏折

§12已经提到，根据广义相对论，当光线穿过引力场时，其传播路径是弯曲的，这曲线类似于投掷一个物体，使它穿过引力场时所走的路线。根据这一理论，我们预期，在天体附近穿过的光线会偏向该天体。对于在距离太阳中心 Δ 远处经过太阳的一束光线，其偏转角度（α）等于

$$\alpha = \frac{1.7\,\text{弧秒}}{\Delta}。$$

另外，根据该理论，这一偏转角度中有一半是由太阳的牛顿引力场引起的，另一半是由于太阳导致空间的几何变形（"曲率"）而引起的。

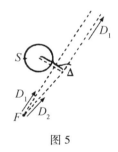

图 5

利用日全食期间对恒星的照相记录，可以检验这一结果。必须利用日全食的唯一原因是，在其他任何时候，大气层被太阳光照得太亮了，以至于无法看见太阳圆盘附近的恒星。从图5上可以清楚地看出预言的效果。如果没有太阳（S），那么从地球上观察，距离几乎无限遥远的恒星会出现在方位 D_1。但是因为恒星的光线被太阳偏转，结果是恒星出现在方位 D_2，即出现在比其真实位置距离太阳中心更远一点的位置上。

实际上，这个问题是用下面的方法检验的。在日食期间对太阳附近的恒星照相。另外，当太阳位于天空中另一个位置，即早或晚几个月的时候，对这些恒星再次照相。与正常的照片相比，日食照片上恒星的位置应该呈放射状向外位移（远离太阳中心），位移的大小相当于角度 a。

我们要感谢英国皇家学会和皇家天文学会对这一重要推论的研究所作出的贡

① 尤其是下一个行星，金星，其轨道几乎恰好是个圆，要精确地确定其近日点就变得更难了。

献。为了获得 1919 年 5 月 29 日的日食照片，他们不惧战争，克服战争带来的物质和精神两方面的困难，组织了两支远征队开赴 Sobral（巴西）和 Principe 岛（西非），并派去了英国最著名的天文学家（爱丁顿，Cottingham，Crommelin，Davidson）。在日食期间的恒星照片与相对照的恒星照片之间，所预期的相对差异仅有百分之几毫米，因此，照相所需的校正以及随后的测量都必须非常精确。

测量的结果完全令人满意地证实了这个理论。下表中列出了观测和计算的恒星偏差（以弧秒计）的直角分量：

恒星编号	第一坐标		第二坐标	
	观测值	计算值	观测值	计算值
11	−0. 19	−0. 22	+0. 16	+0. 02
5	+0. 29	+0. 31	−0. 46	−0. 43
4	+0. 11	+0. 10	+0. 83	+0. 74
3	+0. 20	+0. 12	+1. 00	+0. 87
6	+0. 10	+0. 04	+0. 57	+0. 40
10	−0. 08	+0. 09	+0. 35	+0. 32
2	+0. 95	+0. 85	−0. 27	−0. 09

3. 光谱线的红端位移

§23 已经证明，在相对于伽利略坐标系 K 做旋转运动的坐标系 K' 中，相对旋转参照物静止的、结构相同的时钟，行走的快慢与其位置相关。现在我们定量地考察这种关系。距离圆盘中心 γ 远处的时钟，其相对于 K 的速度由下式给出：

$$v = \omega\gamma。$$

其中 ω 代表圆盘 K' 相对于 K 旋转的角速度。若 v_0 代表时钟静止时相对于 K 的单位时间内的滴答数（时钟的"速率"），那么根据 §12，当它相对于 K 以速度 v 运动，但相对于圆盘静止时，它的"速率"（v）由下式给出：

$$v = v_0\sqrt{1 - \frac{v^2}{c^2}}，$$

或者以足够的精度近似表示为：

$$v = v_0\left(1 - \frac{1}{2}\frac{v^2}{c^2}\right)。$$

该表达式还可以表述如下：

$$v = v_0\left(1 - \frac{\omega^2\gamma^2}{2c^2}\right)。$$

若用 φ 代表时钟所在的位置和圆盘中心之间离心力的势差，即将单位质量的物体从旋转圆盘上时钟所在的位置处挪到圆盘中心处，克服离心力所需要做的功，以负数形式表示，则有：

$$\varphi = -\frac{\omega^2\gamma^2}{2},$$

由此可得：

$$v = v_0\left(1 + \frac{\varphi}{c^2}\right)。$$

首先，由此式可见，两个结构相同的时钟，当与圆盘中心的距离不同时，其行走的快慢也不同。从一个随圆盘一起旋转的观察者的角度来看，这一结果也是成立的。

现在，从圆盘来判断，后者处在势为 φ 的引力场中，所以我们获得的结果对引力场也十分普遍地成立。进一步，可以把发射光谱线的原子看作时钟，使得下面的陈述成立：

原子吸收和发出的光的频率与原子所在的引力场的势有关。

在天体表面的原子的频率，与在自由空间中（或小一些的天体的表面上）相同元素的原子频率相比，会稍小一些。现在 $\varphi = -K\frac{M}{\gamma}$，其中 K 是牛顿引力常数，M 是天体的质量。所以，恒星表面产生的光谱线与地球表面同一元素产生的光谱线相比，应该产生向红端的位移，位移量为：

$$\frac{v_0 - v}{v_0} = \frac{K}{c^2}\frac{M}{\gamma}。$$

对于太阳，理论预言的向红端的位移大约等于波长的百万分之二。对恒星来说，可靠的计算是不可能的，因为一般来讲，质量 M 和半径 γ 都不知道。

到底是否存在这一效应仍是个悬而未决的问题，当代（1920 年）天文学家们正在满腔热情地寻找答案。由于在太阳上该效应很小，对于其存在性很难下判断。但是格雷勃（Grebe）和巴合姆（Bachem）根据他们自己的测量以及艾沃舍德（Evershed）和史瓦西（Schwarzschild）在氰频带上的测量，已经几乎肯定了该效应的存在。另一些研究人员，特别是圣约翰，由自己的测量却导出了相反的结论。

对静止的恒星的统计研究确实揭示出，光谱线存在向光谱上折射性较弱一端的平均位移。但是至于该位移是否真的归因于引力效应，迄今为止对可获得的数据的分析还不足以得出任何明确的结论。在一篇由弗雷德里希（E. Freimdlich）撰写，题目为《广义相对论的验证》"*Zur Prüfung der allgemeinen Relativitäts-Theorie*"（《自然科学》1919，No. 35，p. 520：Julius Springer，Berlin）的论文中，汇总了观测结果，并且从我们这里一直关注的这个问题的观点对之进行了详细讨论。

无论如何，在未来几年内将会有明确的结论。如果不存在引力势引起的光谱线向红端的位移，那么广义相对论是站不住的。另一方面，如果光谱线位移的原因确实是引力势，那么对位移的研究将给我们提供关于天体质量的重要信息。

注：1924 年亚当斯明确地证实了存在光谱线向光谱红端的位移效应。这是依靠观测天狼星的紧致伴星，它上面的位移效应大约比太阳上的大 30 倍。——*R. W. L.*

附录 4　广义相对论描绘的空间结构

[§32 补充]

这本小册子的初版发表以来，我们对大尺度空间结构（"宇宙学问题"）的认识已经有了重大的进展，即使在这一题目的通俗介绍中也应该提及。

我原先对这一课题的思考基于两个假设：

（1）整个空间中，物质的平均密度处处相同，但不同于零。

（2）空间的大小（"半径"）与时间无关。

根据广义相对论，这两个假设都被证明是和谐的，但是必须在场方程中加入一个假设项，而该项既不是理论本身所要求的，从理论的观点看也显得不自然（"场方程的宇宙项"）。

那时候对我来说，假设（2）似乎是不可避免的，因为我觉得背离它的话，会使思维陷入无休无止的猜测之中。

但是，在 20 年代，俄国数学家弗里德曼证明，从纯理论的观点看，另一种不同的假设是自然的。他认识到，如果愿意放弃假设（2），那么就有可能保留假设（1），而无须在引力场方程中引入不太自然的宇宙项。最初的场方程有这样一个解，其中"世界半径"依赖时间（膨胀空间）。在此意义上，可以说，根据弗里德曼，该理论要求空间是膨胀的。

几年以后，通过对河外星云（各种"银河"）的专门研究，哈勃证明，星云所发出的光谱线呈现出红移效应，而且随着星云距离的加大，红移有规律地增加。就我们目前所知，这一现象只能用多普勒原理解释为大尺度上恒星系统的膨胀运动——根据弗里德曼，这是引力场方程的要求。因此，可以认为，哈勃的发现在一定程度上证实了该理论。

然而，的确存在一个很奇怪的困难。把哈勃所发现的银河光谱线红移解释为膨胀（从理论的观点看很难质疑），由此导出该膨胀的起源时间"仅仅"在大约 10^9 年以前，而物理天文学则表明，具体的恒星和恒星系统的演化发展的时间很可能比这长得多。还不知道怎样克服这个矛盾。

我还想进一步指出，膨胀空间理论以及天文学的观测数据，不能用来判定（三维）空间的有限性或无限性，而原先关于空间的"静止"假设导致了空间的闭合性（有限性）结果。

（黄雄、罗景琪译，黄雄校）

第三部分
相对论的附加知识

导　言

当一个台球撞击另一个台球时究竟发生了什么呢？在 20 世纪之前大家是这么理解的，母球和靶球只在它们相互相触的短暂时间相互作用，正如常识所告知的。对于台球而言这毫无问题，但对于似乎是超距作用的引力和电磁力的情形又如何呢？科学家假定过，那些力必须通过某种称为"传光的以太"的可量度的媒介来传播，和冲击波通过空气来传播非常类似。

然而，以太经受不住严格的科学审查。1887 年阿尔伯特，迈克耳孙和爱德华·莫雷证明，不管以太会是何物，其行为不像正常物质。例如，在沿流动河流行进的水波，其在水运动方向的传播比在反方向上较快。然而，在光的情况下，迈克耳孙和莫雷证明，不管光如何相对于观察者以及假定的以太运动，其传播速率总是一样。

爱因斯坦在《以太和相对论》中指出，对于所有观察者而言，光都以常速率行进，这样不管以太是什么东西，都不像通常的物质，在这个事实的基础上预言了狭义相对论。他的广义相对论又使情况进一步复杂，他提出引力导致空间本身的结构。直白地讲，甚至在"空虚的"空间定义引力，这样必须存在某物。

那个"某物"是以太，或者用现代语言讲，是一个场。广义相对论和麦克斯韦电磁论代表最早的场论：它们描述世界如何按照无所不在的场，而非微小的粒子而运行。在许多方面，这正是相对论对物理学的最重要贡献之一。以现代观点看，所有的力都是由场引起的。上面描述的台球根本不碰撞，只是它们的电磁场在非常小的尺度下相互排斥。量子场论是在 20 世纪中叶，也就是这个研究的大约 40 年后发展的。在量子场论中不仅力，而且粒子本身也是由场引起的。在现代图像中，宇宙在根本上是由场构成的。这项工作可以看成从艾萨克·牛顿的经典粒子图像向现代场论图像过渡的评论。

（吴忠超译）

以太和相对论

爱因斯坦

1920 年 10 月 27 日在莱顿大学任特邀教授时的就职演讲

　　物理学家在那个从日常生活抽象出来的有重物质观念之外，为什么还要建立起存在另一种物质——以太的观念呢？其理由无疑在于引起超距作用力理论的那些现象，以及导致波动论的光的那些性质。我们想要对这两件事作一番简略的考察。

　　不用物理学的思想就不能理解什么是超距作用力。当我们试图以因果关系来深入理解我们在物体上形成的经验时，初看起来，似乎除了由直接的接触所产生的那些相互作用，比如由碰、压和拉来传递运动，用火焰加热或引起燃烧，等等，此外就没有别的相互作用了。固然，重力这样一种超距作用力，在日常经验中已经起着重大的作用。但是，由于物体的重力在日常生活中是作为某种不变的量呈现在我们的面前，它与任何时间上或空间上的变化无关，所以我们在日常生活中通常就想不到重力还有什么根由，因而也意识不到它有像超距作用力那样的特征。直到牛顿的引力理论把引力解释为由物质所产生的一种超距作用力，才给它提出了一种原因。虽然牛顿的理论标志着把自然现象因果地联系起来而进行的努力中所取得的最大的进步，然而这个理论在他的同时代人那里却产生了强烈的不满，因为它似乎同从其他经验推导出来的原理相矛盾，这就是相互作用只能通过接触而不能通过无媒介的超距作用来产生。

　　人类的求知欲只好勉强接受这样一种二元论。怎样才能拯救自然力概念的一致性呢？要么人们可以把那些作为接触力呈现在我们面前的力，也当作只在很微小的距离中确实可以察觉到的超距作用力来理解，这是牛顿的后继者们大多所偏爱的道路，因为他们完全迷醉于牛顿的学说；要么人们可以假定，牛顿的超距作用力只是虚构的无媒介的超距作用力，其实它们却是靠一种充满空间的媒质来传递的，不论是靠这种媒质的运动，还是靠它的弹性形变。这样，为了使我们对于这些力的本性有一个统一的看法，便导致了以太假说。首先，以太假说对引力理论和物理学的确完全没有带来任何一点进步，以致人们养成了一种习惯，把牛顿的引力定律当作不可再简约的公理来对待。但是以太假说势必要在物理学家的思想中继续不断地起作用，即使最初只是一种潜在的作用。

19 世纪上半叶，当光的性质与有重物质的弹性波的性质之间存在着广泛的相似性已经变得明显的时候，以太假说就获得了新的支持。光必须解释为充满宇宙空间的一种具有弹性的惰性媒质的振动过程，这看起来似乎是无可怀疑的了。从光的偏振性也好像必然要得出这样的结论：以太这种媒质必须具有一种固体特性。因为横波只可能在固体中，而不可能在流体中存在。这就势必导致"准刚性"的光以太理论，这种光以太的各部分，除了同光波相应的微小形变运动以外，相互之间就不可能有任何别的运动。

这种理论也称为静态光以太理论，它由那个也作为狭义相对论基础的斐索实验，进一步得到了有力的支持，人们从这个实验必能推断出，光以太不参与物体的运动。光行差现象也支持准刚性的以太理论。

电学理论沿着麦克斯韦和洛伦兹所指示的道路向前发展，在我们关于以太观念的发展中引起了一次最独特、最意外的转变。在麦克斯韦本人看来，以太固然还是一种具有纯粹机械性质的实体，尽管它的机械性质比起可捉摸的固体的性质要复杂很多。但是麦克斯韦和他的后继者都没有做到给以太想出一种机械模型，为麦克斯韦电磁场定律提供一种令人满意的力学解释。这些定律既清楚又简单，而那些力学解释却既笨拙又充满矛盾。这种情况从理论物理学家的力学纲领的观点来看是最令人沮丧的，但是他们都几乎不知不觉地适应了这种情况，这特别是由于受到海因里希·赫兹关于电动力学的研究的影响。以前他们曾经要求一种终极理论，要求它必须以那些纯粹属于力学的基本概念（比如物质密度、速度、形变、压力）为基础，以后他们就逐渐习惯于承认电场强度和磁场强度都是与力学基本概念并列的基本概念，而不要求对它们作力学的解释了。这样，纯粹机械的自然观就逐渐被抛弃了。但是这一变化却导致一种无法长期容忍的理论基础上的二元论。为了摆脱它，人们采取相反的路线，试图把力学的基本概念归结为电学的基本概念，当时在 β 射线和高速阴极射线方面的实验，动摇了对牛顿力学方程的严格有效性的信赖。

在 H. 赫兹那里，这种二元论仍未得到缓和。他把物质不仅看成是速度、动能和机械压力的载体，而且也是电磁场的载体。既然在真空（即自由的以太）中也出现这种场，那么以太也就好像是电磁场的载体。它好像同有重物质完全是同类的和并列的。在物质中，它参与物质的运动；在空虚空间中它到处都有速度，这种以太速度在整个空间中都是连续分布的。赫兹的以太原则上同（部分由以太组成的）有重物质没有任何区别。

赫兹的理论不仅有这样的缺点，即它赋予物质和以太一方面以力学状态，另一方面以电学状态，而两者之间却没有任何想象的联系；而且这个理论也不符合斐索关于光在运动流体中传播速度的重要实验的结果，以及其他可靠的经验事实。

当 H. A. 洛伦兹上场时，情况成了这样：他使理论同经验协调起来，那是用一种对理论基础加以奇妙简化的办法来做到的。他取消了以太的力学性质，取消了物质的电磁性质，从而取得了麦克斯韦以来电学最重要的进步。物体内部也同空虚空间一样，只有以太，而不是原子论者所设想的物质，才是电磁场的载体。依照洛伦兹的意见，物质的基本粒子只能运动；它们之所以有电磁效应，完全在于它们载有电荷。洛伦兹由此成功地把一切电磁现象都归结为麦克斯韦的真空-场方程。

至于洛伦兹以太的力学性质，人们可以带点诙谐地说，洛伦兹给它留下的唯一力学性质就是不动性。不妨补充一句，狭义相对论带给以太概念的全部变革，就在于它取消了以太概念的这个最后的力学性质，即不动性。至于该怎样来理解这句话，应当立即加以说明。

麦克斯韦-洛伦兹的电磁场理论已经为狭义相对论的空间-时间理论和运动学提供了一个雏形。所以，这个理论满足狭义相对论的各项条件；但是从狭义相对论的观点来看，它就得到了一种新的面貌。假定 K 是这样一个坐标系，洛伦兹以太对于它是静止的，那么麦克斯韦-洛伦兹方程首先对于 K 是有效的。然而根据狭义相对论，这些方程对于任何一个相对 K 做匀速平移运动的新的坐标系 K' 也同样有效。现在就发生了这样一个令人不安的问题：坐标系 K 同坐标系 K' 既然在物理上是完全等效的，我为什么在狭义相对论中要用以太对 K 是静止的这个假定来把 K 突出在 K' 之上呢？这样一种理论结构的不对称性，若是没有任何经验体系的不对称性与之对应，理论家对此是无法容忍的。依我看来，在以太对于 K 是静止而对于 K' 却是运动的这种假定下，K 和 K' 在物理上的等效性，就逻辑观点来说虽然不是绝对错误，但无论如何也是无法接受的。

面对这种情况，人们可以采取的最近便的观点，似乎是认为以太根本不存在。认为电磁场不是一种媒质的状态，而是一种独立的实在，正如有重物质的原子那样，不能归结为任何别的东西，也不依附在任何载体之上。这种见解之所以显得更为自然，是因为根据洛伦兹理论，电磁辐射像有重物质那样具有动量和能量，而且还因为，根据狭义相对论，在有重物质失去它的特殊地位，而仅仅表现为能量的特殊形式时，物质和辐射两者都不过是所分配的能量的特殊形式。

然而，更加精确的考察表明，狭义相对论并不一定要求否定以太。可以假定有以太存在；只是必须不再认为它有确定的运动状态，也就是说，必须抽掉洛伦兹给它留下的那个最后的力学特征。我们以后会看到，这种想法已经为广义相对论的结果所证实。我打算立即通过一种不很恰当的对比，使这种想法在想象上的可能性显得更加清楚。

设想一个水面上的波。关于这种过程，可以有两种完全不同的描述。我们要么可以观察水同空气之间的波形界面如何随时间变化，也可以（比方说，借助一些小的浮体）观察各个水粒的位置如何随时间变化。要是物理上没有这种小浮体可用来追踪液体粒子的运动，要是在整个过程中果真除了随时间变化的那些被水所占据的空间位置以外，根本没有什么别的东西可以察觉，那么我们就没有理由假定水是由运动的粒子所组成的。但是我们仍然可以称它为媒质。

电磁场存在着某种类似的情况。可以设想这种场是由力线组成的。如果要把这种力线解释为通常意义下的某种物质的东西，那就是试图把动力学过程解释为这种力线的这样一种运动过程，每条力线始终可以随着时间追踪下去。可是大家都很了解，这种想法会导致矛盾。

我们必须概括地说：可以设想某些有广延意义的物理客体，对于它们，任何运动概念都是不能应用的。不容许把它们设想成是由各个可以随时间追踪下去的粒子所组成。这用闵可夫斯基的话来说就是：并不是每一个在四维世界中有广延的实体都可以理解为是由世界线所构成的。狭义相对论不容许我们假定，以太是由那些可以随时间追踪下去的粒子组成的，但是以太假说本身同狭义相对论并不抵触，只要我们当心不要把运动状态强加给以太就行了。

当然，从狭义相对论的观点来看，以太假说首先是一种无用的假说。在电磁场方程中，除了电荷密度外，只出现场的强度。真空中电磁过程的进程看起来好像完全取决于那条内在的定律，丝毫不受其他物理量的影响。电磁场是以最终的、不能再归结为别的东西的实在的身份而出现的，再假定一种均匀的、各相同性的以太媒质，而那些电磁场必须理解为是它的状态，这就尤其显得是画蛇添足了。

但是，另一方面却可以提出一个有利于以太假说的重要论据。否认以太的存在，最后总是意味着承认空虚空间绝对没有任何物理性质。这种见解不符合力学的基本事实。一个在空虚空间中自由飘浮的物质体系的力学行为，不仅取决于相对位置（距离）和相对速度，而且也取决于它的转动状态，这种转动状态在物理上不能理解为属于这种体系本身的一种特征。为了至少能够在形式上把体系的转动看成某种实在的东西，牛顿就把空间客观化了。既然他认为他的绝对空间是实在的东西，那么在他看来，相对于一个绝对空间的转动也就该是某种实在的东西了。牛顿同样也可以恰当地把他的绝对空间叫作"以太"；问题的实质就在于，为了能够把加速度和转动都看作是某种实在的东西，除了可观察到的客体之外，还必须把另一种不可察觉的东西也看作是实在的。

马赫固然曾经尝试过，在力学中用一种对世界上所有物体的平均加速度来代替相对于绝对空间的加速度，以避免去假设有某种观察不到的实在东西的必要性。但是一种对于遥远物体相对加速度的惯性阻力，却得预先假定有一种直接的超距作用。既然现代物理学家认为不应当作这样的假定，那么在这种见解下，他也就重新回到了能作为惯性作用的媒质的以太上来。但是马赫的思考方法所引进的这种以太概念，与牛顿，菲涅尔以及洛伦兹的以太概念在本质上是有区别的。这种马赫的以太不仅决定着惯性物体的行为，而且就其状态来说，也取决于这些惯性物体。

马赫的思想在广义相对论的以太中得到了充分的发展。根据这种理论，在各个分开的时空点附近，时空连续统的度规性质是各不相同的，并且也取决于该区域之外存在的全部物质。量杆和时钟在相互关系上的这种空间-时间上的变化，也就是认为"空虚空间"在物理关系上既不是均匀的也不是各相同性的这种知识，迫使我们不得不用 10 个函数（即引力势 $g_{\mu\nu}$）来描述空虚空间的状态，这无疑最终取消了空间在物理上是空虚的这个见解。但是以太由此也就又有了一种确定的内容，这种内容当然同光的机械波动说的以太的内容大不相同。广义相对论的以太是这样的一种媒质，它本身完全没有一切力学的和运动学的性质，但它却参与对力学（和电磁学）事件的决定。

这种在原则上新的广义相对论以太与洛伦兹以太的对立就在于：广义相对论以太在每一点的状态，都取决于它同物质以及它同邻近各点的以太状态之间的关系，这种关系表现为一些用微分方程的形式来表示的定律；可是在没有电磁场的情况下，洛伦兹以太的状态却不取决于在它之外的任何东西，而且到处都是相同的。如果用常数来代替那些描述广义相对论以太的函数，同时不考虑任何决定以太的原因，那么广义相对论以太就可以在想象中转变为洛伦兹以太。因此人们也的确可以说，广义相对论以太是把洛伦兹以太加以相对论化而得出的。

至于这种新的以太在未来物理学的世界图像中注定要起的作用，我们现在还不清楚。我们知道，它确定空间-时间连续统中的度规关系，比如确定固体各种可能的排列以及引力场；但是我们不知道，它在构成物质的荷电基本粒子的结构中究竟是不是一种重要的部分。我们也不知道，究竟是不是只在有重物质附近，它的结构才同洛伦兹以太的结构大不相同，以及宇宙范围的空间几何究竟是不是近于欧几里得的。但是我们根据相对论的引力方程却可以断言，只要宇宙中存在一个哪怕很小的正的物质平均密度，宇宙数量级的空间的性状，就必定存在着对欧几里得几何的偏离。在这种情况下，宇宙在空间上必定是闭合的和大小有限的，其大小则取决于那个（物质的）平均密度的数值。

如果我们从以太假说的观点来考察引力场和电磁场，那么两者之间就存在着一个值得注意的原则性的差别。没有任何一种空间，而且也没有空间的任何一部分，是没有引力势的；因为这些引力势赋予它以空间的度规性质，要是没有这些度规性质，空间就根本无法想象。引力场的存在是与空间的存在直接联系在一起的。反之，空间一个部分没有电磁场却是完全可以想象的。因此，电磁场看来同引力场相反，似乎与以太只有间接的关系，这是由于电磁场的形式性质完全不是由引力以太确定的。从理论的现状看来，电磁场同引力场相比，它好像是以一种完全新的形式动因为基础的，好像自然界能够不赋予以太以电磁类型的场，而赋予它另一种完全不同类型的场，比如一种标量势的场，也会是同样适合的。

既然依照我们今天的见解，物质的基本粒子按其本质来说，不过是电磁场的凝聚，而绝非别的什么，那么就得承认，我们今天的世界图像有两种在概念上彼此完全独立的（尽管在因果关系上是相互联系的）实在，即引力场和电磁场，或者，人们还可以称它们为空间和物质。

如果引力场和电磁场合并为一个统一的实体，那当然是一个巨大的进步。那时，由法拉第和麦克斯韦所开创的理论物理学的新纪元才会获得令人满意的结论。那时，以太-物质这种对立就会逐渐消失，整个物理学通过广义相对论而成为类似几何学、运动学和引力理论那样的一种完备的思想体系。数学家外尔（H. Weyl）在这个方向上作了极富独创性的研究，但我并不认为他的理论在现实面前会站得住脚。而且，我们在展望理论物理学最近的将来时，不应当无条件地忘却量子论所概括的事实，有可能会给场论设下无法逾越的界限。

我们可以总结如下：依照广义相对论，空间已经被赋予物理性质；因此，在这种意义上说，存在着一种以太。依照广义相对论，一个没有以太的空间是不可思议的；因为在这样一种空间里，不但光不能传播，而且量杆和时钟也不可能存在，因此也就没有物理意义上的空间-时间间隔。但是又不可认为这种以太会具有那些为有重物质所特有的性质，也不可认为它是由那些能够随时间追踪下去的粒子所组成的；而且也不可把运动概念用于以太。

（许良英译，邹振隆校）

第四部分

几何学和经验

导　言

　　数学和物理被认为是同一枚硬币的两面。然而，它们是完全不同的。物理和其他自然科学的真理只能通过观察和实验来建立。即使那样，我们最大的奢望只是说一个理论还未被证明是错误的，或者用卡尔·波普的术语，还未被"证伪"，而不是说被证明为正确的。另一方面，数学甚至可由对物理世界没有直接经验的人发展并建立。

　　几何学似乎处于物理科学和纯粹数学中间的位置。爱因斯坦在《几何学和经验》（1921）中指出，在几何中从陈述的公理可以证明命题，而公理本身不能被证明。如果有人要研究"实用几何"，其假定必须基于实在宇宙的物理性质之上。

　　爱因斯坦作为年轻思想家的最早的灵感之一来自欧几里得的《几何原本》。这部著作立下一族从所有经验看来似乎明显的几何假设，例如，两条直线最多只能有一个交点，平行线不会相交等。在人类的尺度下，欧几里得几何仿佛如此完美地描述我们的世界，并和我们的直觉如此一致，似乎牛顿力学直接起源于欧几里得几何。

　　然而，在 19 世纪中期，一些思想家开始探讨非欧几何。非欧几何由和欧几里得的非常不同的公理出发，而且刻画曲面。例如，画在球面上的线可以不止一次地相交。考虑在一个球面上，经线在北极和南极都相遇。爱因斯坦对物理学的最伟大贡献之一就是，他认识到，非欧几何可能基本上正确地描写了宇宙的形状。

　　这样，广义相对论是一种描写宇宙几何的方式。正如约翰·阿契巴尔德·惠勒说的："物质指示时空如何弯曲，而时空指示物质如何运动。"宇宙曲率的含义是什么呢？它在小尺度上描述行星围绕太阳的公转，以及你和地球之间的引力拉力。

　　在大尺度上，或许也存在宇宙的总体曲率。这可用地球来作比拟，它既具有整体的球状，又具有小的起伏（山脉）。宇宙的形状描述了它是有限还是无限，以及其最终命运如何。

　　我们仍然在对付爱因斯坦在《几何学和经验》中提出的问题。威尔金孙微波各向异性探测器和其他实验的最新测量显示，宇宙在大尺度上是平坦的，而诸如激光干涉引力波观测站（LIGO）和预定在2015年发射的激光干涉空间天线（LISA）的引力波实验目标是测量在最小尺度下时空的涟漪。尽管我们的直觉在所有尺度下都没有多大用处，而只有通过直接观察我们才可以测量到时空形状的"实在几何"。

（吴忠超译）

几何学和经验

爱因斯坦

1921 年 1 月 27 日在普鲁士科学院公开会议上演讲的扩展版

为什么数学比其他一切科学受到特殊的尊重，一个理由是它的命题是绝对可靠的和无可争辩的，而其他一切科学的命题在某种程度上都是可争辩的，并且经常处于会被新发现的事实推翻的危险之中。尽管如此，要是数学命题所涉及的只是我们想象中的对象而不是实在的客体，那么别的科学部门的研究者还是没有必要去羡慕数学家。因为，如果人们已经同意了基本命题（公理），以及由此导出其他命题的方法，那么毫不奇怪，不同的人必定会得出同样的逻辑结论。但是数学之所以有崇高声誉，还有另一个理由，那就是数学给予精密自然科学以某种程度的可靠性，没有数学，这些科学是达不到这种可靠性的。

在这里，有一个历来都激起探索者兴趣的谜。数学既然是一种同经验无关的人类思维的产物，它怎么能够如此美妙地适合实在的客体呢？那么，是不是不要经验而只靠思维，人类的理性就能够推测出实在事物的性质呢？

照我的见解，这问题的答案扼要说来是：只要数学的命题是涉及实在的，它们就不是可靠的；只要它们是可靠的，它们就不涉及实在。我觉得，只有通过那个在数学中称为"公理学"的趋向，这种情况的完全明晰性才会成为共识。公理学所取得的进步，在于把逻辑-形式同它的客观的或直觉的内容截然划分开来；依照公理学，只有逻辑-形式才构成数学的题材，而不涉及直觉的或者别的同逻辑形式有关的内容。

我们暂且从这个观点来考察几何学的任何一条公理，比如：通过空间里的两个点，总有且只有一条直线。这条公理，在古老的和近代的意义上是怎样解释的呢？

古老的解释：大家都知道什么是直线，什么是点。这种知识究竟是来自人类的一种精神能力还是来自经验，是来自这两者的某种结合还是来自其他来源，这不是由数学家来决定的。他把这问题留给哲学家。上述这条公理，是以一种先于数学的知识为依据的，它像别的公理一样，是自明的，就是说，它是这种先验知识的一部分的表述。

近代的解释：几何学所处理的对象是以直线、点等这类字眼来表示的。对于这些对象并不需要假定有任何知识或直觉，而只是以公理（如上述那样一条公理）的有效性为前提，这些公理是在纯粹形式的意义上来理解的，即丝毫没有任何直觉的或经验的内容。这些公理是人的思想的自由创造。几何学的其他一切命题都是公理的逻辑推论（这里，公理只是从唯名论的意义上来理解的）。几何学所处理的对象是由公理来定义的。石里克因此在他的一本关于认识论的著作中，非常恰当地把公理称为"隐定义"。

现代公理学所提倡的这种公理观点，洗掉了数学中一切外附的因素，因而也驱散了以前笼罩着数学基础的那团神秘的疑云。但是这样一种修正了的对数学的解释也让人明白：对于我们的直觉对象或者客体，这样的数学不能做出任何断言。在公理学的几何中，"点""直线"等词只不过代表概念的空架子。至于给它们以什么内容，那是同数学无关的。

然而另一方面也是确定无疑的，一般说来，数学，特别是几何学，它之所以存在，是由于人们需要了解实在客体行为的某些方面。几何这个词本来的意思是指大地测量，就证明了这一点。因为大地测量必须处理某些自然对象（即地球的某些部分、量绳、量杆等）彼此之间各种排列的可能性。仅有公理学的几何概念体系，显然不能对这种实在客体（以后我们称之为实际刚体）的行为做出任何断言。为了做出这种断言，几何学必须去掉它的纯逻辑形式的特征，应当把经验的实在客体同公理学的几何概念的空架子对应起来。要做到这一点，我们只要加上这样一条命题：固体之间可能的排列关系，就像三维欧几里得几何里形体的关系一样。这样，欧几里得的命题就包含了关于实际刚体行为的论断。

这样建立的几何学显然是一种自然科学；事实上我们可以把它看作是一门最古老的物理学。它的论断根据实质上是经验的归纳，而不仅仅是逻辑推理。我们应当把这样建立的几何学叫作"实际几何"，下面还要把它同"纯粹公理学的几何"区分开来。宇宙的实际几何究竟是不是欧几里得几何，这个问题有明白的意义，其答案只能由经验来提供。如果人们运用光是沿直线传播的这条经验定律，而且事实上光是以实际几何意义上的直线在传播的，那么物理学中一切长度的量度就构成了这种意义上的实际几何，测地学和天文学上的长度量度也是如此。

我特别强调刚才所讲的这种几何学的观点，因为要是没有它，我就不能建立相对论。要是没有它，下面的考虑就不可能：在相对于一个惯性系转动的参考系中，由于洛伦兹收缩，刚体的排列定律不符合欧几里得几何的规则；因此，如果我们承认非惯性系也有同等地位，我们就必须放弃欧几里得几何。要是没有上述解释，就一定作不出向广义协变方程过渡的决定性的一步。如果我们不承认公理学的欧几里得几何的形体同实在的实际刚体之间的关系，那么我们就容易得出如下的观点，这就是那位敏锐的、深刻的思想家 H. 庞加莱所主张的观点：欧几里得几何以其简单性突出地优于其他一切可想象的公理学几何。现在，因为公理学的几何本身并不包含关于能被经验到的实在的断言，而只有在与物理定律结合时才能做到这一点，所以不管实在的本性如何，要保留欧几里得几何，应当是可能的，而且也是合理的。因为，要是理论与经验之间出现了矛盾，我们宁愿改变物理定律，也不愿改变公理学的欧几里得几何。如果我们拒不承认实际刚体与几何之间的关系，那么我们就确实难以摆脱这样的约定，即欧几里得几何应当作为最简单的几何而被保留下来。

庞加莱和别的研究者为什么拒不承认实际刚体同几何体之间的等效性（这种等效性是很容易想到的）呢？那只是因为经过进一步的考察之后，知道自然界中实在的固体并不是刚性的，因为它们的几何性状（即它们相对排列的各种可能性）是取决于温度、外力等的。这样，几何同物理实在之间原始的、直接的关系显然被破坏了，我们不得不倾向于下面这个更一般的观点，这是庞加莱观点的特征。几何（G）并不断言实在事物的性状，而只有几何加上全部物理定律（P）才能做到这一点。用符号来表示，我们可以说：只有（G）＋（P）的和才能得到实验的验证。因此，（G）可以任意选取，（P）的某些部分也可以任意选取；所有这些定律都是约定。为了避免矛盾，必须注意的只是怎样来选取（P）的其余部分，使得（G）和全部的（P）合起来能够同经验相符合。从这个角度来考虑，公理学的几何与已经获得公认地位的那部分自然定律，在认识论上看来是等价的。

我认为，从永恒的观点来看（sub specie aeteni），庞加莱是正确的。相对论中量杆这个概念，以及同它搭配的时钟这个概念，在实在世界里找不到它们的确切对应物。也很明显，固体和时钟在物理学的概念大厦里扮演的并不是不可简约的元素，而是复合的结构，它们不能在理论物理学中扮演任何独立的角色。但我相信，在理论物理学目前的发展阶段中，这些概念仍然必须作为独立的概念来使用；因为我们还远没有得到一种关于原子结构理论原理的可靠知识，使我们在理论上能由基本概念构成固体和时钟。

此外，有这样一种反对意见，认为自然界中没有真正的刚体，因此，所说的刚体性质不能用到物理实在上去，这种反对意见决不像乍看起来那么重要。因为要准确地测定量具的物理状态，使它对于别的量具来说，它的性状足以毫无歧义地允许它去代替"刚"体，那并不是困难的事。而这种量具，正是那些关于刚体的陈述所必须参照的。

全部实际几何都是基于一条为经验所能及的原理，我们现在试着来了解这条原理。假设在一个实际刚体上标出两个记号，我们称这样一对记号为一个截段：我们设想两个实际刚体，每个上面都标出一个截段，如果一个截段的两个记号能与另一个截段的两个记号永远重合，那么我们说这两个截段是"彼此相等"的。我们现在假定：

如果两个截段在某时某地是相等的，那么不论在何时何地它们永远都是相等的。

不仅欧几里得的实际几何，就是它最接近的推广，即黎曼的实际几何，及其随后的广义相对论，也都以这一假定为基础。在证明这一假定的实验根据中，我想只讲一个。空虚空间里光的传播现象对每一段当地时间都定出一个截段，即相应的光的路程，反之亦然。由此可知，上述关于截段的假定必定也适用于相对论中时钟的时间间隔。因此可以作如下表述：如果两只理想的钟在任何时刻和任何地点（那时它们是紧靠在一起的）走速相同，那么当它们再在一起比较时，不管是在什么地点和什么时刻，它们的走速永远相同。如果这定律对于自然的时钟不成立，那么对于许多分开的属于同一化学元素的原子来说，它们的本征频率就应当不会如经验显示的那样严格一致。明晰光谱线的存在，是上述实际几何原理的一个令人信服的实验证明。分析到最后，这就是我们所以能够有意义地来谈论四维空间-时间连续统的黎曼度规的理由。

按照这里所主张的观点，这个连续统的结构究竟是欧几里得的，还是黎曼的，或者任何别的，那是一个必须由经验来回答的物理学本身的问题，而不是只根据方便与否来选择的约定的问题。如果所考察的空间-时间区域越小，实际刚体的排列定律越接近欧几里得几何体的定律，那么黎曼几何是会站得住脚的。

固然，所提出的这个几何学的物理解释，直接用到小于分子数量级的空间是失败了。但是，即使在那些有关基本粒子组成的问题中，它还是有部分的意义。因为即使在描述组成物质的荷电基元粒子这样一个问题上，仍然可以尝试赋予场的概念以物理意义，这些场概念原来是为描述比分子大得多的物体的几何性状而给以物理定义的。要求黎曼几何的基本原理在它们的物理定义范围以外仍然有物理实在的意义，这种企图是否正确，那只有靠它试用后成功与否来判明。结果可能会是：这种外推并不见得比把温度概念外推到分子数量级的物体上去会更有根据。

把实际几何的概念推广到宇宙数量级的空间上去，表面上看来，问题较少。当然，它会遭到这样的反对意见：由固体杆组成的结构当其空间范围越来越大时，离理想的刚性也就越来越远。但是，我认为这种反驳不大会有什么根本性的意义。因此，我认为宇宙在空间上是否有限这个问题，从实际几何的意义来看，是十分有意义的。我甚至认为，天文学不久后回答这个问题并非不可能。让我们回顾一下广义相对论在这方面的说法。它提出两种可能性：

1. 宇宙在空间上是无限的。这只有当宇宙里集中于星体内物质的平均空间密度等于 0 时才可能，那就是说，只有当所考察的空间体积越来越大，星体的总质量与其所散布的空间体积之比无限趋于 0 时，才有可能。

2. 宇宙在空间上是有限的。如果宇宙里有重物质的平均密度不等于 0，那就必然如此。平均密度越小，宇宙的体积就越大。

我不能不提一下，我们能够举出一个理论论证来支持有限宇宙的假说。广义相对论指出，一个既定物体的惯性随着它附近有重物质的增加而增大；因此，把一个物体的总惯性归结为它同宇宙中其他物体之间的相互作用，那似乎是很自然的，这正如从牛顿时代以来，重力也确已完全归结为物体之间的相互作用一样。从广义相对论的方程可以推出：把惯性完全归结为物体之间的相互作用（如 E. 马赫所要求的），只有当宇宙在空间上有限时才可能。

许多物理学家和天文学家对这种论证没有印象。分析到最后，唯有经验才能决定这两种可能性中究竟哪一种在自然界中是现实的。经验怎样能够提供答案呢？首先，似乎可以从我们观察到的部分宇宙来测定物质的平均密度。这种希望是不能实现的。可见星体的分布是极其不规则的，我们没有理由可以冒昧地把宇宙中星体物质的平均密度看作是等于（比如说）银河系里的平均密度。总之，不管所考察的空间有多大，我们总不能相信，在那个空间的外面就没有更多星体了。这样，要估计平均密度似乎是不可能的。

但是还有一条道路我觉得是可行的，尽管它也有很大的困难。因为，如果我们探究那些为经验所能及的广义相对论的结论与牛顿理论结论的偏离时，我们首先发现的一种偏离是出现在引力物质的近旁的，这已在水星的例子中得到了证实。但是如果宇宙在空间上是有限的，那就有第二种对于牛顿理论的偏离，用牛顿理论的语言，它可以这样来表述：引力场好像不仅是由有重物质产生，而且还由分布在整个空间里的带负号的质量密度所产生。由于这虚设的质量密度必然是极小的，它只有在非常广大的引力体系中才能被觉察到。

假定我们已知银河系中恒星的统计分布和质量，然后利用牛顿定律，我们就能算出引力场以及这些恒星必须具有的平均速度，这个速度使得银河系在它的各个恒星的相互吸引下不会坍缩，而得以保持其实际的大小。如果恒星的实际速度（这是可以测量的）小于计算出来的速度，我们就能证明：在远距离处的实际吸引力比牛顿定律所定的要小。从这样一种偏离就能间接证明宇宙是有限的。甚至还能估计出它的空间尺度。

我们能够设想一个有限但无边界的三维宇宙吗？

通常的回答是"不能"，但这不是正确的答案。下面的评述是为了证明，这个问题的答案应当是"能"。我要指出，我们能够毫无特殊困难地用想象的图像来说明有限宇宙的理论，经过一些实践，我们不久将会对这种图像习惯起来。

首先是关于认识论性质的考察。几何-物理理论本身是不能直接描绘的，因为它只是一种概念体系。但是这些概念能用来把各种各样实在的或想象的感觉经验在头脑里联系起来。因此，使理论"形象化"，就意味着想起那些被理论给以系统排列的许多可感觉的经验。在当前的情况下我们应当自问，要怎样表示固体相互排列（接触）的性状，才能与有限宇宙对应起来。我对于这个问题要说的话，其实并没有什么新鲜之处；但是向我提出的许多疑问，证明对这些问题感兴趣的人的好奇心还没有得到完全满足。因此，对于我将要讲到的早已为大家熟悉的部分，内行人能否原谅呢？

当我们说我们的空间是无限的，我们要表达的意思是什么？那不过是说，我们可以一个挨着一个地放置任意个同样大小的物体而永远填不满空间。假设我们有很多个同样大小的立方盒。依照欧几里得几何，我们可以把它们在彼此的上下、前后、左右堆放起来，以填满空间的一个任意大的部分；但这样的构造会永无止境；我们能够加上越来越多的方盒，而永远不会没有余地。这就是我们说空间是无限的意思。比较恰当的说法是：假定刚体的排列定律是按照欧几里得几何所规定的，那么空间对于实际刚体来说是无限的。

另一个无限连续统的例子是平面。我们可以在一个平面上放许多方卡片，使任何一张卡片的每一边同另外一张卡片的边接在一起。这种构造永无止境；我们总能继续放上卡片——只要它们的排列定律符合欧几里得几何中平面图形的排列定律。因此，对于这些方卡片来说，这个平面是无限的。所以，我们说平面是二维的无限连续统，而空间则是三维的无限连续统。这里所指的维数的意义，我想可以假定是大家都知道了的。

现在我们举一个有限但无边界的二维连续统的例子。我们设想有一个大球的表面和一些大小相同的小圆纸片。我们把其中一块纸片放在球面的任何地方。如果我们在球面上任意移动该纸片，在此过程中我们就碰不到边界。所以我们说这球的表面是一个没有边界的连续统。同时，这球面又是一个有限的连续统。因为我们如果把所有纸片都贴在球上，使得各个纸片互不重叠，这球的表面最后会被贴满，而没有容纳另外纸片的余地。这正是意味着这球的表面对于这些纸片是有限的。再者，球面是一个二维非欧几里得连续统，那就是说，这些刚性图形所依据的排列定律并不符合欧几里得平面的定律。这能用如下方法来证明。在一块纸片周围用6块纸片围起来，在其中每一块的周围再用6块纸片围起来，这样继续下去。如果这个构造是作在平面上，我们就得到一个连绵不断的排列，在那里，每一块纸片，除了那些放在边上的，都同6块纸片接触。在球面上，这种构造起初似乎也有成功希望，纸片半径对球半径的比率越小，这种希望似乎就越大。但是当构造继续下去时，越来越明显的是，要纸片照上述方式不间断地排列下去，那是不可能的。可是按照欧几里得平面几何则应当是可能的。这样，那些不能离开这个球面，甚至也不能从球面上看出三维空间的人们，只要凭纸片来做实验，就会发现他们的二维"空间"不是欧几里得空间而是球面空间。

从相对论的最近结果来看，很可能我们的三维空间也近似于球面空间，那就是说，在这空间里刚体的排列定律不是照欧几里得几何所规定的，而是近似地由球面几何所规定，只要我们所考察的那部分空间足够大的话。到这里，读者的想象会犹豫起来。他会愤慨地叫喊："没有谁能想象这种东西。""可以这样说，但不能这样想。我能很好地想象一个球面，但想不出它的三维类比"。

图1

我们必须试图克服这种心理障碍，而有耐心的读者会明白，这绝不是一件特别困难的事情。为了这个目的，我们首先要再来看一下二维球面几何。在附图中，设 K 是球面，它在 S 处与平面 E 接触，为了便于表示，把这平面画成一个有边界的面。设 L 是球面上的一块圆纸片。现在让我们设想：在球面上同 S 径向相对的 N 点有一发光点，它在平面 E 上投下纸片 L 的影 L'。球上的每一点在平面上都有它的影。如果球 K 上的纸片移动了，平面 E 上的 L' 也要移动。当纸片 L 在 S 时，它就几乎完全同它的影重合。如果它在球面上从 S 向上移动，平面上纸片的影 L' 也从 S 向外移动，同时变得越来越大。当纸片 L 接近发光点 N 时，这影就移向无穷远处，而且变成无穷大了。

现在我们提出这样的问题：在平面 E 上的纸片的影 L' 的排列定律是怎样的呢？显然它们是同球面上纸片 L 的排列定律完全一样。因为对于 K 上的每个图形，E 上都有一个对应的图形。如果 K 上两个纸片相接触，它们在 E 上的影也相接触。平面上投影的几何同球面上纸

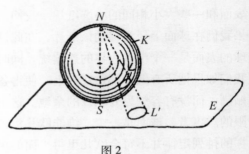

图 2

片的几何是一致的。如果我们把这些投影叫作刚性图形，那么对于这些刚性图形，球面几何适用于平面 E 上。特别是，这平面对于纸片的影是有限的，因为在平面上只有有限个数的纸片的影能占到位置。

在这里，有人会说："那是胡说。纸片的影不是刚性图形。我们只要拿一把尺在平面 E 上移动，就能使我们深信，影在平面上从 S 移向无穷远处的过程中，影的大小就在不断增长。"但是，如果这把尺在平面上也像纸片的影 L' 一样地有伸缩，那又将怎样呢？那时就不可能看出这些影在离开 S 时会增长；这种断言因而不再有任何意义。事实上，关于纸片的影所能提出的唯一客观判断也正是这样：纸片的影的相互关系，完全与欧几里得几何意义上的球面上的刚性纸片的关系一样。

我们必须留心记住，只要我们不能把纸片的影与那些能在平面 E 上运动的欧几里得刚体作比较，关于纸片的影向无穷远处移动时增大的陈述本身是没有客观意义的。对于影 L' 的排列定律来说，点 S 在平面上和在球面上都一样。

上述球面几何在平面上的表示对我们是重要的，因为容易把它搬到三维的情况。

让我们设想我们空间里的一点 S 和很多小球 L'，所有这些小球都能彼此重合在一起。但这些球不是欧几里得几何意义上的刚性球；当它们从 S 向无穷远处运动时，其半径（在欧几里得几何意义上）要增长；这种增长所遵循的定律，与平面上纸片的影 L' 半径增长的定律一样。

在对我们的这些 L' 球的几何性状获得生动的心理映象后，让我们假定，在我们的空间里根本不存在欧几里得几何意义上的刚体，而只有我们的 L' 球性状的物体。这样，我们将得到一幅关于三维球面空间的清晰图像，或更恰当地说，是一幅三维球面几何的图像。这里，我们的这些球必须叫作"刚性"球。当它们离开 S 时，其大小的增长不能通过量杆的量度检测出来，正如纸片的影在 E 平面上的情形一样，因为量度标准的性状同这些球的性状是一样的。空间是均匀的，就是说，在每一点的附近可以有同样情形的球排列①。我们的空间是有限的，因为，由于球"增大"的结果，只有有限数目的球能够在空间中占到位置。

这样，以欧几里得几何给予我们的思维和想象的实践作为支柱，我们获得了球面几何的心理图像。通过特殊的想象构造，我们可以毫无困难地给这些观念以更大的深度和活力。用类似的方式，在所谓椭球面几何的情况中也不会有困难。我今天唯一的目的是想指出，人的形象思维对于非欧几里得几何绝不注定是无能为力的。

（许良英译，邹振隆校）

---

① 如果我们再一次回到球面上纸片的情形，这一点无须计算就可以理解（不过只是对于二维情况）。

第五部分

《相对论的意义》摘选

导　言

　　伽利略·伽利雷比爱因斯坦早 300 年发展了相对论。他的相对论最终成为艾萨克·牛顿爵士力学的支柱之一。爱因斯坦在《相对论的意义》中不仅把伽利略相对论当作牛顿工作，也当作他自己工作的先驱。

　　伽利略相对论是基于简单的直观的思想，对于所有观察者而言，时间始终如一地流逝，而不管他们运动的状态如何。伽利略因而预期了牛顿的运动第一定律：运动物体除非被施以外力，它将保持其不变的速率和方向。

　　尽管在《相对论的意义》中，数学在表面上显得非常复杂，但是爱因斯坦的目标却是非常谦虚的。他只是展现了不管在静止还是运动的参考系中的测量结果都满足牛顿运动定律。他在这一章的结尾进一步证明，为了在运动的参考系中使麦克斯韦的电磁学方程成立，需要亨德利克·洛伦兹提出的不同的变换集合。

　　伽利略变换和洛伦兹变换之间的差别，是从前者引出对于所有观察者时间的恒常流动，而从后者得出对于不同运动状态的观察者时间具有不同的速率。

　　但是，我们说的"时间的恒常流动"的含义是什么？很容易讲，一个事件在另一个事件之前发生，或者它们同时发生，但是除了通过时间自身，我们如何测量时间呢？爱因斯坦建议利用发射光束的反射作为时钟，假定不管观察者的运动状态如何，光总是以相同速率旅行。这个简单的理想实验得到了某些非常令人惊讶的结果。

　　例如，他发现，一个观察者测量在通过他身边运动的火车上的事件，将会看到它的栖载物动作迟缓：心跳迟缓，挂钟迟缓，而且其他所有的节律都迟缓。类似地，在火车上的人认为自己完全正常，但是看到车站上的钟走得较慢。但是因为光应该总以常速率行进，如果时间和行进速率相关联，那么沿着运动方向的长度也应该与之相关。这些效应在日常生活中不明显，只有当有关的速率接近光速时才变得显而易见。这样，在通常速率下，爱因斯坦和伽利略的相对论的行为完全相同。

　　爱因斯坦在这篇论文中有效地论证，尽管实际上我们几乎一切经验都表明，伽利略和牛顿是正确的，但是，为了统一物理学不同分支，需要一个新的理论：狭义相对论。

（吴忠超译）

相对论前物理学中的空间与时间

相对论和空间与时间的理论有密切的联系，因此我要在开始的时候先简明扼要地考究一下我们的空间-时间概念的起源，虽然我知道这样做是在提出一个引起争论的问题。一切科学，不论自然科学还是心理学，其目的都在于使我们的经验互相协调并将它们纳入逻辑体系。我们习惯上的空间与时间概念和我们经验的特性又是怎样联系着的呢？

我们看来，个人的经验是排成了序列的事件；我们所记得的各个事件在个序列里看来是按照"早"和"迟"的标准排列的，而对于这个标准则不能再作进一步的分析了，所以，对于个人来说，就存在着"我"的时间，也就是主观的时间，其本身是不可测度的，其实我可以用数去和事件如此联系起来，使较迟的事件和较早的事件相比，对应于较大的数；然而这种联系的性质却可以是十分随意的。将一只时计所指出的事件顺序和既定事件序列的顺序相比较，我就能用这只时计来确定这种联系的意义。我们将时计理解为供给一连串可以计数的事件的东西，它并且还具有一些我们以后会说到的其他性质。

各人在一定的程度上能用语言来比较彼此的经验。于是就出现各个人的某些感觉是彼此一致的，而对于另一些感觉，却不能建立起这样的一致性。我们惯于把各人共同的因而多少是非个人特有的感觉当作真实的感觉。自然科学，特别是其中最基本的物理学，就是研究这样的感觉。物理物体的概念，尤其是刚体的概念，便是这类感觉的一种相对恒定的复合。在同样的意义下，一个时计也是一个物体或体系，它还具有一个附加的性质，就是它所计数的一连串事件是由都可以当作相等的元素构成的。

我们的概念和概念体系之所以能得到承认，其唯一理由就是它们是适合于表示我们的经验的复合；除此以外，它们并无别的关于理性的根据。我深信哲学家①会对科学思想的进展起过一种有害的影响，在于他们把某些基本概念从经验

---

① 这里所说的哲学家应指唯心主义哲学家。——中文译本编者注

论的领域里（在那里它们是受人们制约的）取出来，提到先验论的不可捉摸的顶峰。因为即使看起来观念世界不能借助于逻辑方法从经验推导出来，但就一定的意义而言，却是人类理智的创造，没有人类的理智便无科学可言；尽管如此，这个观念世界之依赖我们经验的性质，就像衣裳之依赖人体的形状一样。这对于我们的时间与空间的概念是特别确实的；迫于事实，为了整理这些概念并使它们适于合用的条件，物理学家只好使它们从先验论的奥林帕斯山（Olympus）① 降落到人间的实地上来。

现在谈谈我们对于空间的概念和判断。这里主要的也在于密切注意经验对于概念的关系，在我看来，彭加莱（Poincare）在他的"科学与假设"（*La Science et l'Hypothese*）一书中所作的论述是认识了真理的。在我们所能感觉到的一切刚体变化中间，那些能被我们身体任意的运动抵消的变化是以其简单性为标志的；彭加莱称之为位置的变化。凭简单的位置变化能使两个物体相接触。在几何学里有根本意义的全等定理便和处理这类位置变化的定律有关。下面的讨论看来对于空间概念是重要的。将物体 B，C，…附加到物体 A 上能够形成新的物体；就说我们延伸物体 A。我们能延伸物体 A，使之与任何其他物体 X 相接触。物体 A 的所有延伸的总体可称为"物体 A 的空间"。于是，说一切物体都在"（随意选择的）物体 A 的空间"里，是正确的。在这个意义下我们不能抽象地谈论空间，而只能说"属于物体 A 的空间"。在日常生活中确定物体相对位置时，地壳处在如此主要的地位，由此而形成的抽象的空间概念，当然是无可置喙的。为了使我们自己免于这项极严重的错误，我们将只提"参照物体"或"参照空间"。以后会看到，只是由于广义相对论才使得这些概念的精细推究成为必要。

我不打算详细考究参照空间的某些性质，这些性质导致我们将点设想为空间的元素，将空间设想为连续区域。我也不企图进一步分析一些表明连续点列或线的概念为合理的空间性质。如果假定了这些概念以及它们和经验的固体的关系，那就容易说出空间的三维性是指什么而言；对于每个点，可以使它与三个数 x_1，x_2，x_3（坐标）相联系，办法是要使这种联系成为唯一地相互的，而且当这个点描画一个连续的点系列（一条线）时，它们就作连续的变化。

在相对论前的物理学里，假定理想刚体位形的定律是符合欧几里得几何学的。这个意义可以表示如下：标志在刚体上的两点构成一个间隔。这样的间隔可

---

① 希腊神话传说奥林帕斯山是神所居之处；这里就是指天上而言。——中文译本编者注

取多种方向和我们的参照空间处于相对的表止。如果现在能用坐标 x_1，x_2，x_3 表示这个空间里的点，使得间隔两端的坐标差 Δx_1，Δx_2，Δx_3，对于间隔所取的每种方向，都有相同的平方和：

$$s^2 = \Delta x_1^2，\Delta x_2^2，\Delta x_3^2，\tag{1}$$

则这样的参照空间称为欧几里得空间，而这样的坐标便称为笛卡儿坐标①。其实，就以把间隔推到无限小的极限而论，作这样的假定就够了。还有些不很特殊的假设包含在这个假设里；由于这些假设具有根本的意义，必须唤起注意。首先，假设了可以随意移动理想刚体。其次，假设了理想刚体对于取向所表现的行为与物体的材料以及其位置的改变无关，这意味着只要能使两个间隔重合，则随时随处都能使其重合。对于几何学，特别是对于物理量度有根本重要性的这两个假设，自然是由经验得来的；在广义相对论里，须假定这两个假设只对于那结合天文的尺度相比是无限小的物体与参照空间才是有效的。

量 s 称为间隔的长度。为了能唯一地确定这样的量，需要随意地规定一个指定间隔的长度；例如，令它等于 1（长度单位）。于是就可以确定所有其他间隔的长度。如果使 x_ν 线性地依赖参量 λ，

$$x_\nu = a_\nu + \lambda b_\nu，$$

便得到一条线，它具有欧几里得几何学里直线的一切性质。具体地说，容易推知，将间隔 s 沿直线相继平放 n 次，就获得长度为 $n \cdot s$ 的间隔。所以长度所指的是使用单位量杆沿直线量度的结果。下面会看出：它就像直线一样，具有和坐标系无关的意义。

现在考虑这样一种思路，它在狭义相对论和在广义相对论里处在相类似的地位。我们提出问题：除掉曾经用过的笛卡儿坐标之外，是否还有其他等效的坐标？间隔具有和坐标选择无关的物理意义；于是从我们的参照空间里任一点作出相等的间隔，则所有间隔端点的轨迹为一球面，这个球面也同样具有和坐标选择无关的物理意义。如果 x_ν 和 x'_ν（ν 从 1 到 3）都是参照空间的笛卡儿坐标，则按两个坐标系表示球面的方程将为

$$\sum \Delta x_\nu^2 = 恒量，\tag{2}$$

$$\sum \Delta x'^2_\nu = 恒量。\tag{2a}$$

---

① 这关系必须对于任意选择的原点和间隔方向（比率 Δx_1，Δx_2，Δx_3）都能成立。

必须怎样用 x_ν 表示 x'_ν 才能使方程（2）与（2a）彼此等效呢？关于将 x'_ν 表示成 x_ν 的函数，根据泰勒（Taylor）定理，对于微小的 Δx_ν 的值，可以写出

$$\Delta x'_\nu = \sum_\alpha \frac{\partial x'_\nu}{\partial x_\alpha} \Delta x_\alpha + \frac{1}{2} \sum_{\alpha\beta} \frac{\partial^2 x'_\nu}{\partial x_\alpha \partial x_\beta} \Delta x_\alpha \Delta x\beta + \cdots 。$$

如果将式（2a）代入这个方程并和（1）比较，便看出 x'_ν 必须是 x_ν 的线性函数，因此，如果令

$$\mathrm{x}'_\nu = \alpha_\nu + \sum_\alpha b_{\nu\alpha} x_\alpha \tag{3}$$

而

$$\Delta x'_\nu = \sum_\alpha b_{\nu\alpha} \Delta x_\alpha , \tag{3a}$$

则方程（2）与（2a）的等效性可表示成下列形式：

$$\sum \Delta x'^2_\nu = \lambda \sum \Delta x^2_\nu \ (\lambda \text{ 和 } \Delta \mathrm{x}_\nu \text{ 无关}), \tag{2b}$$

所以由此知道 λ 必定是常数，如果令 $\lambda = 1$，式（2b）与（3a）便供给条件

$$\sum b_{\nu\alpha} b_{\nu\beta} = \delta_{\alpha\beta}, \tag{4}$$

其中按照 $\alpha = \beta$ 或 $\alpha \neq \beta$ 有 $\delta_{\alpha\beta} = 1$ 或 $\delta_{\alpha\beta} = 0$。条件（4）称为正交条件，而变换（3），（4）称为线性正交变换，如果要求 $s^2 = \sum \Delta x^2_\nu$ 在每个坐标系里都等于长度的平方，并且总用同一单位标尺来量度，则 λ 须等于 1。因为线性正交变换是我们能用来从参照空间里一个笛卡儿坐标系变到另一个的唯一的变换。我们看到，在应用这样的变换时，直线方程仍化为直线方程。将方程（3a）两边乘以 $b_{\nu\beta}$ 并对于所有的 ν 求和，便逆演而得

$$\sum b_{\nu\beta} \Delta x'_\nu = \sum_{\nu\alpha} b_{\nu\alpha} b_{\nu\beta} \Delta x_\alpha = \sum_\alpha \delta_{\alpha\beta} \Delta x_\alpha = \Delta x\beta 。 \tag{5}$$

同样的系数 b 也决定着 Δx_ν 的反代换。在几何意义上，$b_{\nu\alpha}$ 是 x'_ν 轴与 x_α 轴间夹角的余弦。

总之，可以说在欧几里得几何学里（在既定的参照空间里）存在优先使用的坐标系，即笛卡儿系，它们彼此用线性正交变换来作变换。参照空间里两点间用量杆测得的距离 s，以这种坐标来表示就特别简单。全部几何学可以建立在这个距离概念的基础上。在目前的论述里，几何学和实在的东西（刚体）有联系，它的定理是关于这些东西的行为的陈述，可以证明这类陈述是正确的还是错误的。

人们寻常习惯于离开几何概念与经验间的任何关系来研究几何学。将纯粹逻

辑性的而且与在原则上不完全的与经验无关的东西分离出来是有好处的。这样能使纯粹的数学家满意。如果他能从公理正确地即没有逻辑错误地推导出他的定理，他就满足了。至于欧几里得几何学究竟是否真确的问题，他是不关心的。但是按我们的目的，就必须将几何学的基本概念和自然对象联系起来；没有这样的联系，几何学对于物理学家是没有价值的。物理学家关心几何学定理究竟是否真确的问题。从下述简单的考虑可以看出：根据这个观点，欧几里得几何学肯定了某些东西，这些东西不仅是从定义按逻辑推导来的结论。

空间里 n 个点之间有 $\dfrac{n(n-1)}{2}$ 个距离 $s_{\mu\nu}$；在这些距离和 $3n$ 个坐标之间有关系式

$$s_{\mu\nu}^2 = (x_{1(\mu)} - x_{1(\nu)})^2 + (x_{2(\mu)} - x_{2(\nu)})^2 + \cdots 。$$

从这 $\dfrac{n(n-1)}{2}$ 个方程里可以消去 $3n$ 个坐标，由这样的消去法，至少会获得 $\dfrac{n(n-1)}{2} - 3n$ 个有关 $s_{\mu\nu}$ 的方程[①]。因为 $s_{\mu\nu}$ 是可测度的量，而根据定义，它们是彼此无关的，所以 $s_{\mu\nu}$ 之间的这些关系并非本来是必要的。

从前面显然知道，变换方程（3）、（4）在欧几里得几何学里具有根本的意义，在于这些方程决定着由一个笛卡儿坐标系到另一个的变换，在笛卡儿坐标系里，两点间可测度的距离 s 是用方程

$$s^2 = \sum \Delta x_\nu^2$$

表示的，这个性质表示着笛卡儿坐标系的特性。

如果 $K_{(x_\nu)}$ 与 $K'_{(x_\nu)}$ 的两个笛卡儿坐标系，则

$$\sum \Delta x_\nu^2 = \sum \Delta x_\nu'^2 。$$

右边由于线性正交变换的方程而恒等于左边，右边和左边的区别只在于 x_ν 换成了 x_ν'。这可以用这样的陈述来表示：$\sum \Delta x_\nu^2$ 对于线性正交变换是不变量。在欧几里得几何学里，显然只有能用对于线性正交变换的不变量表示的量才具有客观意义，而和笛卡儿坐标的特殊选择无关，并且所有这样的量都是如此。这就是有关处理不变量形式的定律的不变量理论对于解析几何学十分重要的理由。

[①] 其实有 $\dfrac{n(n-1)}{2} - 3n + 6$ 个方程。

考虑体积，作为几何不变量的第二个例子。这是用

$$V = \iiint dx_1 dx_2 dx_3 。$$

表示的，根据雅可比定理，可以写出

$$\iiint dx'_1 dx'_2 dx'_3 = \iint \frac{\partial(x'_1, \ x'_2, \ x'_3)}{\partial(x_1, \ x_2, \ x_3)} dx_1 dx_2 dx_3 ,$$

其中最后积分里的被积函数是 x'_ν 对 x_ν 的函数行列式，而同上式（3），这就等于代换系数 $b_{\nu\alpha}$ 的行列式 $|b_{\mu\nu}|$。如果由方程（4）组成 $\delta_{\mu\alpha}$ 的行列式，则根据行列式的乘法定理，有

$$1 = |\delta_{\alpha\beta}| = \left| \sum_\nu b_{\nu\alpha} b_{\nu\beta} \right| = |b_{\mu\nu}|^2 ; \quad |b_{\mu\nu}| = \pm 1 。 \tag{6}$$

如果只限于具有行列式 +1 的变换[①]（只有这类变换是由坐标系的连续变化而来的），则 V 是不变量。

然而不变量并非是表示和笛卡儿系的特殊选择无关的唯一形式。矢量与张量是其他的表示形式。让我们表示这样的事实：具有流动坐标 x_ν 的点位于一条直线上。于是有

$$x_\nu - A_\nu = \lambda B_\nu \ (\nu \text{ 由 } 1 \text{ 到 } 3)$$

可以令

$$\sum B_\nu^2 = 1 ,$$

而并不限制普遍性。

如果将方程乘以 $b_{\beta\nu}$ ［比较式（3a）与（5）］并对于所有的 ν 求和，便得到

$$x'_\beta - A'_\beta = \lambda B'_\beta ,$$

其中

$$B'_\beta = \sum_\nu b_{\beta\nu} B_\nu ; \quad A'_\beta = \sum_\nu b_{\beta\nu} A_\nu 。$$

这些是参照第二个笛卡儿坐标系 K' 的直线方程。它们和参照原来坐标系的方程有相同的形式。因此显然直线具有和坐标系无关的意义。就形式而论，这有赖于一个事实，即 $(x_\nu - A_\nu) - \lambda B_\nu$ 这些量变换得和间隔的分量 Δx_ν 一样。设对于每

---

① 这样说来，有两种笛卡儿系，称为"右手"系与"左手"系。每个物理学家和工程师都熟悉两者之间的区别。不能按几何学来规定这两种坐标系，而只能作两者之间的对比，注意到这一点是有意味的。

个笛卡儿坐标系所确定的三个量像间隔的分量一样变换，这三个量的总和便称为矢量。如果矢量对于某一笛卡儿坐标系的三个分量都等于零，则对于所有的坐标系的分量都会等于零，因为变换方程是齐次性的。于是可以不须倚靠几何表示法而获得矢量概念的意义。直线方程的这种性质可以这样表示：直线方程对于线性正交变换是协变的。

现在要简略地指出有些几何对象导致张量的概念。设 P_0 为二次曲面的中心，P 为曲面上的任意点，而 ξ_ν 为间隔 P_0P 在坐标轴上的投影。于是曲面方程是

$$\sum a_{\mu\nu}\xi_\mu\xi_\nu = 1 \text{ 。}$$

在这里以及类似的情况下，我们要略去累加号，并且了解求和是按出现两次的指标进行的。这样就将曲面方程写成

$$a_{\mu\nu}\xi_\mu\xi_\nu = 1 \text{ 。}$$

对于既定的中心位置和选定的笛卡儿坐标系，$a_{\mu\nu}$ 这些量完全决定曲面。由 ξ_ν 对于线性正交变换的已知变换率（3a），容易求得 $a_{\mu\nu}$ 的变换律①：

$$a'_{\sigma\tau} = b_{\sigma\mu}b_{\tau\nu}a_{\mu\nu} \text{ 。}$$

这个变换对于 $a_{\mu\nu}$ 是齐次的，而且是一次的。由于这样的变换，这些 $a_{\mu\nu}$ 更称为二秩张量的分量（因为有两个指标，所以说是二秩的）。如果张量对于任何一个笛卡儿坐标系的所有分量 $a_{\mu\nu}$ 等于零，则对于其他任何笛卡儿系的所有分量也都等于零。二次曲面的开头和位置是以 a 这个张量描述的。

可以定出高秩（指标个数较多的）张量的解析定义。将矢量当作一秩张量，并将不变（标量）当作零秩张量，这是可能和有益的。在这一点上，可以这样提出不变量理论的问题：按照什么规律可以给定的张量组成新张量？为了以后能够应用，现在考虑这些规律。首先只就同一参照空间里用线性正交变换从一个笛卡儿系变换到另一个的情况来讨论张量的性质。由于这些规律完全和维数无关，我们先不确定维数 n。

定义 设对象对于 n 维参照空间里的每个笛卡儿坐标系是用 n^α 个数 $A_{\mu\nu\rho\cdots}$（$\alpha=$指标的个数）规定的，如果变换律是

$$A'_{\mu'\nu'\rho'\cdots} = b_{\mu'\mu}b_{\nu'\nu}b_{\rho'\rho}\cdots A_{\mu\nu\rho\cdots}, \tag{7}$$

则这些数就是 α 秩的张量的分量。

附识 只要（B），（C），（D）…是矢量，则由这个定义可知

---

① 根据式（5），方程 $a'_{\sigma\tau}\xi'_\sigma\xi'_\tau = 1$ 可以换成 $a'_{\sigma\tau}b_{\mu\sigma}b_{\nu\tau}\xi_\sigma\xi_\tau = 1$，于是立即有上述结果。

$$A_{\mu\nu\rho}\cdots B_\mu C_\nu D_\rho \cdots \tag{8}$$

是不变量。反之，如果知道对于任意选择的（B），（C）等矢量，（8）式总能导致不变量，则可推断（A）的张量特性。

加法与减法 将同秩的张量的相应分量相加和相减，便得等秩的张量：

$$A_{\mu\nu\rho}\cdots \pm B_{\mu\nu\rho}\cdots = C_{\mu\nu\rho}\cdots。 \tag{9}$$

由上述张量的定义可得到证明。

乘法 将第一个张量的所有分量乘以第二个张量的所有分量，就能从秩数为 α 的张量和秩数为 β 的张量得到秩数为 $\alpha+\beta$ 的张量：

$$T_{\mu\nu\rho}\cdots_{\alpha\beta\gamma} = A_{\mu\nu\rho}\cdots B_{\alpha\beta\gamma}\cdots。 \tag{10}$$

降秩 令两个确定的指标彼此相等，然后按这个单独的指标求和，可从秩数为 α 的张量得到秩数为 $\alpha-2$ 的张量：

$$T_{\rho}\cdots = A_{\mu\mu\rho}\cdots \left(= \sum_\mu A_{\mu\mu\rho}\cdots \right)。 \tag{11}$$

证明是

$$A'_{\mu\mu\rho}\cdots = b_{\mu\alpha} b_{\mu\beta} b_{\rho\gamma} \cdots A_{\alpha\beta\gamma}\cdots = \delta_{\alpha\beta} b_{\rho\gamma} \cdots A_{\alpha\beta\gamma}\cdots = b_{\rho\gamma} \cdots A_{\alpha\alpha\gamma}\cdots。$$

除了这些初等的运算规则，还有微分法的张量形成法（扩充）：

$$T_{\mu\nu\rho}\cdots_{\alpha} = \frac{\partial A_{\mu\nu\rho}\cdots}{\partial x_\alpha}。 \tag{12}$$

对于线性正交变换，可以按照这些运算规则由张量构成新的张量。

张量的对称性质 如果从互换张量的指标 μ 与 ν 所得到的两个分量彼此相等或相等而反号，则这样的张量便称为对于这两个指标的对称或反称张量。

对称条件：$A_{\mu\nu\rho} = A_{\nu\mu\rho}$。

反称条件：$A_{\mu\nu\rho} = -A_{\nu\mu\rho}$。

定理 对称或反称特性的存在和坐标的选择无关，其重要性就在于此。由张量的定义方程可得到证明。

特殊张量

Ⅰ. 量 $\delta_{\rho\sigma}$（4）是张量的分量（基本张量）。

证明 如果在变换方程 $A'_{\mu\nu} = b_{\mu\alpha} b_{\nu\beta} A_{\alpha\beta}$ 的右边用量 $\delta_{\alpha\beta}$（它按 $\alpha=\beta$ 或 $\alpha\neq\beta$ 而等于 1 或 0）代替 $A_{\alpha\beta}$，便得

$$A'_{\mu\nu} = b_{\mu\alpha} b_{\nu\alpha} = \delta_{\mu\nu}。$$

如果将（4）用于反代换（5），就显然会有最后等号的证明。

Ⅱ. 有一个对于所有各对指标都是反称的张量（$\delta_{\mu\nu\rho}\cdots$），其秩数等于维数 n，

而其分量按照 $\mu\nu\rho\cdots$ 是 $123\cdots$ 的偶排列或奇排列而等于 $+1$ 或 -1。

证明可借助于前面证明过的定理 $|b_{\rho\sigma}| = 1$。

这些少数的简单定理构成了从不变量理论建立相对论前物理学和狭义相对论的方程的工具。

我们看到：在相对论前的物理学里，为了确定空间关系，需要参照物体或参照空间；此外，还需要笛卡儿坐标系。设想笛卡儿坐标系是单位长的杆子所构成的立方构架，就能将这两个概念融为一体。这个构架的格子交点的坐标是整数。由基本关系

$$s^2 = \Delta x_1^2 + \Delta x_2^2 + \Delta x_3^2, \tag{13}$$

可知这种空间格子的构杆都是单位长度。为了确定时间关系，还需要一只标准时计，例如放在笛卡儿坐标系或参照构架的原点上。如果在任何地点发生一个事件，我们立即就能给它指三个坐标 x_ν 和一个时间 t，只要确定了在原点上的时计和该事件同时的时义，而先前只涉及个人对于两处经验的同时性。这样确定的时间在一切情况下和坐标系在参照空间中的位置无关，所以它是对于变换（3）的不变量。

我们假设表示相对论前物理学定律的方程组，和欧几里得几何学的关系式一样，对于变换（3）是协变的。空间的各向同性与均匀性就是这样表示的①。现在按这个观点来考虑几个较重要的物理方程。

质点的运动方程是

$$m \frac{\mathrm{d}^2 x_\nu}{\mathrm{d}t^2} = X_\nu, \tag{14}$$

$\mathrm{d}x_\nu$ 是矢量；$\mathrm{d}t$ 是不变量，所以 $\dfrac{1}{\mathrm{d}t}$ 也是不变量；因此 $\dfrac{\mathrm{d}x_\nu}{\mathrm{d}t}$ 是矢量；同样可以证明 $\dfrac{\mathrm{d}^2 x_\nu}{\mathrm{d}t^2}$ 是矢量。一般地说，对时间取微商的运算不改变张量的特性。因为 m 是不变量（零秩张量），所以 $m \dfrac{\mathrm{d}^2 x_\nu}{\mathrm{d}t^2}$ 是矢量，或一秩张量（根据张量的乘法定理）。如

①　即使在空间有优越方向的情况下，也能将物理学的定律表示成对于变换（3）是协变的；但是这样的式子在这种情况下就不适宜了。如果在空间有优越的方向，则以一定方式按这个方向取坐标系的方向，会简化对自然现象的描述。然而另一方向，如果在空间没有唯一的方向，则确定自然界定律的表示式而在方式上隐藏了取向不同的坐标系的等效性，是不合逻辑的。在狭义和广义相对论里，我们还要遇到这样的观点。

果力 X_ν 具有矢量特性，则差 $m\dfrac{\mathrm{d}^2 x_\nu}{\mathrm{d}t^2} - X_\nu$ 也是矢量。因此这些运动方程在参照空间的每个其他笛卡儿坐标系里也有效。在保守力的情况下，能够容易认识 X_ν 的矢量性质。因为存在势能 $\varPhi$ 只依赖质点的相互距离，所以它是不变量。于是力 $X_\nu = -\dfrac{\partial \varPhi}{\partial x_\nu}$ 的矢量特性便从关于零秩张量的导数的普遍定理得到证明。

乘以速度，它是一秩张量，得到张量方程

$$\left(m\frac{\mathrm{d}^2 x_\nu}{\mathrm{d}t^2} - X_\nu \right) \frac{\mathrm{d}x_\nu}{\mathrm{d}t} = 0 \text{。}$$

降秩并乘以标量 $\mathrm{d}t$，我们得到动能方程

$$\mathrm{d}\left(\frac{mq^2}{2} \right) = X_\nu \mathrm{d}x_\nu \text{。}$$

如果 ξ_ν 表示质点和空间固定点的坐标之差，则 ξ_ν 具有矢量特性。显然有 $\dfrac{\mathrm{d}^2 x_\nu}{\mathrm{d}t^2} = \dfrac{\mathrm{d}^2 \xi_\nu}{\mathrm{d}t^2}$，所以质点的运动方程可以写成

$$m\frac{\mathrm{d}^2 \xi_\nu}{\mathrm{d}t^2} - X_\nu = 0 \text{。}$$

将这个方程乘以 ξ_μ，得到张量方程

$$\left(m\frac{\mathrm{d}^2 \xi_\nu}{\mathrm{d}t^2} - X_\nu \right) \xi_\mu = 0 \text{。}$$

将左边的张量降秩并取对于时间的平均值，就得到维里定理，这里便不往下讨论了。互换指标，然后相减，作简单的变换，便有矩定理：

$$\frac{\mathrm{d}}{\mathrm{d}t}\left[m\left(\xi_\mu \frac{\mathrm{d}\xi_\nu}{\mathrm{d}t} - \xi_\nu \frac{\mathrm{d}\xi_\mu}{\mathrm{d}t} \right) \right] = \xi_\mu X_\nu - \xi_\nu X_\mu \text{。} \tag{15}$$

这样看来，显然矢量的矩不是矢量而是张量。由于其反称的特性，这个议程组并没有 9 个独立的议程，而只有三个。在三维空间里以矢量代替二秩反称张量的可能性依赖矢量

$$A_\mu = \frac{1}{2} A_{\sigma\tau} \sigma_{\sigma\tau\mu}$$

的构成。

如果将二秩反称张量乘以前面引入的特殊反称张量 δ，降秩两次，便获得矢

量，其分量在数值上等于张量的分量。这类矢量就是所谓轴矢量，由右手系变换到左手系时，它们和 Δx_ν 变换得不同。在三维空间里将二秩反称张量当作矢量具有形象化的好处；可是按表示相应的量的确切性质而论，便不及将它当作张量了。

其次，考虑连续媒质的运动议程。设 ρ 是密度，μ_ν 是速度分量，作为坐标与时间的函数，X_ν 是每单位质量的彻体力，而 $p_{\nu\sigma}$ 是垂直于 σ 轴的平面上沿 x_ν 增加方向的胁强。于是根据牛顿定律，运动方程是

$$\rho \frac{\mathrm{d}\mu_\nu}{\mathrm{d}t} = -\frac{\partial p_{\nu\sigma}}{\partial x_\sigma} + \rho X_\nu ,$$

其中 $\frac{\mathrm{d}\mu_\nu}{\mathrm{d}t}$ 是在时刻 t 具有坐标 x_ν 的质点的加速度。如果用偏导数表示这个加速度，除以 ρ 之后，得到

$$\frac{\partial \mu_\nu}{\partial t} + \frac{\partial \mu_\nu}{\partial x_\sigma}\mu_\sigma = -\frac{1}{\rho}\frac{\partial p_{\nu\sigma}}{\partial x_\sigma} + X_\nu 。 \tag{16}$$

必须证明这个方程的有效性和笛卡儿坐标系的特殊选择无关。μ_ν 是矢量，所以 $\frac{\partial \mu_\nu}{\partial t}$ 也是矢量。$\frac{\partial \mu_\nu}{\partial x_\sigma}$ 是二秩张量，$\frac{\partial \mu_\nu}{\partial x_\sigma}\mu_\tau$ 是三秩张量。左边第二项是按指标 σ，τ 降秩的结果。右边第二项的矢量特性是显然的。为了要求右边第一项也是矢量，$p_{\nu\sigma}$ 必须是张量。于是由微分与降秩得到 $\frac{\partial p_{\nu\sigma}}{\partial x_\sigma}$，所以它是矢量，乘以标量的倒数 $\frac{1}{\rho}$ 后仍然是矢量。至于 $p_{\nu\sigma}$ 是张量，因而按照方程

$$p'_{\mu\nu} = b_{\mu\alpha}b_{\nu\beta}p_{\alpha\beta}$$

变换，这在力学里将这个方程就无穷小的四面体取积分就可得到证明。在力学里，将矩定理应用于无穷小的平行六面体，还证明了 $p_{\nu\sigma}=p_{\sigma\nu}$。因此也就是证明了胁强张量是对称张量。从以上所说就可知道：借助于前面给出的规则，方程对于空间的正交变换（旋转变换）是协变的；并且为了使方程具有协变性，方程里各个量在变换时所必须遵照的规则也明显了。根据前面所述，连续性方程

$$\frac{\partial \rho}{\partial t} + \frac{\partial(\rho\mu_\nu)}{\partial x_\nu} = 0 \tag{17}$$

的协变性便无须特别讨论。

还要对于表示胁强分量如何依赖物质性质的方程检查协变性，并借助于协变条件，对于可压缩的黏滞流体建立这种方程。如果忽略黏滞性，则压强 p 将是标量，并将只和流体的密度与温度有关。于是对于胁强张量的贡献显然是

$$p\delta_{\mu\nu} ,$$

其中 $\delta_{\mu\nu}$ 是特殊的对称张量。在黏滞流体的情况下，这一项还是有的。不过在这个情况下，还会有一些依赖 u_ν 的空间导数的压强项，假定这种依赖关系是线性的，因为这几项必须是对称张量，所以会出现的只是

$$\alpha\left(\frac{\partial u_\mu}{\partial x_\nu} + \frac{\partial u_\nu}{\partial x_\mu}\right) + \beta\delta_{\mu\nu}\frac{\partial u_\alpha}{\partial x_\alpha}$$

（因为 $\dfrac{\partial u_\alpha}{\partial x_\alpha}$ 是标量）。由于物理上的理由（没有滑动），对于在所有方向的对称膨胀，即当

$$\frac{\partial u_1}{\partial x_1} = \frac{\partial u_2}{\partial x_2} = \frac{\partial u_3}{\partial x_3}; \ \ \frac{\partial u_1}{\partial x_2}, \ \text{等等} = 0,$$

假设没有摩擦力，因此有 $\beta = -\dfrac{2}{3}\alpha$。如果只有 $\dfrac{\partial u_1}{\partial x_3}$ 不等于零，令 $p_{31} = -\eta\dfrac{\partial u_1}{\partial x_3}$，这样就确定了 α。于是获得全部历代强张量

$$p_{\mu\nu} = p\delta_{\mu\nu} - \eta\left[\left(\frac{\partial u_\mu}{\partial x_\nu} + \frac{\partial u_\nu}{\partial x_\mu}\right) - \frac{2}{3}\left(\frac{\partial u_1}{\partial x_1} + \frac{\partial u_2}{\partial x_2} + \frac{\partial u_3}{\partial x_3}\right)\delta_{\mu\nu}\right] 。 \tag{18}$$

从这个例子显然看出由空间各向同性（所有方向的等效性）产生的不变量理论在认识上的启发价值。

最后讨论作为洛伦兹电子论基础的麦克斯韦方程的形式：

$$\left.\begin{aligned}
\frac{\partial h_3}{\partial x_2} - \frac{\partial h_2}{\partial x_3} &= \frac{1}{c}\frac{\partial e_1}{\partial t} + \frac{1}{c}i_1 \\[2mm]
\frac{\partial h_1}{\partial x_3} - \frac{\partial h_3}{\partial x_1} &= \frac{1}{c}\frac{\partial e_2}{\partial t} + \frac{1}{c}i_2 \\[2mm]
\cdots\cdots\cdots\cdots\cdots\cdots\cdots\cdots \\[2mm]
\frac{\partial e_1}{\partial x_1} + \frac{\partial e_2}{\partial x_2} + \frac{\partial e_3}{\partial x_3} &= \rho
\end{aligned}\right\}, \tag{19}$$

$$\frac{\partial e_3}{\partial x_2} - \frac{\partial e_2}{\partial x_3} = -\frac{1}{c}\frac{\partial h_1}{\partial t}$$

$$\frac{\partial e_1}{\partial x_3} - \frac{\partial e_3}{\partial x_1} = -\frac{1}{c}\frac{\partial h_2}{\partial t}$$

$$\cdots\cdots\cdots\cdots\cdots\cdots\cdots\cdots$$

$$\frac{\partial h_1}{\partial x_1} + \frac{\partial h_2}{\partial x_2} + \frac{\partial h_3}{\partial x_3} = 0$$

$$\left.\right\} \qquad (20)$$

i 是矢量，因为电流密度的定义是电荷密度乘上电荷的矢速度。按照前三个方程，e 显然也是当作矢量的。于是 h 就不能当作矢量了①。可是如果将 h 当作二秩反称张量，这些方程就容易解释。于是分别写 h_{23}，h_{31}，h_{12} 以代替 h_1，h_2，h_3。注意到 $h_{\mu\nu}$ 的反称性，式（19）与（20）的前三个方程就可写成如下的形式：

$$\frac{\partial h_{\mu\nu}}{\partial x_\nu} = \frac{1}{c}\frac{\partial e_\mu}{\partial t} + \frac{1}{c}i_\mu, \qquad (19a)$$

$$\frac{\partial e_\mu}{\partial x_\nu} - \frac{\partial e_\nu}{\partial x_\mu} = +\frac{1}{c}\frac{\partial h_{\mu\nu}}{\partial t}, \qquad (20a)$$

和 e 对比，h 看来是和角速度具有同样对称类型的量。于是散度方程取下列形式：

$$\frac{\partial e_\nu}{\partial x_\nu} = \rho, \qquad (19b)$$

$$\frac{\partial h_{\mu\nu}}{\partial x_\rho} + \frac{\partial h_{\nu\rho}}{\partial x_\mu} + \frac{\partial h_{\rho\mu}}{\partial x_\nu} = 0。 \qquad (20b)$$

后一个方程是三秩反称张量的方程（如果注意到 $h_{\mu\nu}$ 的反称性，就容易证明左边对于每对指标的反称性）。这种写法比较通常的写法要更自然些，因为和后者对比，它适用于笛卡儿左手系，就像适用于右手系一样，不用变号。

（李灏译）

---

① 这些讨论可使读者熟悉张量运算而免除了处理四维问题的特殊困难；这样遇到狭义相对论里的相应讨论（闵可夫斯基关于场的解释）就会感到较少的困难。

203

第六部分

《物理学的进化》 摘选

导　言

在 20 世纪上半叶，量子论使物理学改观，犹如电磁学在更早一个世纪那样。阿尔伯特·爱因斯坦和列奥波德·英费尔德在《物理学的进化》这本书中，从飓风眼来描述这个变革。今天我们已对纳米技术和微电子学的观念如此习以为常，很容易忘掉按照量子论来思考需要在理解上作极大的改变，而没有量子力学，上述的技术就不可能存在。

例如，在连续的图像中，一块铁可以具有任意质量。在量子图像中，这被表明是一个假象。一块铁中有一定数目的原子，而每个原子有固定质量。另一块铁与之仅差有限个原子，因而相差"量子化的"质量。原子本身由更小的量子化的要素质子和中子构成。这故事还没完！大约在《物理学的进化》出版 20 年后，牟雷·盖尔曼和西岛和彦提出，质子和中子由还要更微小的称为夸克的量子化粒子组成。

粒子在到达原子尺度前，只能被有限次分割并非一个新思想；它的起源可以追溯到德谟克利特和希腊早期原子论者。现代量子论的威力并不在此，而来自微观粒子赋有的性质。尽管在人的尺度下，我们通常说一个粒子具有意义明确的位置和速度，但在量子尺度下我们却不能做这样的陈述。相反地，粒子只能用它们的概率波来定义。量子怪诞的最奇异例子之一源自这样的思想，在实验观察之前，一个电子不拥有界限分明的位置，但是由于对它观察，我们"强迫"它进入一个特别的状态。澄清一下，量子论不说在观察之前我们不知道其位置，而是说诸如明确位置的东西根本不存在！

使人诧异的是，尽管微观世界由统计学制约，但宏观世界似乎由牛顿力学制约，这些定律本身是确定性的。既然宏观物体到头来是由质子、中子和电子组成，这又怎么可能呢？我们在考虑房间中的空气时，看到相同的效应。尽管单个粒子随意飞行，但是在人类习惯的尺度上，它们通常显得稳定得多。在某种意义上讲，物体的波动性质和粒子性质之间的差异只不过缘于物理尺度。量子论表明，粒子在最小尺度下越显得像波，并越受统计学制约。

　　然而，不仅诸如电子和质子这样的物体存在波粒二象性。艾萨克·牛顿最早提出光必须具有粒子性。19世纪观察到光的干涉图案，这是一种波动性，因此微粒论就被抛弃了。最终大家理解到，光既具有波动性，正和射电波一样，又具有被称作光子的量子的粒子性。肯定是由于爱因斯坦的谦虚，他没有提到，正是他自己对光电效应的解释导致光的现代粒子图像。在该实验中，把一束紫外线照射到金属上，而电子被喷出来，这是一种非常粒子性的行为。他于1905年描述这个效应的论文为他赢得1921年的诺贝尔物理学奖。

　　我们可以从爱因斯坦《物理学的进化》中洞察20世纪早期的科学状态，其中包括了他自己的重要贡献。近70年之后，尽管科学家对他们的模型做了相当重要的改善，他们仍然在讨论从宇宙的量子图像中产生的奇异性的后果。

（吴忠超译）

场，相对论

场的图示法

在 19 世纪下半叶，物理学中引入了新的、革命性的观念；它们打开了一条通往新的哲学观点的道路，这个新的观点与旧的机械观不同。法拉第、麦克斯韦与赫兹的成就使现代物理学得以发展，使新概念得以创生，新的"实在"的图景也形成了。

现在我们来描写这些新概念如何在科学上引起突然的变化，并表明它们是怎样逐渐地得到澄清和加强。我们将用逻辑推理的程序来叙述它的发展，不一定完全依照年代的先后来叙述。

这些新概念的起源与解释电的现象有关，但是为简便起见，我们不如首先从力学中介绍它们。我们知道两个粒子会相互吸引，而它们的吸引力跟距离的平方成反比。我们可以把这一情况用一种新的方法来表示，虽则这样做有什么好处还一时很难看出来。图 1 中的小圆代表一个吸引体，譬如太阳就是一个吸引体。实际上你应该把这个图想象为空间中的一个模型，而不是一个平面图。因此图中的小圆实际上代表在空间中的一个圆球，例如太阳。把一个所谓检验体（Test Body）的物体放在太阳的附近，它就会被太阳所吸引，而引力发生在连接这两个物体的直线上。因此图上的线表示太阳对于检验体在各个位置上的引力。每根线的箭头表示这个力是朝着太阳的；就是说，这种力是引力。这些线都是引力场的力线。目前看来，这不过是一个名词，没有什么理由叫我们十分重视它。我们的图中有一个特色，以后将加以发挥。力线是在空间中没有任何物质的地方形成的。目前，所有的力线（或简单地说成为场）只表示一个检验体放在构成场的

209

圆球附近时会有何种行为。

在我们的空间模型中，力线总是跟圆球的表面垂直的。因为它们都是由一点发散出去的，因此最靠近圆球的地方最密，愈远愈疏。如果我们把离球的距离增加到两倍或三倍，则在我们的立体模型中（并不是在我们的图上）力线的密度会减小四倍或九倍。因此力线有两个作用。它们一方面表示作用在一个圆球（例如太阳）附近的物体上的力的方向；另一方面空间力线的密度又表示力如何随距离的大小而变化。场的图，若正确地解释，它表示引力的方向

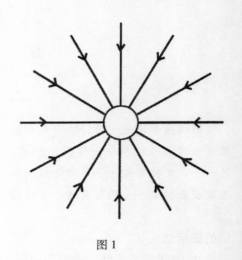

图 1

及其与距离的关系。从这样的一个图中可以看出引力定律来，正如从描写引力作用的文字中，或确切而简略的数学语言中可以看出引力定律来一样。这个场的图示法，虽然我们这样称呼它，并且觉得它清楚而有趣，但是我们没有什么理由相信它会表示出任何真实的意义。在引力的例子中很难看出它有什么用处。也许有人认为这些线不仅是图形而已，而想象确有许多真实的力的作用沿着这些线通过。这样想象自然可以，但是你必须同时想象沿着这些线作用的力的速率是无限大的。根据牛顿定律，两物体间的力只与距离有关，与时间毫无关系。力从物体传到另一个物体竟不需要时间！但是，对于富有想象力的人来说，他不会相信速率无限大的运动，要使这个图起到比模型更大的作用是不会成功的。

我们现在并不准备讨论引力问题。我们介绍这些，只不过为了对电学理论中相似的推理方法作一个简化的解释而已。

现在来讨论一个实验，这个实验用机械观来解释会发生严重的困难。假设电流在一个环形导体通过。在这个环的中央放上一个磁针。在电流通过的瞬间，产生了一种新的力，这种力作用于磁极上，并且与连接导线和磁极的直线垂直。如果这个力是由一个作圆运动的带电体产生的，则罗兰的实验告诉我们，这个力与带电体的速度有关。这些实验情况与任何力都只在两个粒子的连线上作用而且只与距离有关这一哲学观点相矛盾。

电流作用于磁极上的力要精确地表示出来是很复杂的；事实上这比表示引力

要复杂得多。可是我们也能把这种作用跟引力的作用同样清楚地想象出来。我们的问题是：电流用怎样的一种力作用于放在它附近的磁极上的呢？要用文字来描写这种力是相当困难的。即使用数学公式来表示也一定是复杂而笨拙的。最好是把我们所知道的所有的作用力用带有力线的图表示出来，或者更确切地说，用带有力线的空间模型表示出来。但是也有一些困难，因为一个磁极总是跟另一个磁极同时存在的，它们共同构成一个偶极子。不过我们往往把磁针想象得很长，使得只需计及作用于与电流比较靠近的这个磁极上的力。另一磁极因为离得太远，作用于它的力可以忽略。为了避免混淆起见，我们假定靠近导线的磁极是正的。作用于正磁极上的力的性质可以从图 2 中看出来。

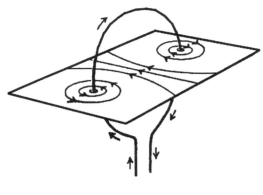

图 2

绘在导线旁边的箭头表示电流从较高电势流向较低电势的方向。所有其余的线都表示属于这个电流的力线，这些力线都处在某一平面上。假如图画得恰当，那么这些力线既能表示出电流在给定的正磁极上的作用力的矢量的方向，同时还能表示出矢量的长度。我们知道力是一个矢量，要决定它必须知道它的方向和长度。我们主要是讨论作用在磁极上的力的方向问题。我们的问题是：怎样从图中去找出空间中任何一点的力的方向呢？

在这样一个模型中要看出一个力的方向，不会像前面的例子那样简单，因为在前例中力线是直线的。为了方便起见，图 3 中只画了一根力线。图 3 指出，力的矢量在力线的切线上，力的矢量的箭头和力线上的箭头所指的方向相同。这样，箭头的方向就是在这一点上作用在磁极上的力的方向，一个好的图，或更确切地说，一个好的模型，也能够把任何一点上的力的矢量的长度表示出来。这种矢量在力线稠密的地方，也就是靠近导线的地方较长，而在力线较疏，亦即离导

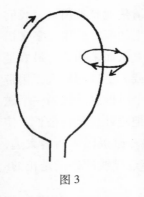

图 3

线较远的地方较短。

用这种方法，力线或场就使我们能够决定在空间中任何一点作用于磁极的力。以目前来说，这是我们煞费苦心地绘出一个场来的唯一论据了。知道了场表示些什么，我们就会以更大的兴趣来考察相应于电流的力线。这些线都是围绕着导线的一些圆圈，它们所处的平面跟导线所处的平面相垂直。从图上看了力的特征以后，我们再一次得出这样的结论，力作用的方向垂直于连接导线与磁极间的任何直线，因为圆的切线总是与半径垂直的。我们对于作用力的全部知识，都可以总结在场的构图中。我们把场的概念插入在电流与磁极的概念之间，以便用简单的方式把这些作用力表示出来。

任何一个电流都带有一个磁场，换句话说，在有电流通过的导线附近的磁极上总是受到一种力的作用。我们不妨顺便说一说，即电流的这种性质使我们能够制造出一种灵敏的仪器来探测是否有电流存在。我们一旦知道了如何从电流的场的模型来看磁力的特征，我们就能绘出通电导线周围的场来表示空间任何点上磁力的作用。作为第一个例子，我们来研究一下所谓螺线管。它实际上就是一个金属线圈，如图 4 所示。我们的目的就是要用实验来了解关于与通过螺线管中的电流相关联的磁场的知识，并把知识结合在场的构图中。图 4 已经把结果显示出来了。弯曲的力线是闭合的；它们围绕着螺线管，表征着电流的磁场。

磁棒的磁场，也可以用表示电流的磁场的同样方法来表示。如图 4 所示，力线是从正极到负极的。力的矢量总处在力线的切线方向上，而且近极处最大，因为在这些地方力线最密。力的矢量表示磁棒对正磁极的作用，在这个情况里，场的"源"是磁棒而不是电流。

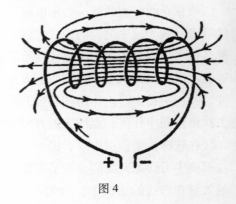

图 4

应该仔细地比较一下图 4、图 5，在图 4 中的是通过螺线管的电流的磁场；图 5 中的是磁棒的场。我们且不管是螺线管还是磁棒，而只注意它们外面的两个场。我们立刻会注意到它们的性质是一模一样的，两者的力线都是从螺线管或磁棒的一端伸到另一端。

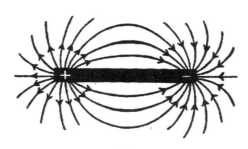

图 5

场的图示法结出了它的第一个果实。如果我们不画出场作为启发，我们很难看出通过螺线管的电流和磁棒之间有什么相似之处。

现在场的概念将经受更严格的考验。我们很快就将知道它不仅仅是一种关于作用力的新的图示法。我们可以这样想：暂且假设场唯一地表征由它的源所规定的一切作用。这只是一个猜测。这句话的意思是，假如螺线管的场与磁棒的相同，则它们所有的作用也一定相同。也就是说，两个通电的螺线管的行为会跟两根磁棒的一样；它们相互吸引或推斥，而引力或斥力与距离有关，这完全和两根磁棒所发生的情况一样。这句话还表示一个螺线管和一根磁棒之间也会像两根磁棒一样地吸引或推斥。简单地说，通电的螺线管所有的作用和磁棒的相应作用是一样的，因为只有场能起这些作用，而场在这两种情况里具有相同的性质。实验完全确认了我们的猜测。

没有场的概念要想找出这些论据会是多么困难呀！要把作用于通电的金属线与磁极间的力表示出来是非常复杂的。假如是两个螺线管，便须研究两个电流相互作用的力。但是一旦利用场的概念，我们发现螺线管的场和磁棒的场是相似的，我们就可以立刻认识所有这些作用的性质了。

我们现在有理由来更加重视场了。对描述现象来说，似乎只有场的性质最为重要。场源不同是无关重要的。场的概念的重要性在于它能够引导我们发现新的实验论据。

场已经被证明是一个很有用处的概念。它起初只是当作在源与磁针间的某种东西，用来描述两者之间的作用力。它被想象为电流的"经纪人"，电流的一切作用都靠它来完成。但是现在经纪人还兼充翻译员，它把定律翻译成简单、明确、易懂的语言。

场的描述的最大功绩体现在用它来间接地考察电流、磁棒、带电体的所有作用可能是很方便的，亦即可借助于场作翻译员。我们可以认为场总是跟电流连在一起的某种东西。即使没有一个磁极去检验它是否存在，它总是在那里的。我们还要把这个新的线索加以引申。

带电导体的场可以用描述引力场、电流的场或磁棒的场的同样方法来引述。我们同样再举出一个最简单的例子。要作出一个带正电的圆球的场，我们必须提出这样一个问题：当一个小的带正电的检验体放在作为场源的带电圆球附近，它会受到什么样的力的作用？我们之所以用一个带正电的检验体而不用一个负的，这只是一个惯例，它只是决定力线的箭头应该朝哪一个方向画（图 6）。因为库仑定律与牛顿定律相似，所以这个模型跟前面引力场的模型（图 1）也相似。两个模型的唯一不同之点便是箭头的方向相反。两个物体的正电荷相互推斥，而两个物体的质量相互吸引。可是一个带负电的圆球的场会跟引力场相同（图 7），因为小的带正电的检验体会受场源的吸引。

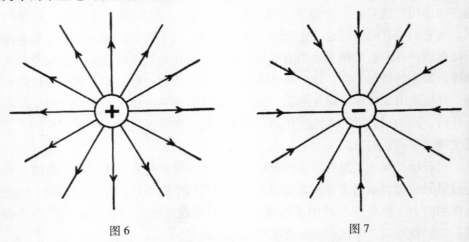

图 6　　　　　　　　　　　　　　图 7

假使电极与磁极都处于静止状态，那么它们之间不会有任何相互作用：既没有吸引，也没有推斥。我们若用场的语言来表达这个情况，我们可以说：一个静电的场对一个静磁的场没有影响，反过来说也一样。"静场"是指不依时间而变化的场。假如没有外力的干扰，磁棒与带电体可以放在一处而永不发生作用。静电场、静磁场和引力场的性质各不相同。它们不会互相混合；不论有无其他的场存在，各自保持自己的个性。

现在我们回到带电圆球上来，它原来一直处于静止状态，现在假定它由于某种外力的作用开始运动。带电圆球运动了，这句话用场的语言来说便是：带电体的场随时间而变化。但是根据罗兰的实验，我们知道带电的圆球的运动相当于电流。而每一电流必有一磁场相伴存在。因此我们论证的程序便是：

带电体的运动——电场的变化

电流——伴随有磁场

因此我们断定：由带电体的运动而产生的一个电场的变化，永远有一个磁场相伴。

我们的结论是根据奥斯特的实验做出来的，但是这个结论所包含的意义还不止这一些，我们认识到随时间而变化的一个电场联合着一个磁场对于我们做进一步的论证是非常重要的。

带电体在静止的时候只有静电场。而带电体一旦运动，磁场就出现了。我们还可以进一步说，假使带电体更大，或运动得更快，则由带电体运动所产生的磁场也更强，这也是罗兰实验的一个结果。用场的语言来说：电场变化愈快，相伴的磁场便愈强。

电流体的学说是依照机械观建立起来的，这里我们已把熟知的论据由电流体的语言译成场的新语言了。我们在后面会看到，我们这种新语言是多么清晰，多么有用处呀！

场论的两大台柱

"一个电场的变化永远有一个磁场相伴"。假使我们把"电"与"磁"两个字互换一下，这句话便变成："一个磁场的变化永远有一个电场相伴。"这种说法是否正确，只有实验才能决定。但是，这是由于使用了场的语言，所以才形成了提出这个问题的观念。

在100多年以前，法拉第作了一个实验，这个实验导致了感生电流的伟大发现。

这个现象的演示是很简单的（图8），只需要一个螺线管或其他电路，一根磁棒以及一种检验电流存在与否的仪器。开始时，在构成一个闭合电路的螺线管附近有一个静止的磁棒。因为不存在电源，导线中没有电流通过，这里只有不随时间而变

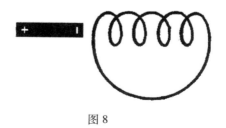

图8

215

化的一个磁棒的静磁场。现在我们很快地改变磁棒的位置，或者移开些，或者挨近些。在这个时刻，在导线内立刻就有电流出现，随即又消失了。每当磁棒的位置改变一下，电流就会重新出现；而这种电流可以用相当灵敏的仪器检验出来。但是根据场论的观点看来，一个电流表示有一个电场的存在，这个电场迫使电流体在导线中流动。当磁棒再静止时，电流便消失了，电场也同样消失了。

设想我们目前还不知道场的语言，而要用机械观的概念定性地和定量地来描写这些实验结果。我们的实验就这样表示：一个磁偶极子的运动产生了一种新的力，这种力使导线中的电流体流动。于是又产生了这样一个问题：这种力与什么有关？这是很难答复的。我们必须研究这种力与磁棒的速度的关系，与它的形状的关系以及与线圈的形状的关系。而且，如果用旧的语言来解释的话，这个实验不能告诉我们是不是用另一个通电电路的运动来代替磁棒的运动，也能产生感生电流。

假使我们用场的语言，并且相信作用是由场所决定的，那么结果就完全不同了。我们立刻可以看到通电的螺线管会起到磁棒一样的作用。图9上画出了两个螺线管：一个较小，其中有电流通过；另一个较大，其中有感生电流可以检验出来。我们可以像前面移动磁棒一样移动小的螺线管，结果在较大的螺线管中便会产生感生电流。此外，我们可以不用移动小的螺线管的方法来产生和撤去电流，也就是用接上和断开电路的方法来产生和撤去磁场。我们又一次看到，场论所提出的新论据又被实验所确认了！

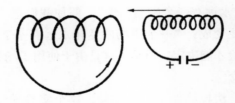

图 9

我们来举一个比较简单的例子。我们用一个没有任何电源的闭合导线，在它的附近有一个磁场。至于磁场的源是另一个通电的电路还是一根磁棒，这是无关重要的。图10中画有闭合电路和磁力线，用场的术语来对感应现象作定性和定量的描述是很简单的。如图10所示，有些力线通过线圈所围成的圆。我们必须考察通过线圈所围住的那部分平面的力线。不论场有多强，只要场不变，便不会产生电流。但是一旦通过闭合电路所围住的圆的力线的数目有所变化，那么它上

216

面就立刻引起电流。电流是由通过这个面的力线数目的变化来决定的，而电流也可以引起力线数目的变化。这个力线数目的变化不论对感生电流作定性的或定量的描述都是唯一重要的概念。"力线数目变化"是指力线分布密度在变化，而我们记得，这句话的意思就是场的强度在变化。

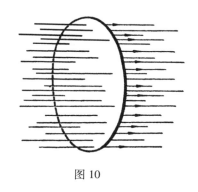

图 10

在我们的推理程序中最重要的几点是：磁场的变化→感生电流→带电体的运动→电场的存在。

因此，一个在变化着的磁场总是由一个电场伴随着的。于是我们找到了支持电场和磁场理论的两个最重要的台柱。第一个是变化着的电场跟磁场相结合。它是从奥斯特的关于磁针发生偏转的实验上形成的，并且它得出了这样的结论：变化着的电场总是由磁场伴随着的。第二个是把变化着的磁场跟感生电流结合起来，它是从法拉第的实验中形成的。两者便成为定量描述的根据。

伴随着变化的磁场的电场也似乎是真实的。我们在前面已经设想过，即使没有检验磁极的话，电流的磁场还是存在的。同样，我们可以认为即使没有闭合的导线来检验有没有感生电流，电场还是存在的。

事实上，这两个台柱可以化成一个，就是说，化成以奥斯特实验为根据的那个。法拉第的实验结果可以根据能量守恒定律从奥斯特实验推论出来。我们所以采用两个台柱的说法只是为了明白与省事。

我们再来讲一个描述场的结果。假设有一个通有电流的电路，电流的源是伏打电池。如果将导线与电源之间的联结突然断开，当然不会再有电流了！但是在电流断绝的这一顷刻间却发生了一种复杂的过程，这种过程只有用场论才能预言。在电流断绝之前，导线周围存在着磁场。电流断绝了以后，这个磁场便不存在了。因此是由于电流的断绝，磁场才消失。这样通过导线所包围的面的磁力线的数目变化得很快。但是不管这种迅速的变化是怎样产生的，它一定会产生感生电流。更有意义的是，激起感生电流的磁场的变化愈大，则感生电流愈强。这个结果又是对场论的另一个考验。电流的突然断绝一定伴随着产生强烈而短暂的感生电流的现象。实验又确认了这个理论的预言。任何人把电流弄断都会注意到有一个火花发生。这个火花正显示由于磁场的迅速变化而产生的很强的电势差。

这个过程也可以从另一观点，即从能的观点去看。磁场一消失，却产生了火花。这个火花代表能，因而磁场也一定代表能。为了一致地应用场的概念和它的语言，我们必须将磁场当作能的储存所。只有这样才能使我们能够按照能量守恒定律来描写磁的和电的现象。

最初，场不过是一个颇有用处的模型而已，但是却愈来愈真实了，它帮助我们了解旧的论据并且引导我们认识新的论据。把能归结到场是物理学发展中向前迈进的一大步，场的概念显得愈来愈重要，而机械观中最重要的物质的概念则愈来愈受到抑制了。

量 子

连续性、不连续性——物质和电的基本量子——光量子——光谱——物质波——概率波——物理学与实在——结语

连续性、不连续性

我们面前摊着一张纽约和它周围地区的地图。我们问：这地图上的哪些地点可以坐火车去到？在火车时刻表上查出这些地点以后，我们就在图上将它们标出来。现在我们换一个问题来问：哪些地点可以坐汽车去到呢？假使我们把所有从纽约出发的公路都在图上画出路线来，那么，在这些路上的每一点都可以坐汽车去到。在两种情况中，我们都可以分成很多组点。在第一种情况里，它们是彼此分开的，代表各个不同的火车站；而在第二种情况里，却是沿着代表整条公路的线上的许多点。我们的下一个问题是讨论从纽约（或者更精确些说，从这个城市的某一地点）到这些点的距离。在第一种情况中，有某些数对应于地图上的点子。这些数的变化没有规则，但总是有限制的、跳跃式的。我们说：从纽约到可以坐火车去到的地点之间的距离，只能以不连续的方式变化。但是那些可以坐汽车去到的地点的距离，却可以用任意小的段落来变化，它们可以用连续的方式变化。坐汽车时距离的变化可以任意小，而坐火车时却不能。

煤矿的生产量也可以用连续的方式变化。生产出来的煤可以增加或减少任意小的部分。但是在矿上工作的矿工的数目只能以不连续方式变化。如果有人这样说："从昨天起工人的数目增加了 3.783 个"，这句话就毫无意义了。

一个人在别人问他口袋里有多少钱时，只能说出一个有两位小数的数。钱的总数只能不连续地、跳跃式地变化。在美国，允许的最小变化，或者像我们所要说的，美国钱币的"基本量子"是一分。英国钱币的基本量子是一个法星（farthing——英国铜币名），它只值美国基本量子的一半。现在我们有了一个关于两种基本量子的例子，它们的价值可以相互比较。这两个价值的比例具有确定的意义，因为这两个当中一个的价值是另一个的两倍。

我们可以说：某些量可以连续地变化，而另外一些量只能不连续地变化，即以一个不能再小的单位一份一份地变化。这些不可再分的量就叫作某一种量的基本量子。

我们秤大量沙子的时候，虽然它的颗粒结构非常明显，还是认为它的质量是连续的。但是如果沙子变成很珍贵，而且所用的秤非常灵敏，我们就不得不考虑沙子质量变化的数目，永远是一个颗粒的质量的倍数。这一个颗粒的质量，就是我们的基本量子。从这个例子我们可以看到，以前一直认为是连续的量，由于我们测量精密度的增大，而显示出不连续性来。

假如我们要用一句话来表明量子论的基本观念，我们可以这样说：必须假定某些以前被认为是连续的物理量是由基本量子所组成的。

量子论所包含的论据范围是很大的。这些论据是由高度发展的现代实验技术所揭露的。由于不可能证明及描述这些基本实验，我们将常常直接引出它们的结果而不加说明。因为我们的目的只是解释最重要的基本观念。

物质和电的基本量子

在动力论所描绘的物质结构的图景里，所有的元素都是由分子构成的。我们拿最轻的元素——氢作为最简单的例子。我们曾经看到过，研究布朗运动使我们能决定出一个氢分子的质量。它等于：

$$0.000000000000000000000000033 \text{ 克}。$$

这意味着质量是不连续的。氢的质量只能按最小单位的整数倍来变，每一个最小单位对应一个氢分子的质量。但是化学过程表明，氢分子可以分为两部分，或者换句话说，氢分子是由两个原子组成的。在化学过程中，起基本量子作用的是原子，而不是分子。将上面的数目用 2 来除，就得出氢原子的质量；它近似地等于：

$$0.000000000000000000000000017 \text{ 克}。$$

质量是一个不连续的量。但是，在决定物体的重量时，当然不必考虑这一点。即使是最灵敏的秤，要达到能够检查出质量不连续变化的精确度还是差得很远。

让我们回到大家所熟知的情况。把一根金属线与电源相连接，电流就通过导体由高电势流向低电势。我们记得，有很多实验论据是用电流体在导线中流动的这个简单理论来解释的。我们也记得，是"正流体"从高电势流向低电势，还是"负流体"由低电势流向高电势，只不过是一个习惯上的规定而已。我们暂且不管由场的概念而得到的所有进展。即使当我们只想到电流体这样一个简单的术语时，也仍然有一些问题需要解决。正如"流体"这个名称本身所暗示的，早前电被认为是连续的量。按照这种旧的观念，电荷的量可以按任意小的一份去变化，而不必假设基本的电量子。物质动力论的建立使我们提出一个新的问题：电流体的基本量子是否存在呢？还有一个要解决的问题是：电流是由正电流体的流动所组成的，还是由负电流体的流动所组成的，或是两者兼而有之的呢？

所有答复这个问题的实验，其基本观念都是：将电流体从导线中分离出来，使它在真空中流过，并割断它和物质的任何联系，然后研究它的特性。在这种情形下，这些特性应当显示得更清楚了。在 19 世纪末，做了很多类似的实验。在说明这许多实验装置的观念以前，我们至少将在一个例子中先把结果引出来。在导线中流过的电流体是负的，因而它流动的方向是由低电势流向高电势的。假使我们在建立电流体理论的时候一开头就知道了这一点，我们一定会把所用的名词改换一下，把硬橡胶棒所带的电叫作正电，而把玻璃棒所带的电叫作负电。这样把流过导线的流体看作正电，就方便多了。但是由于一开头我们就作了错误的猜测，我们现在就只好忍受这种不方便了。

下一个重要问题是：这种负的电流体的结构是不是"粒状的"，它是不是由电量子所组成的。又有大量独立的实验指出，毫无疑问，这种负电的基本量子是确实存在的。负的电流体是由微粒构成的，正好像海滩是由沙粒构成或者房子是由一块一块的砖砌成的一样。汤姆孙（J. J. Thomson）约在 40 年前就很清楚地把这个结果提出来了。负电的基本量子被称为电子。因此任何负电荷都是由大量的用电子来代表的基本电荷所组成的。负电荷和质量一样，只能不连续地变化。但是基本电荷是那样小，使得在很多研究中把电荷看成是连续的，不但可以，而且有时甚至更方便些。这样，原子和电子理论就在科学中引入了新的只能跳跃地变化的不连续的物理量。

设想有两块金属平板，它们周围的空气都被抽完了。一块带正电荷，而另一块带负电荷。放在这两块金属板之间的一个带正电荷的检验体，将被带正电荷的板所推斥又被带负电荷的板所吸引。这样，电场的力线的方向将从带正电荷的板指向带负电荷的板（图 11）。作用在带负电荷的检验体上的力，则方向相反。假使金属板足够大，则两板之间的电场力线的密度到处都相等。不管检验体放在哪里，这个力的大小和力线的密度都到处一样。在两板之间产生出来的电子，会像地球的引力场中的雨滴一样，彼此平行地，由带负电的板向带正电的板运动。已经有很多著名的实验装置可以将一阵电子雨放入这样一个能使电子指向同一方向的电场中。最简单的方法之一是：在带电金属板之间放置烧热的金属线。烧热的金属线发射出电子，电子射出来后就受着外电场的力线的影响沿力线方向运动。举个例说，大家熟知的无线电电子管，就是根据这个原理制造出来的。

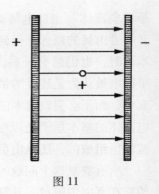

图 11

科学家对于电子束完成了很多极为巧妙的实验，研究了它们在不同的外电场和外磁场中轨道的改变，甚至分离出单个电子来决定它的基本电荷和质量（即指电子对于外力作用的惯性抗力）。这里我们将只引用一个电子质量的数值。它大约是氢原子质量的1/2000。这样，氢原子的质量虽然很小，但和电子的质量比较时，就显得很大了。从统一场论的观点看来，电子的全部质量（也就是它的全部能量）是它的场的能量；场的能量强度大部分集中在一个很小的球体内，而离开电子"中心"较远的地方场的能量就弱了。

我们以前讲过，任何一种元素的原子就是这种元素本身最小的基本量子。长久以来，人们都是相信这个说法的。但是，现在我们不再相信了！科学建立了新的观点，指出了旧观点的局限性。在物理学中，原子具有复杂结构这个论据已经是确凿无疑的了。首先确认了电子——负电流体的基本量子——也是原子的组元之一，是建成所有物质的基本"砖块"之一。上面所引用的炽热的金属线发射出电子的例子，只不过是从物质中取出电子的无数例子中的一个罢了。这个把物质结构的问题和电的结构问题紧密地联系起来的结果，不容怀疑，是和大量的独立实验的论据相符的。

从原子中把组成原子的几个电子抽取出来，是比较容易的。可以用加热的办法，例如我们的炽热金属线的例子；也可以用另外的方法，例如用其他电子来轰击这个原子。

假设把一根炽热的细金属丝插入稀薄的氢气里。金属丝将向所有的方向发射电子。在外电场的作用下，它们会获得一定的速度。一个电子的加速就正像在引力场中下落的一个石子一样。利用这个方法可以获得以一定方向和速度运动的电子束。用很强的电场作用于电子，我们现在已可使电子的速度达到接近光速的地步。当具有一定速度的电子束打在这些稀薄的氢气的分子上时，将会发生什么事情呢？足够快的电子打到氢分子上时，不但将氢分子分裂为两个氢原子，而且还从两个原子中的一个"抽"出一个电子来。

我们如果承认电子是物质的组元。那么，被打出了电子的原子就不可能是电中性的了。假使它以前是中性的，那么它现在就不可能是中性的，因为它变得缺少一个基本电荷了。剩下的部分应该具有正电荷。而且，由于电子的质量远较最轻的原子为小，我们尽可以得出这样的结论：原子的绝大部分质量不是由电子贡献的，而是由比电子重得多的、剩下的基本粒子贡献的。我们把原子的这个重的部分叫作它的核。

现代实验物理学已经发展了分裂原子核的方法、把一种元素的原子转变为另一种元素的原子的方法以及把组成原子核的重质量的基本粒子从核中取出的方法等。这个以"原子核物理学"命名的物理学分支，卢瑟福（Rutherford）对它的贡献最大，从实验的观点看来，这部分是至关重要的。

但是至今还缺少一种能将原子核物理学范畴内大量论据联系起来而其基本观念又很简单的理论。因为本书只注重一般的物理学观念，所以尽管这个分支在现代物理学中非常重要，我们还是将它撇开不谈。

光量子

让我们来考察建筑在海边上的一道堤岸。海浪不断地冲击堤岸，每一次海浪都把堤岸冲刷掉一些，然后退回去，让下一个波浪再打上来。堤岸的质量在逐渐减小。我们可以问一问，一年当中有多少质量被冲掉了。现在我们再来想象另一个过程。我们要用另外一种方法来使堤岸失去同样的质量。我们向堤岸射击，子弹射到的地方堤岸就被剥裂下来，堤岸的质量就因而减小。我们可以设想，用两种方法可以使质量的减小完全相等。但是从堤岸的外观上，我们很容易查出堤岸是被连续的海浪还是被不连续的"弹雨"打过了。为了使我们理解下面将描述的现象，最好先记住海浪和弹雨之间的区别。

我们以前说过，炽热的金属线会发射电子。现在我们介绍另外一种从金属中打出电子的方法。把某种具有一定波长的单色光，例如紫光，照射在金属表面上，光就把电子从金属中打出来。电子在金属中被打了出来，一阵电子雨便以一定的速度向前运动。根据能量守恒定律，我们可以说：光的能量有一部分转化为被打出来的电子的动能。现代的实验技术已能使我们记录这些电子"子弹"的数目，测定它们的速度，因而也测定它们的能量。这种把光照射在金属上打出电子的现象叫作光电效应。

我们的出发点是研究一定强度的单色光的光波的作用。但是现在我们应当像在所有的实验中所做的一样，改变一下实验装置，看看对于我们所观察到的效应有什么影响。

首先我们把照射在金属面上紫色的单色光的强度加以改变，并注意被发射出来的电子的能量，看它在多大程度上依赖光的强度。让我们暂且不用实验的方法而试用推理的方法来找寻解答。我们可以这样推理：在光电效应中，一定有一部分辐射能转变为电子的动能。如果我们用同一波长但由更强的光源发出的光再来照射金属，那么，发射出的电子的能量就应该比较大，因为这时辐射的能量比以前大了。因此我们将预言：假使光的强度增大，发射出的电子的速度也应增大。但是，实验却和我们的预言相反。我们再一次看出，自然界的规律并不会顺从我们的主观愿望。我们正碰到了和我们的预言相矛盾的一个实验，因而也就粉碎了我们作预言所根据的理论。从波动说的观点看来，实验的结果是出人意料的。所有观察到的电子都有同样的速度、同样的能量，这速度和能量并不随光的强度的增加而改变。

波动说不能预言实验的结果。于是从旧理论与实验之间的冲突中又有一个新理论兴起来了。

让我们故意来不公正地对待光的波动说，忽视它的巨大成就，忽视它对于在非常小的障碍物附近光线发生弯曲现象（光的衍射）所做的圆满解释。将我们的注意力集中在光电效应上，并要求波动说对这个效应做出足够的解释。显然，我们不能从波动说中推论出为什么光照射在金属上打出的电子的能量和光的强度无关，因此我们就试用其他的理论。我们记得，牛顿的微粒说能解释许多已观察到的光的现象，但是在解释我们现在所故意忽略掉的衍射现象时却完全失败了。在牛顿时代，还没有能量的概念。按照牛顿的理论，光的微粒是没有重量的。每一种色保有它自己的物质特性。后来，能量的概念建立起来了，而且认识到光是有能量的，但没有人想到把这些概念用于光的微粒说。牛顿的理论死亡以后，直到我们这个世纪为止，还没有人认真地考虑过它的复活。

为了保持牛顿理论的基本观念，我们必须假设：单色光是由能-粒子组成的，并用光量子来代替旧的光微粒。光量子以光速在空中穿过，它是能量的最小单元。我们把这些光量子叫作光子。牛顿理论在这个新的形式下复活，就得出光的量子论。不但物质与电荷有微粒结构，辐射能也有微粒结构，就是说，它是由光量子组成的。除了物质量子和电量子以外，还同时存在着能量子。

光量子的观念是在 20 世纪初普朗克（Planck）为了解释某一比光电效应复杂得多的现象而首先提出的。但是光电效应极其简单而清楚地指出了改变我们的旧概念的必要性。

我们立刻就会明白，光的量子论能够解释光电效应。一阵光子落到金属板上。这里辐射与物质的相互作用是由许许多多的单过程所组成的，在这些过程中光子碰击原子并将电子从原子中打了出来。这些单过程都彼此一样，因此在每一个情况下，打出的电子具有同样的能量。我们也可以理解，增加光的强度，照我们的新语言来说就是增加落下的光子数目。在这种情况下，金属板就有更多的电子被打出来，而每一单独电子的能量并不改变。因此，我们可以知道这个理论与观察的结果是完全一致的。

假使用另外一种颜色的单色光束，譬如说，用红色的来代替紫色光打到金属面上，将发生什么情况呢？让实验来回答这个问题吧。必须测出用红光发射出的电子的能量，并拿它和紫光打出的电子的能量加以比较。红光打出的电子的能量比紫光打出的电子的能量小。这就表示，光色不同，它们的光子的能量也不同。红色光的光子的能量比紫色光的光子的能量小一半。或者，更严格地说：单色光的光量子的能量与其波长成反比。这就是能量子和电量子之间的一个主要区别。各种波长有各种不同的光量子，可是电量子却总是一样的。假使我们用以前提到过的例子做譬喻，我们可以把光量子比作最小的"钱币"量子，而不同的国家的最小钱币量子是各不相同的。

我们继续放弃光的波动说而假定光的结构是微粒性的，光是由光量子组成的，而光量子就是以光速穿过空间的光子。这样，在我们的新的图景里，光就是光子"雨"，而光子是光能的基本量子。但是假使波动说被完全抛弃，波长的概念也随之而消失了。代替它的是什么样的新概念呢？是光量子的能量！用波动说的术语来表达的一番话，可以翻译成用辐射量子论的术语来表达。例如：

波动说的术语	量子论的术语
单色光有一定的波长。光谱中红端的波长比紫端的波长大一倍	单色光含有一定能量的光子。光谱中红端光子的能量比紫端光子的能量小一半

物理学的目前局面可以概括如下：有一些现象可以用量子论来解释，但不能用波动说来解释；光电效应就是这样一个例子，此外还有其他的例子已被发现。

又有一些现象只能用波动说来解释而不能用量子论来解释；典型的例子是光遇到障碍物会弯曲的现象。还有一些现象，既可用量子论又可用波动说来解释；例如光的直线传播。

到底光是什么东西呢？是波呢？还是光子"雨"呢？我们以前也曾经提出过类似的问题：光到底是波还是一阵微粒？那时是抛弃光的微粒说而接受波动说的，因为波动说已经可以解释一切现象了。但是现在的问题远比以前复杂。单独的应用这两种理论的任一种，似乎已不能对光的现象做出完全而彻底的解释了。我们似乎有时得用这一种理论，有时得用另一种理论，又有时要两种理论同时并用。我们已经面临了一种新的困难。现在有两种相互矛盾的实在的图景，两者中的任何一个都不能圆满地解释所有的光的现象，但是联合起来就能够了！

怎样才能够把这两种图景统一起来，我们又怎样理解光的这两个完全不同的方面呢？要讨论这个新的困难是不容易的。我们再一次碰到一个根本性问题。

目前我们暂且采用光的光子论，并试图用它来帮助理解那些以前一直用波动说解释的论据。这样，我们就能强调那些乍一看来使两种理论互相矛盾的困难。

我们记得，穿过针孔的一束单色光会形成光环及暗环，我们如果放弃波动说，怎样能借助于光的量子论来理解这个现象呢？一个光子穿过了针孔。我们可以期望，如果光子是穿过针孔的，幕上应当显示出光亮；如果光子不穿过，则是暗的。但不是这样，我们却看到了光环和暗环。我们可以试图这样来解释：也许在光子和针孔边缘之间存在着某种相互作用，因此出现了衍射光环。当然，这句话很难认为是一个解释。它最多只是概括出一个解释的预示，使我们能建立起一些希望，希望在将来用通过光子和物质的相互作用来解释衍射现象。

但即使是这个微弱的希望也被我们以前讨论过的另外一个实验装置粉碎了。假设有两个小孔。穿过这两个小孔的单色光，将在幕上显出光带和暗带。用光的量子论的观点应当如何理解这个效应呢？也许我们可以这样论证：一个光子穿过两个小孔中的任意一个。假如单色光的光子是光的基本粒子，我们就很难想象它能分裂开来并同时通过两个小孔。而那时效应就应当和单孔时完全相同，应该是光环和暗环而不是光带和暗带。为什么那时存在了另外一个小孔就把效应完全改变了呢？显然，即使这另外一个小孔在相当远的地方，而光子并不通过它也因为它的存在会将光环和暗环变成光带和暗带。如果光子的行为和经典物理中的微粒一样，它一定要穿过两个小孔中的一个。但是在这种情况下，衍射现象就似乎完全不可理解了。

科学迫使我们创造新的观念和新的理论。它们的任务是拆除那些常常阻碍科学向前发展的矛盾之墙。所有重要的科学观念都是在实在跟我们的理解之间发生剧烈冲突时诞生的。这里又是一个需要有新的原理才能求解的问题。在我们试图讨论用现代物理学解释光的量子论和波动说的矛盾以前，我们将指出，如果我们不讨论光量子而讨论物质量子，也会出现同样的困难。

光　谱

我们已经知道所有的物质都由少数几种粒子组成的。电子是最先被发现的物质基本粒子。但电子也是带负电的基本量子。我们又知道有一些现象迫使我们认定光是由基本光量子组成的，并认定波长不相同则光量子也不相同。在继续讨论下去以前，我们必须先讨论一些现象，在这些现象中，物质和辐射起着同样重要的作用。

太阳发出的辐射可以被三棱镜分解为它的各个组元。这样就得到了太阳的连续光谱。凡是在可见光谱线两端之间的各种波长都在这里显示出来。我们再来举另一个例子，以前已经提过，炽热的钠会发射只有一种色或一种波长的单色光。假使把炽热的钠置于三棱镜前面，我们也只看到一条黄线。一般而言，一个辐射体置于棱镜之前，它所辐射的光就被分解为它的各个组元，显示出发射体的谱线特性。在一个充有气体的管中放电，就产生了类似于广告用的霓虹灯那样的一种光源。假定把这样一个管子放在一个光谱仪前面。光谱仪的作用和棱镜一样，不过它更精确和更灵敏；它将光分解为各个组元，也就是说，它把光加以分析。通过光谱仪看太阳光，就出现连续光谱；光谱仪中表示出各种不同的波长。但是，如果光源是有电流在其中流过的气体，光谱的性质就不同了。它不是太阳的连续多色光谱，而是在一片暗黑的背景上出现光亮而彼此分开的光带。每一条光带，如果它很狭小，便对应于一种颜色，或者用波动说的语言来说，对应于一种波长。例如，在光谱中看到 20 条谱线，就有 20 种波长，则每一条谱线可以用对应于波长的 20 个数中的一个来标志。不同元素的气体具有不同的线系；因而标志组成光谱的各种波长的数的组合也不同。在各种元素各自特有的光谱中任何两种元素不会有完全相同的谱线系统，正如任何两个人不会有完全相同的指纹一样。物理学家积累了这许多谱线的资料汇编成目录以后，逐渐明确了这里面存在着一定的规律；而且可以用一个简单的数学公式来代替那些看上去好像没有关系的表示各种波长的几列数目。

　　所有上面所讲的都可以翻译成光子的语言。每一条谱线对应于某种波长，换句话说，就是对应于具有某种能量的光子。因此发光气体并不发出任何能量的光子，而只发出标志这种物质特点的那些光子。我们再一次看到了可能性确乎很多，但"实在"却对它们严加限制。

　　某一种元素的原子（例如氢原子）只能发出具有确定能量的光子。只有确定能量的光子才被允许发出，其他的都是受禁止的。为了简单起见，我们设想某一元素只发射出一条谱线，也就是只发出能量完全确定的一种光子。原子保有的能量在发射前要丰富些，在发射后要贫乏些，根据能量守恒原理，原子在发射前的能级一定较高，而发射后的能级一定较低，两个能级之差就等于发出的光子的能量。因此，某一种元素的原子只发射一种波长的辐射（即只发射确定能量的光子）的说法，可以用不同的方式来表达：某一种元素的原子只允许有两个能级，而光子的发射相当于原子从较高的能级向较低的能级跃迁。

　　但是一般而言，在元素的光谱中谱线总不止出现一条。发射出来的光子对应于许多种能量而不只是对应一种。或者，换一个说法，我们必须认定在原子内部可以有许多个能级，光子的发射对应于原子由一较高的能级跃迁到较低的能级。但重要的是，并非所有的能级都是被允许的，因为在一种元素的光谱里，并不是所有的波长或所有的光子能量都出现的。我们现在不说每一种原子的光谱内有某些确定的谱线或某些确定的波长；而说每一种原子有某些确定的能级，而光量子的发射是与原子从一个能级向另一能级跃迁相关联的。一般说来，能级不是连续的，而是不连续的。我们再一次看到了"实在"对太多的可能性加以限制。

　　玻尔（Bohr）最先证明了为什么正好是这些谱线而不是另外一些谱线出现在光谱里。他的理论，建立于 25 年以前，描绘出一个原子的图景。根据这个理论，至少在简单情况下，元素的光谱可以被计算出来，而在外表上看来枯燥而又不相关的数目在这个理论的解释之下就突然变得密切相关了。

　　玻尔的理论是走向更深远、更普遍的理论的一个过渡性理论。这个更深远而普遍的理论被称为波动力学或量子力学。本书最后部分的意图就是要表明这个理论的主要观念。在这以前，我们还要再讲一个理论更深的和更专门性的实验结果。

　　我们的可见光谱是从紫色的某一波长开始，而以红色的某一波长为止。或者换句话来说，在可见光谱中，光子的能量永远被限制在紫光和红光的光子能量之间的一个范围内。当然，这个限制只是由于人类眼睛的特性所致。假使有些能级之间的能量之差相当大，那么将有一种紫外光的光子发射出来，形成一条在可见光谱以外的谱线。肉眼不能检验出它的存在，因而必须借助于照相底片。

　　X 射线也是由光子组成的，它的光子的能量比可见光的大得多；也就是说，X 射线的波长要比可见光的波长短得多（事实上要短到几千分之一）。

　　但是能不能够用实验方法来测定这样小的波长呢？对于普通光来说这已经是够难的了。我们必须有非常小的障碍物或很小的孔。用两个非常靠近的针孔可以显出普通光的衍射现象；如果要显示出 X 射线的衍射，这两个小孔就必须再小几千倍而且要再靠近几千倍。

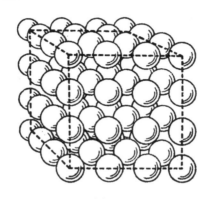

图 12

　　那么我们怎样能够测量这些射线的波长呢？自然界本身帮助我们达到了这个目的。

　　一个晶体是原子的一个集团，这些原子彼此相隔非常近而且排列得井然有序。图 12 表示一个晶体结构的简单模型。我们用元素的原子所构成的障碍物代替小孔，这些原子排得非常紧密而且极有秩序。根据晶体结构理论，我们知道原子之间的距离是小得可以将 X 射线的衍射效应显示出来。实验证明了事实上可以用晶体内这些紧密地靠在一起的而且有规则地排成三维排列的障碍物来使 X 射线的波发生衍射。

　　设有一束 X 射线射在晶体上，射线穿过晶体以后，被记录在照相底片上。照相底片就显示出衍射图样。现在已经有许多种方法用来研究 X 射线光谱以及从衍射图样中推算波长数据。这里我们只用几句话来说明这些内容，如果要详细地说明理论上与实验上的细节，就非写成厚厚的几册书不可了。在图 13 中，我们只表示出各种方法中的一种方法所得出的一类衍射图样。我们再一次看到了很能够表征波动说的暗环和光环，在中心处可以看到未被衍射的光线。如果晶体不放在 X 射线和照相底板之间，则照片中心只能看到光斑。从这类照片中可以计算出 X 射线光谱的波长；如果波长已知，也可根据照片来决定晶体的结构。

（A. G. Shernstone摄）

谱线

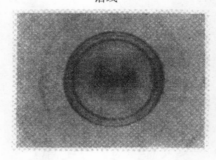

（Lastowiecki and Gregor摄）

X线衍射

（Loria和Klinger摄）

电子波的衍射

图 13

物质波

在元素的光谱中只出现某些特殊的波长，这一情况我们怎样来理解呢？

在物理学上往往因为看出了表面上互不相关的现象之间有相互一致之点而加以类推，结果竟得到很重要的进展。在本书中我们也常常看到在某一科学分支上建立和发展起来的概念，后来就成功地应用于其他分支。机械观和场论的发展中有很多这类例子。将已解决的和未解决的问题联系起来也许可以想到一些新概念来帮助我们解决困难。很肤浅的类推是容易找到的，但实际上不能说明任何问题。有些共同的特性却隐藏在外表上的差别的背后，要能发现这些共同点，并在这基础上建立一个新的理论，这才是重要的创造性工作。由德布罗意（De Broglie）和薛定谔（Schrödinger）在 15 年前创始的所谓"波动力学"的发展，就是用这种深刻的类推方法而得出极为成功的理论的一个典型例子。

我们的出发点是一个与现代物理学完全无关的经典例子。我们握住一根极长的软橡皮管（或极长的弹簧）的一端，有节奏地做上下摆动，于是这一端便发生振动。这时，像我们在许多例子中所见到的一样，振动产生了波，这种波以一定的速度通过橡皮管而传播。假设橡皮管是无限长的，那么，波一旦出发，就会毫无阻碍地继续它们无止境的旅程。

再看另一个例子。把上面所说的橡皮管两端都固定起来。假如你喜欢，用提琴的弦也可以。现在如果在橡皮管或琴弦的一端产生了一个波，将会发生什么样的情况呢？和前面的例子中一样，波开始它的旅程，但很快就被另一端反射回来。现在我们有两种波，一种是由振动产生的，另一种是由反射产生的；它们向相反的方向行进而且互相干涉。不难追寻两个波的干涉现象来发现由它们叠加而成的一种波，这种波称为驻波。"驻"和"波"两个字的意义似乎是相互矛盾的，然而这两个字联合起来正说明了它是两个波叠加的结果。

图 14

驻波的最简单的例子是两端固定的弦的一上一下的运动，如图 15 所示。这个运动是当两个波朝着相反的方向行进时有一个波覆在另一个波上面的结果。它的特点是只有两个端点保持静止。这两个端点叫作波节。驻波就驻定在两个波节之间，弦上所有各点都同时达到它们的偏移的最大值和最小值。

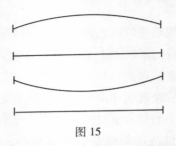

图 15

但这只是驻波的最简单形式。还有其他形式的驻波。例如，有一种驻波可以有三个波节，两端各一个，中央一个。在这种情况中，有三点永远保持静止。从图 16 和图 17 可以看到，这里的波长比图 15 中只有两个波节的短一半。同样，驻波可以有四个、五个以至更多的波节，其波长与波节的数目有关。波节的数目只能是整数而且只可以跳跃式地改变。"驻波波节的数目等于 3. 576"这样的说法显然是没有意义的。这样，波长只能不连续地变化。在这个最经典性的问题里，我们看出了量子理论的著名特色。提琴上所产生的驻波实际上更为复杂，它是许多具有两个、三个、四个、五个以至更多个波节的波混合而成的，也就是说，它是许多不同波长的波的混合体。物理学可以把这样的混合体分解为组成它的简单驻波。或者，用我们以前的术语，我们可以说，振动的弦如同一种元素发出辐射一样，有它自己的谱。也正像元素的光谱一样，它只可以有一些特定的波长，其他的波长是被禁止的。

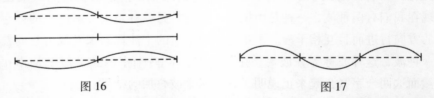

图 16   图 17

这样，我们发现了振动的弦和发出辐射的原子之间的某些相似性。这个类比似乎很奇突，但既然比上了，我们且试图从这个比喻中作出进一步的结论，并试图进行比较。

每一元素的原子都是基本粒子组成的，重粒子组成原子核，轻粒子就是电子。这样一个粒子体系的行为正和产生驻波的一个小乐器一样。

然而驻波是两个或更多个行波之间发生干涉的结果。假使我们的比拟有几分真实，那么在传播中的波就应当有比原子更简单的排列方式。什么东西排列得最简单呢？在我们的物质世界中没有什么东西比不受任何力作用的基本粒子——电子更简单了，所谓不受外力作用的电子就是静止的或做匀速直线运动的电子。我们可以在这个比拟的锁链中再猜出新的一环来：匀速直线运动的电子比作一定波长的波。这就是德布罗意的新的大胆创造的观念。

以前曾经指出过，在某些现象中，光显示出波动性，但在另一些现象中光显示出微粒性。在已经习惯于用光是一种波的观念以后，发现光在某些场合中（例如在光电效应中）的行为像一阵光子，就会感到很惊奇。对于电子，我们现在的情况正好和这相反。我们已经习惯于用电子是粒子、是电和物质的基本量子的观念了。它的电荷和质量也已经被测出。如果德布罗意的观念有几分真实性的话，那么物质就应该在某些现象中显示出波动的性质。这个结论是根据声学上的类比而得出的。乍一看来好像是奇怪而难以理解的。运动的微粒怎么会和波发生任何关系呢？但是这一类的困难在物理学中已碰到过不止一次了，在研究光的各种现象中我们也遇到同样的问题。

在建立一个物理学理论时，基本观念起了最主要的作用。物理书中充满了复杂的数学公式，但是所有的物理学理论都是起源于思维与观念，而不是公式。在观念以后应该采取一种定量理论的数学形式，使其能与实验相比较。这可以用我们目前在讨论的例子来说明。主要的一个猜想是：匀速运动的电子在某些现象中的行为和波类似。假设一个电子或一群电子（其中所有的电子具有相同的速度）匀速地运动，每一个单电子的质量、电荷和速度都是已知的。如果我们想以某种方式把波的概念和匀速运动的电子联系起来，那就必须提出下一问题：波长是多少？这是一个定量的问题，就应该建立一个多少带有定量性质的理论来回答这个问题。事实上这个问题很简单。德布罗意在他的著作中给出了这个问题的答案，其数学上的简单性是最令人惊奇的。在他的工作完成时，其他物理学理论的数学手法，相对说来就深奥和复杂得多了。在物质波的问题中所用的数学工具非常简单和浅近，但基本观念却极为深奥。

以前在讨论光波和光子时曾指出过，每一句用波动说的语言来表达的话，都可以翻译成为光子说或光的微粒说的语言。电子波也如此。用微粒说的语言来表达匀速运动的电子大家都很熟悉了。但每一句用微粒说的语言来表达的话，和光子的情况一样，都可翻译为波动说的语言。有两个线索暗示着翻译的法则。一个线索是光波和电子波之间或光子和电子之间的类比。我们试图将对于光的翻译方法同样用之于实物。狭义相对论提供了另一个线索：自然定律对于洛伦兹转换应

　　该是不变的，而不是对于经典变换是不变的。这两个线索合起来便决定出对应于运动电子的波长。例如以每秒 16 000km 的速度运动着的一个电子，其波长很容易计算出来，它是与 X 射线处于同一波长范围内，这一结果与理论相符。由此可进一步得出结论：如果物质的波动性可以检查出来，则所用的实验方法必定和检查 X 射线的波动性的方法相似。

　　设想有一电子束以一定的速度做匀速运动，它（或者用波动说的术语来说，有一均匀的电子波）打到非常薄的晶体上，晶体起着衍射光栅的作用。晶体中的衍射障碍物之间的距离小到可以使 X 射线产生衍射现象。因此，对于波长的数量级与 x 射线相同的电子波，我们可以预期它也会有同样的效应。照相底片应当记录下电子波通过晶体薄层的这种衍射。实验真切地证明了这个理论的无可怀疑的重大成就：电子波的衍射现象。比较一下附图 III 中的照片，我们可以看到电子波衍射和 X 射线衍射之间的相似性是极为明显的。我们知道，这种图可以用来决定 X 射线的波长，对于决定电子波的波长也具有同样好的功用。衍射图样显示出物质波的波长，也显示出理论与实验在定量方面的完全相符，这就完满地确认了我们所作的一连串的论证。

　　这个结果使得我们以前所遭遇的若干困难扩大并加深了。只要举一个例子便能明白，这个例子与讨论光波时所用的例子相似。一个电子射到一个很小的针孔上时将像光波那样发生偏转。照相底片上显示出光环与暗环。也许有几分希望可以用电子和针孔边缘的相互作用来解释这现象，虽然这样解释似乎把握不大。但是在两个针孔的情况下将怎样解释呢？出现的是光带而不是光环。为什么有另外一个小孔存在就使效应完全变样了呢？电子是不可分裂的，它似乎只能穿过两个小孔当中的一个。电子在穿过一个小孔时怎么会知道在某些距离之外还存在着另一个小孔呢？

　　以前我们问过：光是什么？它是一阵粒子还是一个波？现在我们要问：物质是什么，电子是什么？它是一个粒子还是一个波？电子在外电场或外磁场中运动时的行为像粒子，但在穿过晶体而衍射时的行为又像波。对于物质的基本量子，我们又遇到了在讨论光量子时所遇到的同一困难。科学的现代发展中所发生的最基本的问题之一是：怎样把物质和波这两种对立的观点统一起来。这是一个最基本的困难问题之一，一旦解决了，一定会导致科学的进展。物理学正努力求解这个问题。现代物理学目前所提出的解是暂时的还是最终的解，后世一定会做出判断。

概率波

按照经典力学来说，如果我们已知某一质点的位置和速度，以及所作用的外力，就可以根据力学定律而预言它未来的整个路径。在经典力学中，"质点在如此这般的一个时刻有着如此这般的位置和速度"这句话在经典力学中具有完全确定的意义。假设这样一句话失去了它的意义，则我们以前所作的关于预言未来过程的论证就站不住脚了。

在 19 世纪初，科学家们曾经想把整个物理学归结为作用在质点上的简单的力，这些质点在任何时刻具有确定的位置和速度。我们来回想一下当我们在物理学领域内开始讨论力学问题时是如何描述运动的。我们沿一定路线画出许多点，表示物体在一定时刻的准确位置；随后又画出切线矢量，表示速度的大小和方向。这个方法既简单又方便。但是对于物质的基本量子（电子）或能量的基本量子（光子）就不能照样搬用了。我们不能用经典力学中描画运动的方法来描画光子或电子的经行路程，两个小孔的例子很清楚地说明了这点。电子或光子似乎是穿过两个小孔的。因此，用从前的经典方法来描画电子或光子的路程，就不可能解释这种效应了。

我们当然必须认定像电子或光子等穿过两个小孔时的基本作用的存在。物质的基本量子和能的基本量子的存在是不容怀疑的。不过基本定律肯定不能用经典力学中只说明它们在任一时刻的位置和速度那样简单的方式来表述。

因此要试试其他不同的方法。我们不妨将同一基本过程不断加以重复。把电子一个接着一个朝小孔方向射去。这里用"电子"这两个字只是为了叙述得明确一些而已，我们的论证对于光子也同样适用。

把同一个实验以完全相同的方式重复很多次；在实验中所有的电子具有同样的速度并且都对着两个小孔的方向运动。不用说，这是一个理想实验，事实上不可能实现，不过很容易想象而已。我们不能像用枪发射子弹那样在一定时刻把电子或光子一个一个地发射出去。

一系列重复实验的结果一定仍然是：一个小孔的是光环和暗环，而两个小孔的是光带和暗带。但是有一个主要的差异。如果只有一个单独的电子实验一次，实验的结果便不可理解。如果把实验重复许多次，就比较容易理解了。我们现在可以说：光带就是有很多电子落在上面的地方。而电子落得比较少的地方就成为暗带。完全暗黑的斑点表示一个电子也没有落到这个地方来。我们当然不能认定所有的电子都穿过两个小孔中的一个。因为假如是这样的话，打开或关闭另一个小孔就应当没有什么区别了。但是我们已经知道，当关上了第二个小孔时，所得到的结果是不同的。由于一个粒子是不可分裂的，我们也不能认定它同时穿过两个小孔。把实验重复多次的情况指出了另一条出路：某些电子穿过第一个小孔，而另一些电子穿过第二个小孔。

我们不知道为什么个别的电子特地选择了这个或那个小孔，不过重复实验的最后结果一定是两个小孔都参加了把电子从发射源传送到屏幕去的工作。如果我们只说到在实验重复很多次时一群电子所发生的事，而不考虑单个电子的行为：那么有光环的图和有光带的图之间的区别就变得可以理解了。对上述实验做出讨论的结果，诞生了一个新的群体观念，即其中个体的行为是不可预知的。我们不能预言某一个别电子的经行路程，但是我们可以预言，屏幕上终于会显示出光带和暗带。

我们暂且不谈量子物理学。

在经典物理学中我们看到，如果我们已知某一时刻质点的位置和速度，以及作用在它上面的力，就可以预言它的未来路径。我们也看到了力学的观点怎样被应用到物质动力论中去。但是根据我们的推理，有一个新的观念在这个理论中诞生了。全盘地掌握这个观念，对于理解以后的论证是很有帮助的。

设有一充满气体的容器。要想探查每一粒子的运动，必须首先找出它的初始状态，即所有粒子的起先位置和初速度。即使可能这样做，要把结果记在纸上也是一生一世都写不完的，因为要考察的粒子的数目实在太大了。假使有人因此试图用经典力学中已知的方法来计算粒子的最终位置，困难也是无法克服的。原则上可能采用计算行星运动所用的那种方法，但是在实践上这种方法是没有用处的，而必须用统计方法来代替。这种方法不需要对初始状态有确切的知识。对于一个体系在任一已知时刻的情况知道得比较少，我们能说出它的过去或未来也比较少。我们现在不去关心个别气体粒子的命运了。我们的问题的性质不同了。例如，我们不问："在这一时刻每一个粒子的速率有多少？"而要问："有多少粒子具有每秒 1000m 至 1100m 的速率？"我们不管个体。我们只去测定能代表整个集体的平均值。很明显，统计的推理方法只能用于由数量非常多的个体所组成的体系。

应用统计方法，我们不能预言群体中一个个体的行为。我们只能预言个体作某些特殊方式的行为有多少机会（概率）。假如统计律告诉我们有 1/3 的粒子的速度是每秒 1000m 到 1100m，就表示对大量粒子进行许多重复的观察，才会得到这个平均值；或者换一个说法，这表示在这个速度范围内找到一个粒子的概率是 1/3。

同样，知道了一个巨大的社会的婴儿出生率，并不意味着已知道了任何个别家庭是否生了孩子。这只表示统计的结果，在这些结果中，个体的性质是不起作用的。

通过对大量汽车的牌照的观察，我们会很快发现这些牌照的号码中有 1/3 可以用 3 除尽。但我们不能预言下一时刻将要通过的一辆汽车的牌照号码是否具有这个性质。统计规律只能用于大集体，而不能用于组成这个集体的单一个体。

现在我们可以回到量子问题上来了。

量子物理学的规律都是统计性质的。这句话是说，它们不是关联于一个单一体系的规律，而是关联于许多同等体系的一个集团的规律；这些规律不能由对一个个体所做的测量来验证，而只能用一系列重复的测量来验证。

放射性蜕变就是量子物理学企图为许多事件建立出它们的规律的一个事件，即量子物理学企图建立一个规律来支配怎样由一个元素自发地转化为另一元素。例如，我们知道 1 g 镭经过 1600 年，会蜕变一半，剩下来一半。我们可以预言以后半个小时内，大约有多少原子将要蜕变；但是我们即使用理论上的描述，也不能说明为什么正好是这些原子注定要走向蜕变的道路。根据目前的知识，我们没有能力指出哪些原子是注定要蜕变的。一个原子的命运并不取决于它的龄期。支配它们单独行为的规律，连一点线索都没有。我们只能建立支配原子大集团的统计规律。

再举另一个例子。把某一种元素的发光气体放在光谱仪之前就显现出一些有确定波长的谱线。一组不连续的、确定的波长的出现，是原子内部存在基本量子的表征。但是这个问题还有另一方面。谱线中有一些十分清楚，而另一些则比较模糊。清楚的谱线表示属于这个特定波长的光子发射出来的数量比较多，而模糊的谱线则表示属于这个波长的光子发射出来的数量比较少。这理论再一次告诉我们，它只是统计性质的。每一谱线相应于一个由较高能级到较低能级的跃迁。理论只告诉我们这些可能的跃迁中每一个跃迁的概率，而完全不提及某一特定原子真实的跃迁。这种理论在这里是很适用的，因为在所有这些现象里都牵连巨大的集团，而不是单个的个体。

看来这新的量子物理学与物质动力论有某些相似之处，因为两者都是统计性质的，而且都关联于巨大的集团。但实际上并不如此。在这个类比中不仅是了解其相似性是重要的，了解它们之间的差别尤为重要。物质动力论和量子理论的相似性主要在于它们的统计性质。但差别怎样呢？

假使我们想知道在某一城市里超过 20 岁年龄的男人和女人有多少，我们就必须叫每个公民填写调查表上的性别、年龄等栏。假设每个人都填对了，那么我们把它数一下再加以分类，就得到统计性的结果。这时对于表中所写的个人的姓名和地址是不去注意它的。我们的统计观点是根据许多个体的知识而得来的。同样，在物质动力论中支配集体行为的统计规律是根据个体的规律而得到的。

但是在量子物理学中，情况就完全不同了。这里的统计规律是直接得出的。完全排除了个体的规律。在穿过两个小孔的电子或光子的例子中，我们已经看到，不能像经典物理学中所做的那样去描述基本粒子在空间和时间里可能的运动。

量子物理学放弃基本粒子个体的规律而直接说明支配集体的统计规律。我们不可能根据量子物理学像经典物理学那样去描述基本粒子的位置和速度，以及预言它未来的路径。量子物理学只和集体打交道，它的规律也是关于集体的规律而不是关于单一的个体的。

是迫切的需要，而不是爱好空想或爱好新奇的心理迫使我们改变古老的经典观念。我们只要举出一个例子（衍射）就足以说明应用旧观点的困难了。但也可以引出其他很多同样有力的例子。由于我们力图理解实在，因而迫使我们不断地改变观点。但是只有等到将来，才能决定我们所选择的是不是唯一可能的出路以及是不是还可以找到更好的解决困难的办法。

我们现在已经放弃把个体的例子作为在空间和时间里的客观现象来描述；我们现在已经引入统计性的规律。它们是现代量子物理学的主要特征。

以前，在介绍新的物理实在例如电磁场和引力场的时候，我们曾尽量用通俗的字句来说明已经用数学方法表述其观念的那些方程式的特色。现在我们对于量子物理学也将用同样的方法来说明，我们只非常粗略地提到玻尔、德布罗意、薛定谔、海森伯（Heisenberg）、狄喇克（Dirae）和玻恩（Born）等人的工作。

我们来考察一个电子的情形。电子可以受任意外部电磁场的影响或完全不受外力的影响。例如，它可以在一个原子核的场中运动，或者在一个晶体上衍射。量子物理学告诉我们怎样对这些问题写出数学方程来。

我们已经认识到振动的弦、鼓膜、吹奏乐器以及任何其他声学仪器为一方、辐射的原子为另一方的这两方面的相似性。在支配声学问题的数学方程和支配量子物理学问题的数学方程之间也有某些相似性。但是这两种情形中所确定的量的物理解释又是完全不同的。除了方程式有某些形式上的相似以外，描述振动弦的物理量和描述辐射原子的物理量具有完全不同的意义。拿振动的弦作为例子，我们要问弦上任意一点在任意时刻与正常位置的偏差有多少。知道了这一时刻弦的振动形状，我们就知道了所有需要知道的东西了。因此在任一其他时刻对于正常位置的偏差可以由弦的振动方程计算出来。对于弦上每一点相应于某一确定的偏差这一情况，可以更严格地用下述方式来表达：在任何时刻对正常位置的偏差是弦的坐标的函数。弦上全部的点构成一个一维连续区，而偏差就是在这个连续区中所确定的函数，并可由弦的振动方程计算出来。

在电子的例子中也类似地有决定空间中的任一点和任一时刻的某一函数。这个函数被称为概率波。在我们所作的类比中，概率波相当于声学问题中的与正常位置的偏差。概率波是一定时刻的三维连续区的函数；而在弦的情况中，偏差是一定时刻的一维连续区的函数。概率波构成了我们正在研究的量子体系的知识总汇，它使我们能够回答所有和这个体系相关的统计问题。它并不告诉我们电子在任一时刻的位置和速度，因为这样一个问题在量子物理学中是没有意义的。但是它告诉我们在特定的一点上遇到电子的概率，或者告诉我们在什么地方上遇到电子的机会最多。这个结果不止涉及一次测量，而是涉及很多次重复的测量。这样，量子物理学方程的决定概率波，正像麦克斯韦方程的决定电磁场，或万有引力方程的决定引力场一样。量子物理学的定律又是一种结构定律。但是由这些量子力学的方程所确定的物理概念的意义要比电磁场及引力场抽象得多；它们只提出了解答统计性问题的一套数学方法。

到目前为止，我们只考察了在某些外场中的一个电子的情况。如果我们不是考察这一种最小带电体的电子，而是包含有亿万个电子的某一带电体，我们就可以将整个量子论置之度外，而按照旧的在量子论以前的物理学来讨论问题。在讨论到金属线中的电流、带电的导体、电磁场等的时候，我们可以应用包含在麦克斯韦方程中的旧的简单的物理学。但是在讨论到光电效应、光谱线的强度、放射性、电子波的衍射以及其他许多显示出物质和能的量子性的现象中，却不能这样做了。这时我们应该"更上一层楼"。在经典物理学中我们讲过一个粒子的位置与速度，而现在则必须考虑相应于这个单粒子问题的三维连续区中的概率波。

假如我们早已学会了怎样用经典物理的观点来叙述问题，则我们更能体会到量子力学对于类似的问题有它特有的叙述方法。

对于一个基本粒子（电子或光子），如果把实验重复许多次，我们就得到三维连续区中的概率波表征这体系的统计性的行为。但是当不是一个，而是有两个相互作用的粒子，例如两个电子，一个电子和一个光子，或一个电子和一个原子核的时候，情况将会怎样呢？正因为它们之间有相互作用，所以我们不能将它们分开来讨论，不能用一个三维的概率波来分别描述它们中的每一个。实际上，不难猜想在量子力学中应该如何来描述由两个相互作用的粒子所组成的体系。我们暂且下降一层楼，再回到经典物理学去。空间中两个质点在任何时刻的位置是用六个数来表征的，每一点有三个数。这两个质点所有可能的位置构成了一个六维连续区，而不是像一个质点那样构成三维连续区。如果我们现在又上升一层楼回到量子物理学来，我们就有了六维连续区中的概率波，而不是像一个粒子那样的三维连续区中的概率波。同样，对于三个、四个以至更多个粒子的概率波将分别是在九维、十二维以及更多维连续区上的函数。

这里很清楚地指出概率波比存在和散布于我们的三维空间内的电磁场及引力场更为抽象。多维连续区构成了概率波的背景，而只有在一个粒子的情况下，维度的数目才和一般的物理空间的维度的数目相等。概率波唯一的物理意义就在于它使我们既可以回答在多粒子情况下各种有意义的统计性问题，也可以回答在只有一个粒子情况下的同样问题。例如对于一个电子，我们可以求出在某一特定地点遇到一个电子的概率。而对于两个电子，问题就变成这样：在一定时刻，两个粒子处于两个特定的位置上的概率是多大？

我们离开经典物理的第一步，是放弃了将个别的情况作为空间和时间中的客观事件来描述。我们被迫采用了概率波所提供的统计方法。一旦选择了这个方法，我们就被迫向更抽象的道路前进。因此，必须引入对应于多粒子问题的多维概率波。

为简便起见，我们把量子物理学以外的全部物理学叫作经典物理学。经典物理学与量子物理学是根本不同的，经典物理学的目的在于描述存在于空间的物体，并建立支配这些物体随时间而变化的定律。但是那些揭露实物与辐射的微粒性和波动性的现象，和明显地带有统计性质的基本现象（例如放射性蜕变、衍射、光谱线的发射以及其他许多现象），都迫使我们放弃这个观点。量子物理学的目的不是描述空间中的个别物体及其随时间的变化。"这一个物体是如此这般的，它具有如此这般的一种性质"这样的说法在量子物理学中是没有地位的。代替它的是这种说法："有了如此这般的概率，个别物体是如此这般的，而且具有如此这般的性质"。在量子物理学中，支配个别物体随时间而变化的定律是没有地位的。代替它的是支配概率随时间而变化的定律。只有这个由量子论引起的物理学的基本变化，才能使我们圆满地解释现象世界中许多现象所具有的明显不连续性和统计性。在这些现象中，实物和辐射的基本量子揭露了不连续性和统计性的存在。

然而新的更困难的问题又出来了，这些问题直到目前还没有弄清楚。我们只谈谈这些不能解决的问题中的几个问题。科学不是而且永远不会是一本写完了的书，每一个重大的进展都带来了新问题，每一次发展总要揭露出新的更深的困难。

我们已经知道，在一个粒子或许多个粒子的简单情形中，可以从经典的描述提升到量子的描述，从对空间与时间中事件的客观描述提升到概率波的描述。但是我们记起了在经典物理中极为重要的场的概念。怎样能够描述实物的基本量子和场之间的相互作用呢？如果对10个粒子的量子描述需要用一个三十维的概率波，那么对于一个场作量子描述时就需要一个无限维数的概率波了。从经典的场的概念跃迁到量子物理学中概率波的相应问题，是极为困难的。在这里上升一层楼不是一件容易的事，到目前为止，为解决这问题而作的一切企图都应当认为是不能令人满意的。还有另外一个基本问题。在所有我们关于由经典物理跃迁到量子物理的论证中，我们都用了旧的、非相对论的描述，在这种描述中时间和空间是分开讨论的。但是，如果我们试图从相对论所提出的那样的经典描述开始，则我们要把经典的场的概念提升到量子问题就显得更为复杂了。这是被现代物理学扭住的另一个问题，但离完满的解答还是很远。还存在另外一个困难，就是对组成原子核的重粒子建立一种一致的物理学的困难。虽然对于阐明原子核问题方面已经有了很多实验数据，也做了许多努力，但是对于这个领域内有些最基本的问题，我们还是模糊不清的。

毫无疑问，量子物理学解释了许多不同的事实，对大部分问题，理论和观察很一致。新的量子物理学使我们离开旧的机械观愈来愈远，要恢复原来的地位，比过去任何一个时期显得更不可能了。但是这也是毫无疑问的，量子物理学仍旧应该根据两个概念：实物和场的概念。在这个意义上，它是一种二元论，因此对于实现我们把一切归结为场的那个老问题并没有丝毫的帮助。

今后的发展是沿着量子物理学所选定的路线前进，还是把革命性的新观念引入到物理学中来更有希望呢？前进的道路是否也像过去常常走过的那样，突然来一个急转弯呢？

近几年来，量子物理学的全部困难已经集中在几个主要点上，物理学正在焦急地等待着它们的解决。但是，我们没有方法预知这些困难将在何时何地得到澄清。

物理学与实在

本书中所叙述的物理学的进展只是用粗线条的方式描画了最基本的观念，从这里可以作出怎样的总的结论呢？

科学不是一本定律汇编，也不是一本把各种互不相关的论据集合在一起的总目录。它是用来自由地发明观念和概念的人类智力的创造物。物理学理论试图作出一个实在的图景并建立起它和广阔的感觉印象世界的联系。判定我们的心理结构是否正当的唯一方法只在于看看我们的理论是否已构成了并用什么方法构成了这样一座桥梁。

我们知道，由于物理学的进展，已经创造了新的实在。但是这根创造实在之链也可以远远追溯到建立物理学之前。最原始的概念之一便是一个客观物体。一棵树、一匹马以至一个任何物体的概念都是根据经验得来的创造物；虽然由此而产生的印象比起外在的现象世界来还是很原始的。猫捉弄老鼠，也是在用思维创造它自己的原始的实在。猫永远以同样方法来对付所有遇到的老鼠，这表明它也产生了概念和理论，这些概念和理论就是它在它自己的感觉印象世界中的准则。

"三棵树"和"两棵树"有些不同。而"两棵树"又不同于"两块石头"。从客观物体中产生又从客观物体中解脱出的纯粹的数 2，3，4…的概念是思想的创造物，是用来描述我们的现实世界的。

心理上关于时间的主观感觉，使我们能够整理我们的印象，使我们说得出某一事件发生于另一事件的前面。但是用一个钟将每一时刻和一个数联结起来将时间看成一个一维连续区，就已经是一项发明了。因此，欧几里得和非欧几里得的几何概念以及把我们所在的空间看作是一个三维连续区的概念也都是一种发明。

物理学实际上是以发明质量、力和惯性系而开端的。所有这些概念都是一些自由的发明。它们导致了机械观的建立。

一个 19 世纪初叶的物理学家总认为：我们的外部世界的实在是由粒子组成

的，在粒子之间作用有简单的力，这些力只与距离有关。他力图一直保持他的信念，他总认为利用这些关于实在的基本概念来解释自然界的一切现象必将成功。有关磁针偏转所发生的困难，有关以太结构所发生的困难，都启发我们建立更精细的实在。于是出现了电磁场的重大发明。要整理和理解现象，重要的不是领会物体的行为，而是领会位于物体之间的某种东西的行为，即场的行为。这必须用大胆的科学想象力才能完全领会。

以后的发展既摧毁了旧概念又创立了新概念。绝对时间和惯性坐标系被相对论抛弃掉了。所有现象的背景不再是一维的时间连续区和三维的空间连续区，而是具有新的转换性质的四维的时-空连续区了，这又是另一个自由的发明。惯性坐标系不再需要了。任何一种坐标系对于描述自然现象都同样适用了。

量子理论又创造了关于实在的新的重要特色。不连续性代替了连续性。放弃了支配个体的定律，出现了概率的定律。

现代物理学所创造的实在，确实与旧时代的实在大有差别。但任何物理学理论要想达到的目的依然是相同的。

我们力图借助于物理学理论为自己寻求一条通过大量已观察到的情况所构成的迷宫的道路，来整理和理解我们的感觉印象。我们希望观察到的情况能够和我们对实在所作的概念相符合。如果不相信我们的理论结构能够领悟客观实在，如果不相信我们世界的内在和谐性，那就不会有任何科学。这种信念是，并且永远是一切科学创造的根本动机。在我们所有的努力中，在每一次新旧观念之间的戏剧性斗争中，我们坚定了永恒的求知欲望，和对于我们的世界和谐性的始终不渝的信念，而当在求知上所遭遇的困难愈多，这种欲望与信念也愈增强。

结　语

在原子现象领域内的大量各种不同的论据，再一次迫使我们建立新的物理概念。物质具有微粒结构；它是由基本粒子——物质量子组成的。因此，电荷也有微粒结构，而且，从量子论观点来说，最重要的是能也有微粒结构。组成光的光子是能量子。

光是波还是一阵光子呢？一束电子是一阵基本粒子还是一种波呢？实验迫使物理学去考虑这些基本问题。在寻求它们的解答时，我们不是像描述空间与时间中的现象那样来描述原子现象的，而且是进一步回避掉旧的机械观的。量子物理学所建立的规律是掌握集体的，而不是掌握个体的，所描述的不是特性而是概率，它不建立揭露体系的未来的规律，而只建立支配概率随时间变化以及关联于个体所组成的大集体的规律。

（周肇威译）

第七部分
自传笔记

导　言

阿尔伯特·爱因斯坦关于自己说过一句非常著名的话："不必担心你数学上的困难。我可以确告你，我的数学困难还要更大。"爱因斯坦虽然对自己的能力很谦虚，并且经常被漫画成差生（尽管实际上他只是一个有主见的学生），他显示了对自然界非凡强烈的好奇心，以及尽可能掌握科学和数学经典文献的决心。爱因斯坦在他的自述中，描述了他自己极其非凡的科学道路，该道路至少在充满了方程这一点上是非凡的。

这一著作，也许比本书中任何一篇更让我们了解到为何爱因斯坦成为这样的偶像。爱因斯坦在描述自己的教育时，引导我们浏览他青年时代的科学状态。随着他逐渐描述自己和他人对相对论和量子力学的贡献，我们开始看到他一生经历的物理学世界的变革。

爱因斯坦仅在 12 岁时，就首次读到欧几里得的《几何原本》，他将其称作"神圣的几何小册子"。从几个简单的原理就可以把有关实际宇宙的证明推导出来，这种思想使他敬畏。他花费其余生来追求这些证明，虽然当他的直觉偶尔和可能存在或真的观测冲突时，他会感到惶惑。例如，欧几里得几何理论形成我们理解物理世界的基础。从对于所有观察者物理学都相同，以及时间以常速率流逝的假设出发，从欧几里得学说可以直接推导出艾萨克·牛顿的力学理论。

尽管爱因斯坦赞美他们的成就，他最终既把作为我们宇宙的坐标系统的欧几里得几何，又把作为物理学基础的牛顿力学全推翻了。在 19 世纪的大部分年代里，牛顿运动定律是根本的基础，在此之上再进行发现，这已成为教条。牛顿的图像就是，宇宙中的所有力都由粒子产生，物理学的全部可以按照这种相互作用来描述。

爱因斯坦诞生之际，物理学粒子性质的大厦已经出现裂缝。1864 年詹姆斯·克拉克·麦克斯韦提出了电磁学理论。爱因斯坦在两个重要方面从麦克斯韦获得相当大的灵感。首先，麦克斯韦方程显示，电磁波（光）以常速率传播，而不管其源的速度。这是爱因斯坦狭义相对论的一个重要基础。其次，麦克斯韦方程形成一种场论。正是电场和磁场规范带电粒子如何行为，而不是带荷粒子之间的相互作用。这似乎是一个微妙的差异，但它是个重要的差异。这个场的概念最终不仅成为电磁学，而且也是统一自然的基本力的进展的基础。

爱因斯坦以讨论广义相对论，即他的引力论作为自述的尾声。这个理论的优雅一部分来源于这一事实，对于精通数学者而言，广义相对论似乎和麦克斯韦电磁论几乎完全等同。爱因斯坦知悉这个事实。的确，爱因斯坦不能把电磁学和引力统一到一个统一理论中去，是他永久的沮丧之一。这仍然是现代理论物理尚未解决的伟大课题之一。

（吴忠超译）

自传笔记

　　我在 67 岁之际坐在这里，是为了写某种像是自己讣告的东西。我之所以这么做，不仅由于被席尔普博士说服，而且还因为我确信，将个人对自己身心奋斗的回顾，让和我们一样奋斗的人分享是一件非常有益的事。我在深思熟虑之后感到所有这类尝试注定都是不充分的。因为，不管个人工作生涯如何短暂而有限，也不管其方法如何错误百出，阐释那些值得交流的东西仍非易事——现在 67 岁的人和他在 50 岁、30 岁或者 20 岁时绝不相同。任何回忆都会被染上现状的色彩，并因此受到虚假观点的影响。考虑到这些就会容易产生畏难情绪。即便如此，由个人从未与他人分享的自身经验中仍然可以挑选出许多东西。

　　在我只不过是一个相当早熟的年轻人时，我就相当清楚地意识到大多数人终身不懈追求世俗成功的无聊。此外，我很快就发现这种追求的残酷，在那些年代里伪善和花言巧语将此遮盖起来，这一点比现在做得更为精致。每个人仅是为了填饱肚皮就注定要参与这种追求。此外，这类参与尽管可以喂饱肠胃，但只要人是具有思维和情感的生命，他就决不可能得到满足。第一种逃脱的办法是宗教，传统的教育工具把它植入每一个孩子的心中。因而，尽管作为完全无宗教的（犹太裔）父母的儿子，我也曾沉迷于宗教，但是这种信仰在我 12 岁时却戛然而止。我通过阅读科普著作很快就坚信，圣经中的许多故事不可能是真的。这导致我绝对狂热地自由思考，并开始相信国家故意用谎言欺骗年轻人，这是一个极为深刻的印象。这个经验使我怀疑任何权威，对于存活于任何特定社会环境中的信念都持怀疑态度——我从未改变过这种怀疑态度，尽管在后来由于对其来龙去脉有更好的洞察，不像原先那么激烈。

　　这一点对我来说十分清楚。在少年时代失去宗教乐园是我从"纯粹个人的"，也即由愿望、希望以及幼稚的情感主导的存在锁链中挣脱的最早尝试。彼处存在着独立于我们人类的这个巨大的世界，它在我们面前犹如一个伟大而永恒的奥妙，然而我们至少能够部分地对其进行审视和思考。思索这个世界犹如获得解放那样令我神往。我很快注意到，我敬重的许多人在献身这一事业中找到了内在的自由和安全。在给定的可能性的框架内，在智力精神上把握这个超个人的世界，总是有意无意地作为最高目标在我的心目中涌动。古往今来具有类似动机的人们，以及他们获取的洞察力，都是我不可或缺的朋友。通往这个乐园的路不像通到宗教乐园的路途那么舒适而迷人，但它已被证明是值得信赖的，我从未为选择它而后悔过。

我在这里所说的只在一定的意义上是正确的，犹如一幅寥寥几笔的画，只在一个非常有限的意义上，反映一个充满令人困惑的细节的复杂对象。如果一个人欣赏条理清楚的思想，那么他的本性的这一方面很可能得到显著的发展，并以其他方面的压抑作为代价，由此越来越决定他的精神。这样的个体在回忆时很可能看到一致的有条理的发展，而其实际经历却发生在千变万化的特殊情形中。外部情景的繁复和瞬间意识内容的局限导致个体生命的某种模糊。像我这类人的发展转折点在于，主要兴趣逐渐远离短暂的和仅仅个人的东西，而转向追求在精神上掌握事物。以这个观点看，上面简略的议论包含了用这么少篇幅尽可能容纳得下的真理。

精确地讲，"思考"是什么呢？在接受感官印象，出现记忆图像时，这还不是"思考"。而当这样的图像形成系列，其中的每一图像唤起另一个，这还不能说是"思考"。然而，当在头脑里这许多系列中反复呈现特定的图像时，正是由于这个再现使之成为对这类序列的一个排序元素，它把原先不连接的序列互相关联起来。这类元素成为一种工具，即概念。我以为，从自由联想或"梦想"到思考的转化是由"概念"多多少少在其中起主导作用来表征。这绝不是说，概念必须和感官能识别的以及可复制的符号（词语）相关联；但情况若是如此，利用那个事实思考就成为可以交流的了。

读者会问——此人有何权利，甚至在没费什么力气去证明任何东西的情形下，在这么困难的领域中这么草率而初级地运用观念？我的辩护是：我们的一切思考在本质上都是概念的自由游戏；这种游戏的合法性在于借助于它，我们能够统观感觉经验的程度。"真理"的概念还不适用于这样的结构。我相信，只有对游戏的元素和法则都达到最广泛的共识（常规）时，我们才能使用这个概念。

我毫不怀疑，在大多数情形下，我们不用符号（词语）思考，思考在一定程度上甚至是无意识的。否则，我们怎么可能有时对某个经验完全自发地"惊奇"呢？当一个经验和在我们心里已经相当固定的概念世界相冲突时，这种"惊奇"似乎就会发生。每当强烈地感受到这类冲突，它就以明确的方式反作用到我们的思维世界。在某种意义上讲，思维世界的发展正是"惊奇"的连续迸发。

当我还只是一个四五岁的小孩时，父亲将一个罗盘摆弄给我看，我感受到这种惊奇。其磁针以如此确定的方式行为，和在无意识概念世界可能出现的事件性质（和直接"接触"相关的效应）完全不符。我仍能记得——或至少我相信我能记得——这次经验给我留下了深刻而久远的印象。在事物背后必定深藏着某些东西。从幼年起就在他面前出现的东西，不会引起这类反应；他不会对物体下落、刮风下雨感到惊奇，也不会对月亮或者月亮不会下落，以及对生命与非生命的差异感到惊奇。

我在 12 岁时，经验到第二个性质完全不同的惊奇：一本欧几里得几何的小册子，那是我在秋季开学时得到的。书中有这样的断言，例如，一个三角形的三条高交于一点，尽管可以毫无疑义地证明这个断言，它却决非显然。这本书的清晰和明确给我留下难以描述的印象。公理必须在没被证明的情形下被接受，对我来说，接受这点毫无困难。在任何情形下，如果我能依据一些在我看来其有效性似乎没有疑义的命题来加以证明，那我就完全满意了。例如我记得，在我得到那本神圣的几何小册子之前，一位叔叔对我提及勾股定理。我在三角形相似性的基础上费了很大劲成功地"证明了"这个定理。在证明时，直角三角形的边的关系完全由其中的一个锐角决定，这点对我似乎是"显然的"。我认为，只有某些按类似的方式似乎不那么显然的东西才需要证明。还有，对我来说，几何处理的对象和我们感官感觉的（也就是可以看到摸到的）对象似乎是同一类型的东西。这种原始的思想，可能也是康德关于"先验综合判断"的可能性的著名疑难的基础，这个思想显然是基于以下事实：几何概念与直接经验对象（尺子、有限间隔等）的关系是无意识地存在的。

如果人们以为，仅依纯粹思考即能得到经验对象的确定知识，那么这个"惊奇"是基于一个错误之上的。尽管如此，对于任何一个首次经验到它的人来说，人居然能在纯粹思考中达到这等确定和纯粹的程度是太了不起了，正如希腊人在几何学中首次给我们展现的那样。

既然我已经中断刚刚开始的讣告并且偏离了足够远，就索性再陈述几句认识论的信条，尽管在此之前关于这些已经附带地说了一些。这些信条并非我在年轻时的观点，实际上是在很久以后才缓慢地发展起来的。

一方面我看到了感觉-经验整体，而另一方面我看到写在书上的概念和命题整体。在概念和命题本身之间以及它们相互之间的关系具有逻辑的性质，而根据不容置疑的规则，逻辑思维的进行被严格地限制于获取概念和命题相互之间的关联，而这些规则正是逻辑所要研究的。这些概念和命题只有通过它们和感觉－经验的连接才能获得"意义"，也就是"内容"。后者和前者的连接是纯粹直觉的，它不具有逻辑的性质。这个关系，也就是直观的连接的确定性程度，而非别的，正是承担把科学"真理"和空虚的幻影区分开来的重要方法。概念系统和语法规则一道同为人的创造物，它们组成概念系统的结构。虽然概念系统在逻辑上是完全任意的，可是它们的共同目标是允许同感觉－经验整体尽可能确定（直觉）的和完全的协调；其次它们的目标是使逻辑独立元素（基本概念和公理），即没有定义的概念和非导出的［假定的］命题，尽可能地少。

一个命题如果是在一个逻辑系统中根据公认的逻辑规则推导出来的，则它是正确的。一个系统的真理内容取决于它和全部经验协调的确定性和完备性。一个正确的命题从它所属的系统的真理内容借来"真理性"。

以下对历史发展作点评论。休谟看得很清楚，某些概念，比如因果性，不能用逻辑的方法从经验材料中推导出来。康德彻底相信一些概念是必不可少的，他把这些概念——它们就这么被选取出来而已——作为一切思考的必要前提，并将它们和起源于经验的概念区分开。然而我坚信，这个区分是错误的，也就是说，它没有以自然的方法合理地对待这个问题。从逻辑的观点看，所有概念，甚至那些最接近经验的，正如因果性概念的情形，都是自由选取的常规，而这个因果性概念正是这个疑难首先要涉及的。

现在回到讣告上来。我在 12 岁至 16 岁时熟悉了初等数学和微积分原理。在这过程中，我很幸运地选用了在逻辑上不是特别严格的书，但是其结构无碍清楚概括地展开其主要思路。总体来说，这个努力过程是激动人心的。解析几何的基本思想、无穷级数、微积分概念使我激动到顶点，其印象足以和初等几何相比。我还很幸运地从一本极好的科普书获取整个自然科学领域的基本结果和方法，这本书几乎完全局限于定性的方面（伯恩斯坦第 5 或第 6 卷本的《自然科学通俗丛书》），我屏声静息地阅读了这本书。我还学了些理论物理，在 17 岁时进入苏黎世联邦大学当一名数学物理学生。

我在那里遇到了极优秀的教师（例如胡尔维茨、闵可夫斯基），这样我在数学方面本应得到坚实的教育。但是，我绝大多数时间却花在了物理实验室工作，与经验直接接触使我激动。我余下的时间首先是用于在家里研习基尔霍夫、亥姆霍兹和赫兹等人的著作。我在一定程度上忽视数学，不仅由于我对自然科学比数学有更强烈的兴趣，还起因于下面的奇怪经验。我觉察到数学被分割成很多门类，每个方面都可轻易地耗费我们的毕生精力。由此我就像布里丹的驴一样不知吃哪一捆干草。很明显这要归因于我的直觉在数学领域不够强，不足以清楚地将根本重要的，也就是真正基本的，从多多少少可有可无的其余广博的部分中挑出来。然而，除此之外，我还对自然知识有无比强烈的兴趣。而且，作为一名学生，我当时还不清楚，获得物理基本原理的根本知识的门径是和最复杂的数学方法无法分开的。只有在多年独立的科学研究后，我才逐步意识到这些。诚然，物理学也被分成不同的领域，在每个领域还未满足对更高深知识的渴求之前，却都能轻而易举地消耗短暂的一生。此外一大堆支离的实验数据也令人生畏。然而，我在这个领域很快学会寻找最基础的东西，而不理睬其余的一切，不理睬那堆充塞头脑而使它离开精华的事物。当然麻烦在于，人们必须把这些东西塞进脑袋来应付考试，无论你是否喜欢。我被这种强制阻吓到这种程度，在我通过最后的考试后，整整一年都无兴趣考虑任何科学问题。此外，我必须公正地再说一句，这类窒息所有真正科学冲动的强制，在瑞士比在他处都要轻微得多，这里总共才有两次考试，除此以外，你几乎可以随心所欲。尤其像我这样，有一位朋友定时去听课并仔细整理其内容，更是有恃无恐。直至考试前的几个月，你都可得到选择研究的自由。我极度享受这种自由，很乐意地把与其相关的内疚减少到最小的程度。事实上，没有将这神圣的探索的好奇心完全抹杀已经是奇迹了；对于这株微弱的嫩苗，除了鼓励，最重要的是给予自由，缺乏这些就必将枯萎。以为通过强迫和责任感能够促进观测和探索的乐趣是致命的错误。相反地我相信，如果可能的话，用鞭子强迫野兽，即便在其不饿时，连续地吃，甚至也会把健康的野兽弄倒胃口，尤其是强迫地喂给它规定的食物时。……

现在回到当时物理学领域上来。尽管在个别领域成果累累，但是人们从未对原理的教义有丝毫质疑：上帝在太初（如果有这么回事的话）创生了牛顿运动定律和必要的质量和力，这就是一切。此外的一切都是利用演绎法由恰当的数学方法发展出来。在 19 世纪，凭借这个基础，尤其是利用偏微分方程，所获取的成就注定得到所有头脑开放者的赞美。牛顿可能是第一个在声传播理论上揭示了偏微分方程的有效性。欧拉已为流体力学奠基。但是作为所有物理学的基础，质点力学在 19 世纪才得到更精确的发展。然而，力学在一些与它表面无关的领域的成就，比力学的技术开发或者解决力学复杂问题，给作为学生的我留下更深的印象：光的力学论将光设想成准刚性弹性以太的波动，最重要的是气体运动论——单原子气体的比热与原子量的无关性，气体状态方程的推导以及它与比热的关系，气体分离的运动论，尤其是气体的黏滞性、热传导和扩散的定量关系，这种关系还提供了原子准确的质量。这些结果同时支持将力学当作物理和原子假说的基础，而后者已牢固地成为化学的基础。然而，只有原子相对质量，而非其绝对质量，在化学中起作用，这样原子论与其被当作关于物质的真实构造的知识，不如说是形象化的符号。除此之外，极为有趣的还有，从经典力学的统计理论可以导出热力学的基本定律，这实质上是由玻尔兹曼完成了的东西。

因此，我们对下面这一切不必感到惊奇，可以说19世纪的所有物理学家都把经典力学当作所有物理学，实际上当作所有自然科学的坚固的最后的基础，还有，他们乐此不疲地企图将同时开始缓慢胜出的电磁学的麦克斯韦理论也置于力学的基础之上。甚至麦克斯韦和H. 赫兹，也一直有意识地考虑将力学当作物理的可靠基础。事后回顾起来，正是这两位摧毁了将力学当作物理思想的最后基础的信念。正是恩斯特·马赫在他的《力学史》一书中动摇了这个教条的信仰。当我还是学生时，这本书在这方面对我产生了根本的影响。我看到马赫的伟大之处在于他那永不妥协的怀疑主义和独立性。但是在我更年轻的岁月里，马赫的认识论也极大地影响了我，而我现在却认为这种观点是根本站不住脚的。因为他没有正确地认识思想，尤其是科学思想在本质上是建构性和猜测性的；结果他正是在这些点上指责理论，那就是建构-猜测特征突出显现之处，原子运动论可当作一个例子。

在我对力学作为物理学基础的观点进行批判之前，关于得以批评物理理论所必须根据的观点，我不得不首先提到一些一般性的东西。第一个观点是显而易见的：理论不能和经验事实相冲突。然而，无论初看起来这个要求是多么明显，但运用起来却十分微妙。由于为了维持一般的理论基础，人们经常，也许总是可能使用人为的附加的假设，以保证理论去适合事实。然而无论如何，第一个观点是关于用可获得的事实来验证理论基础。

第二个观点与观测资料无关，而只考虑理论自身的前提，也就是所谓的简要但模糊地表征为前提的"自然性"，或者（被当成基础的基本概念和它们之间关系的）前提的"逻辑的简单性"。要精确地表述这个观点遇到了巨大困难，它一直就在选择和评价理论上起重要作用。这里的问题并非简单列举逻辑独立的前提之类而了事（如果这类事情能无异议进行的话），而是某种不可比较的品质的反复权衡的事情。此外，在这些具有同等"简单的"基础的理论中，那一种最严格地抽象地界定体系的性质（也就是包含最确定的断言）的理论，就被认为是优越的。既然我们在此把自己局限在这类其目标为全体物理现象的理论，也就不必涉及理论的"领域"。第二个观点可以简要地表征为有关理论的"内部完美"，而第一个观点是指"外部证实"。我还将以下认定为理论的"内部完美"：如果从逻辑的观点，它不是从具有相同价值和类似建构的理论中任意选择的一个结果，则该理论就更值得高度珍视。

前面两段中包含了很不精确的断言，对此我不打算用篇幅限制的借口为自己开脱，我借此承认，闲话少说，我现在不能，也许我根本不能用更精确的定义来取代这些示意。然而，我相信可以更清楚地表述。在任何情形下，当"预言家们"在判断"内部完美"时通常意见一致，对于"外部证实"的"程度"，他们的判断更是如此。

现在对作为物理基础的力学进行批判。

从第一个观点（实验证实）把波动光学合并到世界的力学图像之中注定引起严重的忧虑。如果将光解释成在一个弹性体（以太）中的往复运动，那么以太就必须是任何东西都能穿透的一种媒介。因为光波的横波特点基本上和不可压缩的固体相似，这样纵波就不存在。既然以太似乎对任何"有质"物体的运动都没有阻力，它和其余物质相处时就像鬼魂般地存在。为了解释透明物体的折射率以及辐射的发射和吸收过程，人们必须假定在两类物体中存在复杂的相互作用，这方面甚至还没有严肃地尝试过，更谈不上得到什么结果了。

此外，电磁力需要引进带电物质，虽然它们没有可觉察的惯性，却还相互作用，而且与引力不同，其相互作用具有极性。

使物理学家在长期的犹豫之后，逐渐放弃全部物理学可以基于牛顿力学基础上的信念，其最后成功的因素是法拉第和麦克斯韦的电动力学。因为这个理论以及赫兹的实验证实显示，存在其本身性质和任何有质物体相分离的电磁现象——即由电磁"场"组成的在空虚的空间中的波动。如果要把力学维持为物理学基础，那么必须以力学的方法解释麦克斯韦方程。人们非常热心地尝试但毫无成果，而该方程自身却硕果累累。人们习惯于把这些场当作独立的物质来处理，而没有必须理睬其力学性质。这样，就几乎不动声息地抛弃了作为物理学基础的力学，因为它最终无望适应这些事实。从那时起，存在两种概念元素，一方面是质点以及它们之间超距的力；另一方面是连续的场。物理学呈现出一种中间状态，整体没有一种一致的基础——这虽然不令人满意——但要超越它还有很远的路要走。……

对于力学作为物理学基础的批判，现在从第二个即"内部"的观点做一些评论。就今天的科学状态而言，也就是在告别了力学基础后，后人只对这样的批判所余下的方法有兴趣。但是这种批判很适合于用来展现立论的典型，在将来理论概念和公理离开直接观察的东西越远，这样理论的含义和事实的对照就越来越难，并越扯越远，立论的方式就在选择理论中起更大的作用。首先要提到马赫的论证，虽然牛顿已经清楚地认识到这点（水桶实验）。从纯粹几何描述的观点出发，所有"刚性"坐标系之间都是逻辑等效的。力学方程宣称只对其中的特殊种类即"惯性系"成立（例如惯性定律已被认为成立）。在这里坐标系不具有物理实在的任何意义。因此，为特殊选择的必要性辩护，必须寻找与理论有关的物体（质量，距离）之外的某种东西。由于这个原因，牛顿十分明显地把"绝对空间"作为原先决定的，在所有力学事件中无所不在的积极参与者而引进，他显然用"绝对"表示不受质量和它们运动的影响。使这些事态显得特别讨厌的是，假设存在无限多惯性系，它们相互之间处于均匀的平移运动，并认为优越于所有其他刚性参考系。

马赫猜想，在一个真正合理的理论中，惯性必须依赖物质的相互作用，这一点确实正如对于牛顿的其他力成立一样，我长期认为这观念在原则上是正确的。然而，它隐含地预先假定，基本理论应是牛顿力学的推广，物体及其相互作用是原型概念。这种解决尝试不能纳入一个一致的场论，正如我们马上就可以认识到的。

然而，从以下的类比可以特别清楚地看到马赫的批判在本质上有多么严肃。试想建立一个力学，人们只能看到地球表面的一小部分，而不能看到任何恒星。他们将倾向于认为空间的垂直维度（落体加速的方向）导致特别的物理属性，而且在这样概念的基础上，为支持地球在大多数地方是水平的观点提供理由。他们也许不允许自己受这种论断的影响，即空间就几何性质而言是各向同性的，从而他们对假定如下基本的物理定律应该不满意，按照该定律相信存在一个优越的方向；他们也许（和牛顿类似）倾向于断言垂直方向的绝对性，这种绝对性是某种被证明的并必须接受的东西。认为垂直方向比其他任何方向都优越，恰好与认为惯性系比其他刚性参考系都更优越类似。

现在考虑还和力学内部简单性即自然性有关的其他论证。如果人们忍受空间

（包括几何）和时间概念而不加以批判性的怀疑，那么就没有理由反对超距作用的观念，尽管这样的概念并不符合人们在日常生活的原始经验基础上形成的观念。然而还存在其他考虑，使得作为物理基础的力学显得太初等。基本上存在两种定律：

（1）运动定律。

（2）力或者势能的表达式。

运动定律是精确的，尽管只要力的表达式没有给定，它仍然是空洞的。然而，在对后者的选择中存在很大的任意性，尤其当人们忽略了力只依赖坐标的需求（例如，力不依赖坐标对时间的微商）时，这需求在任何情况下都不很自然。只在理论的框架之内，从一点出发的引力（以及电力）由势函数（$1/r$）制约，这一点是完全随意的。附加评论：人们早已知道这个函数是最简单的（旋转不变的）微分方程 $\Delta \varphi = 0$ 的中心对称的解。因此人们本应可将此认为这个函数由空间定律所确定的迹象，并认为这个步骤排除了选择能量定律的任意性。但真正促成由法拉第、麦克斯韦和赫兹进行铺垫的，从超距力理论的摆脱的第一个洞察，只有在后来的实验数据的外部压力下才真正开始。

我还想提到，作为这个理论的内部非对称，在运动定律中发生的惯性质量也出现在引力的表达式中，却不出现在其他力的表达式中。最后我愿意指出这个事实，把能量分成两个根本不同的部分——动能和势能一定会使人觉得不太自然；H. 赫兹觉得这么不安，他的最后工作就是试图让力学摆脱掉势能的概念（即从力的概念出发）。……

够了，牛顿，请原谅我，你发现了在你的时代具有最高思维力和创造力的人的力所能及的方法。你创造的概念甚至在今日仍然在指导着我们物理学的思考，尽管我们现在知道，如果我们的目标在于更深刻地理解关系，这些概念将要被其他更远离直接经验范围的概念取代。

"这被当作一个讣告？"吃惊的读者会问。我愿回答：基本上是。因为像我这种类型的人的生命本质正是在于他之所想和他为何想，而不在于他做什么或受什么苦。因此，其讣告可以主要被局限于传达在我的奋斗中起过相当作用的思想——一个理论，它的前提越简单，而且它的应用领域越开阔，它涉及的事物越广泛，给人印象就越深刻。因此，经典热力学给我留下了很深的印象。它是仅有的具有普适内容的物理理论。关于经典热力学，我坚信，在其基本概念的适用性范围内永不会被推翻（这一点是为了特地提醒那些对原理怀疑的人）。

我当学生时期最激动的课题是麦克斯韦理论。从超距力到把场作为基本变量的转变呈现出这个理论的革命性。将光学合并入电磁理论，光速和电磁绝对单位制的关系，以及折射系数和介电常数关系，物体反射系数和金属导电性的定性关系——正如上帝的启示。除了向场论的转变，即通过微分方程来表达基本定律，麦克斯韦只要一个单独的假设步骤——在真空中以及在介电体中引进位移电流及其磁效应，这几乎是由微分方程的形式性质指定的变革。在这方面我不禁要做些评论，法拉第-麦克斯韦这一对和伽利略-牛顿这一对具有最显著的内部相似性——每一对的前者直觉地抓住关系，而后者精确地表述那些关系，并定量地应用它们。

以下特别的情景使得在那时候洞察电磁理论的实质远为困难。电或磁"场强"和"位移"被当作同等基本的变量来处理，真空被当作介电体的特殊情形。物质而非空间显得是场的载体。由此意味着场的载体可具有速度，而这自然也适用于"真空"（以太）。赫兹的运动物体的电动力学整体就是基于这个基本想法之上。

H. A. 洛伦兹在此以令人信服的方式进行了变革，这是他的伟大功绩。根据他的意见，在原则上只有在真空中场才能存在。物质——被认为是原子——是电荷的仅有所在处，在物质粒子之间存在真空，那是电磁场的所在处，它是由位于物质粒子上的点电荷的位置和速度产生的。介电性、电导性等全部是由连接组成物体的粒子的力学的束缚类型决定。粒子电荷产生场，另一方面，场将力作用到粒子的荷上，这样按照牛顿的运动定律决定后者的运动。如果人们将此和牛顿系统进行比较，可看出其改变在于：超距作用被场所取代，这样场还描述了辐射。因为引力相对微弱，所以通常没有被考虑进去，然而，借助场结构的充实，亦即扩充麦克斯韦场定律总能将其考虑进去。当代的物理学家认为洛伦兹得到的观点是仅有的可能的观点，然而在那个时候，那是一个令人惊奇而大胆的一步，没有这一步后来的发展是不可能的。

如果人们批判地看待理论发展的这一阶段，就会对在牛顿意义上的质点和场作为连续体被作为基本概念并行使用的二重性印象深刻。动能和场能显得是根本不同的东西。鉴于根据麦克斯韦理论，一个运动的电荷的磁场代表惯性，这就显得更不令人满意了。那么为什么不是全部惯性？如果那样的话，就只有场能被留下来，而粒子就只是场能的特殊密度的一个地方。在那种情形下，人们可望从场方程一道推出质点概念和粒子运动方程——令人不安的二重性就会被排除了。

H. A. 洛伦兹对此了然于心。然而，麦克斯韦方程不可能推导出构成粒子的电荷平衡。只有其他的非线性场方程有可能完成这样的任务。然而不存在既能发现这类场方程，而又不冒武断之险的方法。无论如何，人们相信，在法拉第和麦克斯韦如此成功开创的道路上，最终可能找到全部物理学新的可靠的基础。……

相应地，以引进场而启始的变革远未终结。接着在上世纪与本世纪之交，第二个基本危机来临，这和我们刚讨论过的事情无关。由于马克斯·普朗克研究热辐射（1900），其严重性被突然意识到。因为至少在它的第一个阶段，它丝毫未受到任何实验性质的令人惊奇发现的影响，这个事件的历史就更不可思议了。

基尔霍夫基于热力学得出结论，由不可穿透的器壁围绕的具有温度 T 的空腔中的辐射的能量密度和谱组成与器壁的性质无关。也就是说，单色辐射密度 ρ 是频率 ν 和绝对温度 T 的普适函数。这样就产生了确定这个函数 ρ（ν，T）的有趣问题。关于这个函数在理论可以被确定到什么程度呢？按照麦克斯韦理论，辐射必然对器壁施加压力，其大小取决于总的能量密度。由此，玻尔兹曼从纯粹的热力学得出结论，辐射的总能量密度（$\int \rho d\nu$）与 T^4 成正比。他以这个方式在理论上证实了早先斯特藩通过实验发现的定律，即他以这种方式将经验定律和麦克斯韦理论的基础连接起来。此后，W. 维恩进行了天才的热力学的考察，并且还利用了麦克斯韦理论，发现了拥有两个变量 ν 和 T 的普适函数 ρ 应取如下形式：

$$\rho \approx \nu^3 f\left(\frac{\nu}{T}\right),$$

此处 f（ν/T）是只有一个变量 ν/T 的普适函数。很清楚，从理论上确定这个普适函数 f 极端重要——这正是普朗克面临的任务。通过仔细的实验测量，函数 f 已被非常精确地确定了。他依赖那些实验测量，首次成功地找到确实非常符合这些测量的公式：

$$\rho = \frac{8\pi h \nu^3}{c^3} \frac{1}{\exp(h\nu/kT) - 1},$$

此处 h 和 k 是两个普适常数，第一个导致量子论。这个公式由于分母显得有些奇怪。能从理论上将它导出吗？普朗克实际上真的找到一个推导，起初其推导的缺陷被隐藏着，这对于物理学的发展却是极大的幸运。如果这个公式是正确的，再借助于麦克斯韦理论，就可以计算出辐射场中一个准单色振子的平均能量 E：

$$E = \frac{h\nu}{\exp(h\nu/kT) - 1}。$$

普朗克更想试着从理论上推导出上式。他费尽全力，但无论是热力学，还是麦克斯韦理论，都派不上用场。这个公式中的如下情形特别鼓舞人心。对于高温（对给定的 ν）得到以下表达式：

$$E = kT。$$

这和在气体动力学中做一维弹性振动质点的平均能量的表达式相同。在气体动力学中下式成立：

$$E = (R/N) \, T，$$

此处 R 为气体状态方程的常数，而 N 为每摩尔气体的分子数，由该常数可以计算出原子的几何大小。令两个式子相等可得到：

$$N = R/k。$$

于是，由普朗克公式的这个常数准确地算出了原子大小的正确数值。令人满意的是，这个数值与从气体运动论确定的 N 值符合，尽管后者不很精确。

这是一个伟大的成功，普朗克清楚地意识到这一点。但是此事还有一个严重的缺陷，还好普朗克最初很幸运地忽视了它。事实上基于同样的考虑，还要求关系式 $E = kT$ 对于低温时也成立。然而，在那种情形下，普朗克公式以及常数 h 都完全失效。因此，从目前的理论得出的正确结论应是：要么从气体动力学得出振子的平均动能是不正确的，这意味着反驳［统计］力学，要么从麦克斯韦理论推出的振子平均能量是不正确的，这意味着反驳后者。在这种情形下，最有可能是两者都只在极限下成立，但在其他情形下错了。情形确实如此，正如我们下面就要看到的。倘若普朗克得出这个结论，也许他就不会完成他的伟大发现，因为他的演绎推理失去了基础。

现在回到普朗克的推理。玻尔兹曼在气体动力学的基础上发现，除了一个常数因子，熵等同于所考虑状态的"概率"的对数。他通过这种深刻理解意识到，在热力学的意义上，事件过程的性质是"不可逆的"。然而，从分子力学的观点看，所有事件过程都是可逆的。如果人们将分子论定义的状态称为微观描述的，或者简称为微观态，而按照热力学描述的称为宏观态，那么极大数目（Z）的态会属于一个宏观条件。那么 Z 就是一个选择的微观态的概率测度。这个思想还由于它不只对在力学基础上的微观描述有用，所以显得极其重要。普朗克意识到这一点，并将玻尔兹曼原理应用到由许多同频率 ν 的振子组成的系统。全部振子的总能量给出宏观状况，而该能量是通过确定每个振子的（瞬时）能量给出一个微观条件。为了利用一个有限的数表达属于一个宏观态的微观态的数目，他［普朗克〕将总能量分成大量但有限的相等的能量元 ε，而且询问：在这些振子之中有多少种办法将其分割成这些能量元。这个数目的对数就提供了系统的熵，并且由此（通过热力学）得到它的温度。如果普朗克将他的能量元 ε 选作 $\varepsilon=h\nu$ 的大小，他就得到他的辐射公式。这么做的关键之点在于，其结果有赖于 ε 取确定的有限值，也就是其值不趋向于极限 $\varepsilon=0$。这种推理的形式使之和力学以及电动力学基础相冲突的事实不那么明显，而其推导却正依赖这两个基础。然而，事实上这个推导隐含地预先假定单独的振子只能吸收或发射具有大小为 $h\nu$ 的"量子"，也就是说，能够振动的力学结构以及辐射能量只能以这种量子来转移——这和力学以及电动力学的定律相冲突。这里和动力学的矛盾是根本的，而和电动力学的矛盾也许没那么根本。对于辐射能密度的表达式，尽管和麦克斯韦方程协调，但却不必是这些方程的结论。基于这个表达式的斯特藩-玻尔兹曼定律以及维恩定律和经验相互一致，表明这个表达式提供了重要的平均值。

在普朗克基础研究发表后，我很快对所有这一切都十分清楚了。以至于在还没有找到经典力学的取代物时，我仍能看到这个温度-辐射定律对光电效应和其他与辐射能转换有关的现象，以及（尤其）固体的比热会导致哪些后果。然而，我将物理的理论基础去适应这〔新类型〕知识的所有企图都完全落空了。就如一个人脚下的地被抽走了，任何地方都没能看见可在上面建筑的坚固的基础。这个不安全的矛盾的基础却足以使像玻尔这样具有唯一直觉和才智的人发现光谱线和原子的电子壳的主要定律，以及它们对化学的意义，这一切对我简直是一个奇迹——甚至对我而言，今天还仍然如此。这是思想界的至美的乐章。

不管普朗克的结果可能多么重要，我在那些年几乎没有兴趣关心其具体的后果。我主要的问题是：从有关辐射结构的，甚至更广泛的有关物理学的电磁基础的辐射公式能得出什么一般结论？在我着手之前，我必须简要地提及基于有关布朗运动以及相关的事物（涨落现象）的研究，它们根本上是基于经典分子力学之上。玻尔兹曼和吉布斯更早的研究实际上穷尽了这个课题，而当时我对此并不了解，我又发展了统计力学以及基于前者的热力学的分子动力学。我这里的主要目标是寻找事实，以尽可能证明确有有限尺度的原子的存在。我在这期间发现，根据原子论，应该有可观察到的悬浮微观粒子的运动，而当时我并不知道人们对布朗运动的观察早已熟悉。最简单的推导基于以下的思考：如果分子动力学是基本正确的，那么可见粒子的悬浮体必须具有渗透压，它像分子溶液一样满足气体定律。这渗透压依赖实际分子的多少，也就是在克当量分子的数目。如果悬浮体密度是非均匀的，则渗透压也不均匀，因而引起补偿扩散，这可由众所周知的粒子迁移率计算得到。另一方面，这种扩散又可认为是悬浮粒子因热扰动引起的随机位移的结果——其位移大小最初不知道。比较从这两类推理得出的扩散流大小，可定量地得到那些位移的统计定律，即布朗运动定律。这些考虑和经验的一致以及普朗克从辐射定律（高温下）确定的分子真正尺度，使那时还相当多的对原子的实在怀疑的人（奥斯瓦尔德、马赫）信服。这些学者对原子论的厌恶可明确无误地回溯到他们实证主义的哲学态度。这是一个有趣的例子，表明即使具有冒险精神和出色直觉的学者，也会因哲学偏见而阻碍解释事实。这种偏见——现在根本还没有绝迹——在于这样的信念，以为没有自由的概念构造，从事实本身就能够并应该得到科学知识。之所以能有这样的误解，只是因为人们不容易意识到这种概念的自由选择，而这些概念通过验证和长期使用，显得和经验素材直接相关。

布朗运动理论的成功再次无可置疑地显示，只要经典力学应用到速度的高阶时间导数可忽略的运动，总是给出可靠的结果。依赖这个认识，基于相对直接的方法，我们可从普朗克公式获得有关辐射构成的一些知识。事实上，人们可以得出结论：在充满辐射的空间中，一面（垂直于它平面）自由运动的准单色反射镜必须遭受一种布朗运动，其平均动能等于 $1/2$（R/N）T（R 是 1 克分子气体常数，N 等于每摩尔的分子数目，T 为绝对温度）。如果辐射没有遭受局部涨落，镜子就会逐渐趋于静止，这是由于它的运动，在它前面比在相反一面反射更多的辐射。然而，镜子必须经受加在上面的压力的一定的随机涨落，这是由于构成辐射的波包相互干涉，麦克斯韦理论可将这些计算出来。这种计算显示，这些压力变化（尤其在小辐射密度的情形）绝对不足以赋予镜子以平均动能 $1/2(R/N)T$。为了得到这个结果，人们必须假定存在第二类压强变化，它不能从麦克斯韦理论导出，假定辐射能是由不可分的点状的局域的能量量子 $h\nu$（以及动量 $h\nu/c$，c 是光速）组成，这些量子在反射时不被分割。这种看待问题的方法，突出而直接地显示，必须赋予普朗克量子一种直接的实在性，因此辐射必须具有能量的某种分子结构，这当然与麦克斯韦理论冲突。直接基于玻尔兹曼熵-概率-关系（让概率等于统计时间频率）有关辐射的考虑，也导致同样结果。辐射（和物质微粒）的双重性是一个实在的主要性质，量子力学以天才的极为成功的方式对此进行了解释。几乎所有当代物理学家都认为这个解释根本上是终极的，对我来说只不过是权宜之计，后面将对此［观点］作些评论。……

这类深思早在 1900 年即普朗克开创性工作后不久就使我明白，无论是力学还是电动力学（除了极限情形外）都不能宣称完全成立。我很快就对基于已知事实之上利用建构性的努力发现真正定律的可能性绝望。我屡试屡败，愈加坚信，只有发现一个普适形式的原理，我们才能得到可靠的结果。热力学是目前一个例子。其一般原理由此定理表述：自然的定律是不可能建造（第一类和第二类）永动机。那么，怎么才能找到这样的普适原理呢？我在 16 岁时偶然想起这个似非而是的命题，花费了 10 年的深思才得到我这样的一个原理：如果我以速度 c（光在真空的速度）追赶一束光线，就会观测到这样的一束光线静止地在空间方向上振动的电磁场。然而，无论是在经验的基础上，还是根据麦克斯韦方程，似乎没有这种事。我一开始就在直觉上明白，从这样的观察者的立场判断，任何事情都会按照一个相对于地球静止的观察者的同样定律发生。否则的话，第一个观察者何以知道，即能够确定，他是处于快速匀速运动的状态呢？

人们在这个佯谬中看到了狭义相对论的萌芽。当然，现在人人皆知，只要时间亦即同时性的绝对性公理不知不觉地固定于潜意识中，所有满意地澄清这个似非而是的企图注定要失败。清楚承认这个公理及其任意性就已意味着这个问题的解决。在我的情形下，特别是阅读大卫·休谟和恩斯特·马赫的哲学著作决定性地推进了发现这个关键点所需的这类批判性的推理。

人们必须清楚地理解，物理学中的事件的空间坐标和时间持续是什么意思。空间坐标的物理解释预先假定了一个刚性的参考物，而且参考物必须多多少少处于一个确定的运动状态中（惯性系）。在一个给定的惯性系中坐标意味着利用（静止的）刚性棒确定测量的结果。（人们应当永远保持清醒，在原则上刚性棒的存在是一个由近似经验暗示的预设，但是这预设在原则上是任意的。）以这样的方式解释空间坐标，欧几里得几何有效性就成为物理学的问题。

如果人们接着试图类似地解释事件的时间，那么他需要测量时间差的一个手段（由足够小空间范围的系统内在实现的确定的周期过程）。相对于惯性系静止的一个钟表定义一个本地时间。如果有一种手段使这些钟表相互"对"好时间的话，所有空间点的本地时间的全体便是所选择的惯性系"时间"。人们看到在不同的惯性系中这样定义的"时间"根本不需要先验地相互一致。如果对于日常生活的实际经验，光不作为宣称绝对同时性的手段而呈现的话（这是由于 c 的非常大的值），人们在很久以前就应当注意到这一点。

（理想的即完美的）测量棒和钟表（在原则上）存在的预设并不互相独立。

那是由于，假定真空中的光速的恒定性不导致矛盾的话，在一个刚性棒两端之间前后反射的光讯号构成一个理想的钟表。

那么，上述的佯谬可以表述如下。根据在经典物理中使用的从一个惯性系向另一个惯性系转变的事件的空间坐标和时间的联系规则，两个假设：

（1）光速的恒定性

（2）定律（这样，尤其是光速不变定律）与惯性系的选择无关（狭义相对性原理）是相互不协调的（尽管这两者分别都是基于经验之上而获得的）。

狭义相对论根本的洞察是：如果对于事件的坐标和时间的转换假定为新型的（"洛伦兹变换"），那么假设（1）和（2）便是协调的。鉴于坐标和时间的给定的物理解释，这绝不仅是因袭的步骤，而是意味着有关运动的测量棒和钟表的实际行为的一定假设，这些假设可由实验证实或证伪。

狭义相对论的普适原理包含在如下假设中：相对于洛伦兹变换（从一个惯性系到任何其他选择的惯性系）物理定律是不变的。这是对自然定律的一个限制原理，可与作为热力学基础的永动机不存在的限制原理相比较。

首先对理论与"四维空间"的关系作一评论。这是一个广为传播的错误，据说狭义相对论，在某种意义上，首次发现了，或者不管怎么说新引进了物理连续统的四维性。这当然不是这么回事。经典力学也是基于时间和空间的四维的连续统上。但是在经典物理的四维连续统中具有常时间值的子空间具有绝对的实在性，而与参考系的选取无关。因为这个（事实），四维连续统自然地分成一个三维的和一个一维的（时间），这样四维的观点并不是非有不可。另一方面，狭义相对论创造了一方面空间坐标另一方面时间坐标纳入自然定律方式之间必须的形式的相关依赖。

闵可夫斯基对此理论的重要贡献在于：在闵可夫斯基研究之前，为了检验一个定律在洛伦兹变换下的不变性，必须对它施行这种变换；可他却成功地引进形式，使得定律的数学形式本身保证其在洛伦兹变换下的不变性。他创造了四维张量分析，对于四维空间他获得了通常的矢量分析对三度空间维度得到的同样的东西。他还指出，洛伦兹变换（除了由于时间的特殊性质引起的一个反号以外）只不过是在四维空间中的坐标系统的旋转。

首先，对在上面描绘的这个理论做一评论。人们对如下事实印象深刻，这一理论（除了四维空间之外）引进两种物理的东西，即（1）测量棒和钟表，（2）所有其他东西，如电磁场、质点等。这在一定的意义上是不一致的。严格地讲，测量棒和钟表必须由基本方程的解来表示（由运动原子结构组成的物体），而非仿佛由理论上自足的实体来代表。然而由步骤本身保证其合法性，因为从一开始就很清楚，理论的假设没有足够强到能从它们为物理事件导出足够完备的、避免任意性的方程，以便把测量棒和钟表的理论置于这个基础之上。如果人们不希望一般地放弃对坐标进行物理解释（尽管这本身是可能的），最好容忍这类不一致性——然而在理论的后期阶段还有消除它的责任。但是，人们不应该认可此处提到的过失，以至于想象那些间隔是特殊类型的、本性上和其他物理变量不同的物理实体（"将物理还原于几何"等）。

现在我们来看看，狭义相对论对物理学有哪些明确的洞察。

（1）不存在诸如遥远事件的同时性的东西，由此也不存在诸如在牛顿力学意义上的超距瞬息作用。尽管根据这个理论，仍可设想引进以光速传播的超距作用，但是它显得不自然，因为在这样的一个理论中可能没有诸如能量守恒原理的合理陈述。由此导致物理实在不可避免地要按照在空间中的连续函数来描述。因而，再也不能把质点看成理论的基本概念。

（2）动量守恒和能量守恒原理被合并成一个单独的原理。一个封闭系统的惯性质量等同于其质量，由此不再将质量当作独立的概念。

评论：光速 c 是作为"普适常数"出现在物理方程中的一个量。然而，如果人们不用秒而用光旅行 1cm 的时间作为时间单位，c 就不再出现在方程中。在这个意义上，人们可以说常数，c 只是一个表观的普适常数。

在物理学中不用 g 和 cm，而引进适当选择的"自然"单位（例如，电子的质量和半径），人们就可以再消除两个普适常数。这是显然的，而且已被广泛接受。

如果真的这么做，那么只有"无量纲"常数能出现在物理学的基本方程中。关于这些我愿陈述一个定理，在此刻这个定理仅仅是基于自然的简单性即可理解性的信念之上：不存在这类任意的常数。也就是说，自然是这么构成的，可以逻辑地立下这么严厉地确定的定律，只有合理地完全确定的常数（因此不是那些其数值可以改变而不破坏理论的常数）才出现在这些定律之中。……

狭义相对论归因于麦克斯韦电磁场方程。相反地，只有利用狭义相对论的方式才能在形式上满意地把握后者。麦克斯韦方程是从一个矢量场导出的反对称张量可能假设的最简单的洛伦兹不变的场方程。如果我们没有从量子现象获知，麦克斯韦理论不能合理说明辐射的能量性质，那么这本身会是令人满意的。至于如何将麦克斯韦理论以自然的方式修正，对此甚至连狭义相对论都没有提供足够稳固的基础。还有对于马赫的问题："惯性系在物理上从所有其他坐标系中脱颖而出，这是什么缘故呢？"这个理论无法回答。

当我努力在这个理论框架中将引力表达出来的过程中，我才完全清楚，狭义相对论只是必须发展的第一步。在按照场来解释的经典力学中，引力势作为一个标量场而出现（在理论上最简单的具有单分量的场）。可以容易使这样的一个引力场的标量理论在洛伦兹变换下不变。所以，下面的程序看来是自然的：总的物理场由一个标量场（引力）和一个矢量场（电磁场）构成；后来的洞察最终证明必须引进更复杂类型的场，但是在开始时人们不必介意这个。

然而，因为理论必须将下列的事物都合并在一起，所以实现上述这个程序的可能性一开始就是可疑的：

（1）从狭义相对论的一般考虑，这一点很清楚，即物理系统的惯性质量随着总能量（因此，例如动能）而增加。

（2）由非常精确的实验（尤其是厄弗的扭秤实验）知道，物体的引力质量以非常高的精度准确地等于它的惯性质量。

从（1）和（2）推出，一个系统的重量以一种完全已知的方式依赖它的总能量。如果理论不能或者不能自然地实现之，该理论就必须被拒绝。其情势可以最自然地表达如下：在一给定的引力场中自由下落系统的加速度和下落系统的性质（因此特别也和其能量内容）无关。

那么，看来在概述的程序的框架中，根本或无论如何不能以一种自然方式满意地表述这个基本的事态。这使我确信，在狭义相对论的框架中，引力论并没有满意的容身之处。

我此刻意识到：惯性和引力质量等同，即引力加速度和下落物体性质无关的事实，可以如下表述：在一个小范围空间的引力场中，如果在其中取代"惯性系"，引进一个相对于惯性系作相对加速的参考系，那么事物的行为正如在一个无引力的空间中一样。

那么，如果人们相对于后者参考系来想象一个由"真实的"（不仅是表观的）引力场引起的物体的行为，就可能将这个参考系当作和原先参考系同等合法的"惯性系"。

这样，如果人们认为任意范围而不像原先那样对空间有所限制的引力场是可能的，那么"惯性系"的概念就变成毫无意义的了。那么，"相对于空间加速度"的概念，以及惯性原理还有整个马赫佯谬全都失去意义。

惯性质量和引力质量的等同这个事实十分自然地使人认识到，狭义相对论（定律在洛伦兹变换下的不变性）的基本要求太狭窄了，也就是说，还必须假定定律在相对于四维连续统中的非线性坐标变换下的不变性。

这发生于 1908 年。为什么还需要另一个七年来建造广义相对论呢？其主要原因在于，要让人摆脱坐标必须有直接的测量意义的观念谈何容易。这转变大体以下面的方式实行。

我们从一个真空的无场的空间，即所有能想象到的最简单的物理情形开始，因为在狭义相对论的意义上，这正相应于一个惯性系所发生的那样。如果我们现在考虑一个非惯性系，假定这个新系统是在一个（方便定义的）方向上相对于（用三维描述的）惯性系作匀加速运动，那么相对于这个系统存在一个恒定的平行的引力场。由此，在三维度规关系中可以选择欧几里得类型的刚性参考系。但是，在其中场显得静态的时间却不由同样构造的静止的钟表来测量。人们从这个特例已经明了，一旦允许坐标的非线性变换，那么坐标的直接测量意义就失去了。然而，如果人们要利用理论基础认可引力质量和惯性质量的等效，而且还要克服有关惯性系的马赫佯谬，坐标直接测量意义的失去则是别无选择的了。

如果必须放弃赋予坐标以直接测量的意义（坐标差＝可测量长度，亦即时间）的企图，那么人们就只好将由坐标的连续变换得到的所有坐标系看成等效的了。

相应地，广义相对论是由下面的原理发展而来：自然定律必须表述成在连续坐标变换群下协变的方程。这个群取代了狭义相对论的洛伦兹变换群，后者变成前者的一个子群。

这要求本身当然不足以当作推导物理基本概念的出发点。人们起初也许甚至会［为这样的思想］抗辩，即要求本身包含有对物理定律的真实限制；因为首先只要在某坐标系下假定一个定律，总可能这样重新表述该定律，使其新的表述在形式上成为普适协变的。况且，从一开始就很清楚，无限多的场定律可以表述成具有这种协变性。广义相对论突出的启发性的意义在于，它指引我们去寻求那些方程组，这些方程组具有尽可能简单的广义协变形式，我们应再从其中找到物理空间的场方程。可以由这种变换互相变换的场都描述相同的实在情形。

任何在这个领域做研究的人的主要问题如下：什么样数学类型的变量（坐标函数）才可用于表达空间物理性质（"结构"）？只有在那之后才能询问：那些

变量满足什么方程？

这些问题的答案现在还绝未确定。广义相对论的第一种表述选取的路线可被描绘如下。尽管我们不知道用何种类型的场变量（结构）来表征物理空间，我们肯定知道一种特殊情形：那便是狭义相对论中的"脱场"的空间。这样的空间由以下事实来表征，对于一个适当选择的坐标系，属于两相邻点的表达式

$$ds^2 = dx_1^2 + dx_2^2 + dx_3^2 - dx_4^2 \tag{1}$$

代表一个可测量的量（距离之平方），因此具有实在的物理意义。这个量相对于一个任意参考系可表达如下：

$$ds^2 = g_{ik}dx_i dx_k, \tag{2}$$

此处指标从 1 取到 4。g_{ik} 形成一个（实的）对称张量。如果在对场（1）进行变换之后，g_{ik} 对坐标的一阶导数不为零，那么在上面考虑的意义上，对应于这个坐标系就存在一个引力场，而且属于非常特殊的类型。多亏黎曼对 n 维度规空间的研究，这一特殊的场可以不变地表征为：

（1）从度规（2）系数形成的黎曼曲率张量 R_{iklm} 为零。

（2）质点相对于惯性系［（1）对此参考系成立］的轨道是一条直线，所以为一极值（测地）线。然而，后者已是基于（2）的运动定律的特征。

现在物理空间的普适定律必须是刚刚表征的定律的一个推广。我且假定存在推广的两个步骤：

（a）纯粹引力场。

（b）一般的场（以某种方法对应于电磁场的量也在其中出现）。

情况（a）的特征是，场仍然可由黎曼度规（a），即一个对称张量来表示，然而除了无穷小的区域外，不存在形式（1）的表述。这意味着在情形（a）下黎曼张量不为零。然而很清楚，在这种情形下，场的一种定律必须成立，它是这个定律的一个推广（松动）。如果这个定律也是二阶微分的，并且其二阶导数是线性的，那么只有由单次并缩得到的方程

$$0 = R_{kl} = g^{im}R_{iklm}$$

可考虑为情形（a）下的场方程。此外，似乎可以自然地假设，在情形（a）中的测地线也仍然可被当作代表质点的运动定律。

那时对我来说，企图冒险去表述总场（b）以及弄清它的场定律似乎是无望的。因此，我宁愿为表述整个物理实在建立一个初步的形式框架；为了至少能够

初步地研究广义相对论的基本思想是否有用，这样做是必须的。下面描述这个过程。

按照牛顿理论，在物质密度 ρ 为零处的引力场定律可以写成

$$\Delta\varphi = 0$$

（φ 是引力势）。在一般情形下可以写成（泊松方程）

$$\Delta\varphi = 4\pi k\rho \quad (\rho \text{ 为质量密度})。$$

在引力场相对性理论的情形，R_{ik} 取代了 $\Delta\varphi$。那么我们还必须在右边用一个张量来取代 ρ。由于我们从狭义相对论得知，（惯性）质量等于能量，那么我们必须在右边放上能量密度张量——更精确地讲是整个能量密度，只要它不属于纯粹引力场的都应包括进去。人们以这种方法得到场方程

$$R_{ik} - \frac{1}{2}g_{ik}R = -kT_{ik},$$

由于形式上的原因在左边加上了第二项，因为左端写成这种方式使得其散度在绝对微分的意义上为零。其右端是所有东西形式上的凝缩，在场论的意义上还未能完全理解这些东西。当然，我从来就确信这只是为了赋予广义相对论一个初步封闭的表述式的权宜之计。因为它实质上只不过是引力场理论，引力场有点人为地从还未知道的结构的总场中被分离出来。

如果除了方程在连续坐标变换下不变性的要求外，在概述的理论中有任何东西可被宣布具有最终的意义，那就是纯粹引力场的极限状况及其和空间的度规结构的关系。由于这个原因，我们在下面紧接着只讨论纯粹引力场的方程。

这些方程的奇异，一方面在于其复杂的结构，尤其是场变量和它们的导数的非线性特征；另一方面在于变换群确定这个复杂的场定律，这几乎是必不可避免的必然性。如果人们在狭义相对论处停止不前，也就是具有在洛伦兹群下的不变性，那么场定律 $R_{ik}=0$ 在这个狭窄的群的框架中仍保持不变。但是，从更狭窄的群的观点，首先没有理由用像对称张量 g_{ik} 表示的这么复杂的结构来代表引力。尽管如此，如果有人会为此找到足够理由，那么就会从量 g_{ik} 产生大量的场定律，所有这些在洛伦兹变换（然而，不是普遍的群）下协变。然而，即使人们碰巧从所有这些想象得到的洛伦兹不变的定律猜出刚好属于更宽阔的群，他仍然还没有达到从广义相对论获得的高度的洞察。因为，如果两个解可由坐标的非线性变换相互转换，即从更广的场的观点只不过是相同场的不同表示，而从洛伦兹群的

269

立场它们必然被不正确地看作物理上相互不同的场。

还有另一个对场结构和群一般的评论。很清楚，一般来说，一个理论假设的"结构"越简单，有关场方程不变的群越广阔，则理论就被判断成越完美。现在可以看出，这两个要求相互冲突。例如：根据狭义相对论（洛伦兹群），人们对可以想象的最简单的结构（标量场）建立一个协变定律，而在广义相对论（坐标连续变换的更广的群）中只有对对称张量的更复杂的结构才存在不变的场定律。我们已经指出在物理学中需要在更广阔的群中不变的物理原因①：从纯粹数学的立场我看不出有必要为群的一般性而牺牲结构的简单性。

广义相对论的群是第一个不再要求最简单的不变性定律是对场变量以及它们的微商线性或齐次的群。这由于如下原因而具有根本的重要性。如果场定律是线性的（以及齐次的），那么两个解的和仍然是一个解，正如真空中的麦克斯韦场方程一样。在这样的理论中不可能单从场方程推出物体之间的相互作用，而物体可以分别由系统的解来描述。由于这个原因，迄今所有的理论，除了场方程还需要物体在场影响下的运动的特别方程。的确，在引力的相对性的理论中，运动定律（测地线）原先是在场定律方程之上独立地假设的。然而，后来事情变清楚了，不必（也不应该）独立地假设运动定律，它反而已经被隐含地包含在引力场方程之中。

可以用下面的方法摹想这个真正复杂情形的要素：一个静止的质点可由一个引力场来表示，该引力场除了在质点所在处外处处有限并且规则：在质点所在处，场有一个奇点。然而，如果由积分场方程可计算两个静止的质点的场，则这个场除了在质点位置的奇点外，还有连接这两点的由奇点组成的线。然而，可以将质点的运动设定成这种方式，使得由它们确定的引力场只在两个质点处才是奇性的。这正是牛顿定律描述的一阶近似的运动。因此，人们可以说：物质以这样的方式运动，使得场方程的解除了在质点位置以外处处都是规则的。引力方程的这个特性与其非线性密切相关，并且这是更广阔的变换群的一个结论。

现在当然可对此进行反驳：如果在质点的位置可以允许奇性，那么有何理由禁止在空间的其余地方发生奇性？如果引力场方程被认为是总场的方程，那么这个质问是合理的。［然而由于不是这么回事］，人们必须承认，越靠近粒子的位置，物质粒子的场越不能被看作纯粹引力场。如果人们具有总场的场方程，他就

---

① 维持更狭窄的群而同时把引力的相对论基于更复杂的（张量）结构意味着幼稚的逻辑不连贯性。罪过终归是罪过，哪怕它是由在其他方面如此令人尊敬的人犯下的。

只好要求，粒子本身在处处由完整的场方程的无奇性的解来描述。只有到了那个时候，广义相对论才成为一个完备的理论。

在我讨论广义相对论的完成问题之前，我必须对当代最成功的物理理论，即统计量子论表明立场。大约在 25 年以前，它获得了一致的逻辑形式（薛定谔、海森伯、狄拉克、玻恩）。这是现在允许统一了解有关微观力学事件的量子特性经验的仅有的理论。这个理论和相对论都被认为在特殊意义上是正确的，尽管直到现在将它们结合在一起的所有努力都是徒劳的。这可能是为何在当代理论物家之中有关将要出现的未来物理的理论基础众说纷纭的原因。它会是一种场论吗？它本质上是一个统计理论吗？我将就这一点简要地谈一下自己的想法。

物理学试图在概念上把握实在，而实在被认为与它是否被观察无关。人们在这个意义上讲"物理实在"。在前量子物理，如何理解这个没有什么疑问。在牛顿理论中，实在由在空间和时间中的质点所确定；在麦克斯韦理论中，由在空间和时间中的场所确定。在量子力学中事情没有这么明显。如果有人问：量子理论的 ψ 函数是否如在质点或电磁场系统的情形的同样的意义上代表了真实的情况，人们对简单地回答"是"或"非"，十分犹豫，为什么？ψ 函数（在确定时刻）断言的是：如果我在某一时刻 t 去测量它，在确定区间找到确定物理量 q（或 p）的概率是多少？这里的概率被视为，如果我经常创造同样的 ψ 函数并且每回测量 q 时，经验上可以确定的，并因此作为我肯定可以确定的"实在的"量。但是我单次测量 q 的值又如何呢？各个相应的系统甚至在测量之前是否具有这个 q 值呢？由于测量是一个意味着系统受到外界的有限的干扰的过程，对于这个问题在"现存的"理论框架中没有确定的答案。因此可以想象，一个系统只有通过测量本身才能得到确定的 q（或 p）的数值，即被测量的数值。为了进一步讨论，我假定有两位物理学家 A 和 B，他们分别代表对于由 ψ 函数描述的真实情形持不同见解的两派。

A. 该单独系统（在测量之前）对于系统的所有变量具有确定的 q（或 p）值，特别是在测量的这个变量所确定的那个值。从这个观念出发他会宣布：ψ 函数只不过是该系统的不完整描述，决不是系统情景的彻底的描述，它只描述了在关于这个系统的以前测量的基础上所知道的东西。

B. 该单独系统（在测量之前）没有确定的 q（或 p）值。测量值只有在与唯一的概率相配合才能出现，以 ψ 函数的观点，只有通过测量本身的行为才能赋予这个值以概率。从这个观念出发，他将（或者至少他可以）宣布：ψ 函数彻底描述了这个系统的实在情景。

我们现在把下面的实例呈现在这两位物理学家之前：存在一个系统，在我们观测的时刻 t 由两个部分系统 S_1 和 S_2 组成，同时它们在空间上是相分离的，并且（在经典物理的意义上）没有显著的相互作用。整个系统在量子力学的意义上可完全由已知的 ψ 函数 ψ_{12} 来描述。现在所有的量子理论家都同意如下说法：如果我对 S_1 进行一次完全的测量，从这测量的结果以及 ψ_{12} 我得到系统 S_2 的完全确定的 ψ 函数 ψ_2。ψ_2 的特性依我对 S_1 采取的何种测量而定。

我觉得现在人们可以谈论部分系统 S_2 的真正实在的情形。在测量 S_1 之前，我们一开始对这个真正实在的情形甚至比我们对由 ψ 函数描述的一个系统知道得更少。但是依我的意见，我们应牢牢地坚持一个假定：系统 S_2 的真正实在的情形与对系统 S_1 所进行的操作无关，S_1 在空间上和前者相分离。然而，根据我对系统 S_1 做的这类测量，对于第二个部分系统我得到一个非常不同的 ψ_2（ψ_2，ψ_2^1，…）。然而，现在 S_2 的真正情形必须和 S_1 所发生的无关。对于 S_2 的同样的真实情形，因此按照人们的选择，可能找到不同类型的 ψ 函数。[这样，人们要么假定 S_1 的测量（心灵感应地）改变 S_2 的真正情形，要么否认诸如在空间中相分离事物的独立的真实情形，只有这样才能逃脱这个结论。对我来说这两者都是不能接受的。]

如果现在物理学家 A 和 B 都认为这个考虑是成立的，那 B 就必须放弃他的 ψ 函数构成了真实情形的完整描述的观点。因为在这种情形下，两个不同类型的 ψ 函数不可能和 S_2 的相同的实在情形相协调。

这样，在量子力学中系统描述的不完备性必然导致现有理论的统计特征，而人们不再有理由支持物理学的未来基础必须奠定在统计学之上的推测。……

我的意见是，当代量子理论利用某些确立的基础概念构成了这些关系的最佳表述，而这些概念总体是从经典力学接管来的。然而，我相信，这个理论对未来的发展没有提供有用的出发点。这就是我的预期和当代物理学家分道扬镳之处。他们确信，不可能利用由满足微分方程的空间连续函数描述的东西（物体）的真正状态的理论去解释量子现象的要点（系统状态的表观不连续性和时间上的不确定的变化，以及能量的基本单元同时具有的粒子性和波动性）。他们还持有这样的意见，用这种办法不能理解物质和辐射的原子结构。他们反而预料，也许为这样理论特别考虑的微分方程组，在任何情形下都得不到在四维空间中处处规则

（无奇性）的解。然而首要的是，他们相信基本事件的表观不连续性只能利用本质上统计的理论来描述，在该理论中系统的不连续改变以可能状态概率的连续改变的方式来解释。

我似乎对所有这些评论都印象深刻。然而在我看来，真正的症结在于：鉴于物理理论的现状，进行什么尝试可望获得成功？在这一点上，正是处理引力论的经验决定了我的期望。从我的观点看，这些方程比物理学的其他方程更可望导出更精确的断言。例如，人们可以回顾一下真空的麦克斯韦方程以作比较。这些是和无限弱的电磁场的经验相符的表述。这种经验的起源早就确定了它们线性形式；然而，在上面已经强调过了，真正的定律不能是线性的。这种线性定律对于它们的解实施叠加原理，但对于基本物体的相互作用没有任何断言。真正的定律不可能是线性的，它们也不可能由此导出。我从引力论学到了某些其他东西：从这么包罗万象的经验事实从未能建立起这么复杂的方程。可由经验检验一个理论，但无法从经验建立一个理论。像引力场方程这么复杂的方程只能通过逻辑上简单的数学条件找到，这些条件完全或［至少］几乎完全确定了这些方程。人们一旦拥有那些足够强的形式条件，就仅需要知道很少的事实去建立一个理论；在引力方程的情形，正是空间的四维性以及作为其结构的表述的对称张量，以及关于连续变换群的不变性几乎完全确定了方程。

我们的问题是寻找总场的场方程。其需要的结构必须是对称张量的推广。其群也不能比连续坐标变换的群更狭窄。如果人们引进更丰富的结构，那么群就不能像在对称张量为结构时那么强地确定方程。因此，如果人们能成功地把群再扩展一次，和从狭义相对论到广义相对论的那一步骤类似，那就太美丽了。更具体地说，我曾经试图扩展到坐标的复变换的群。但所有这类奋斗都没有成功。我还放弃了公开或隐蔽地提高空间维数的努力，这是原先由卡鲁查采纳的，以及其投影变体，这种努力迄今还有追随者。我们将把自己局限于四维空间以及坐标的实连续变换。在多年没有成果的探索之后，我认为在下面概述的是逻辑上最满意的解决方法。

在对称的 g_{ik}（$g_{ik}=g_{ki}$）处，引进非对称的张量 g_{ik}。这个量由对称的部分 s_{ik} 和由一个实的或纯虚的反对称的 a_{ik} 构成，于是

$$g_{ik}=s_{ik}+a_{ik}。$$

从群的立场看，s 和 a 的结合是任意的，因为张量 s 和 a 各自具有张量特征。然而结果表明，这些 g_{ik}（看作整体），在新理论的建立中起着对称的 g_{ik} 在纯粹引

力场的理论中完全类似的作用。

因为我们知道电磁场必须和反称张量打交道，所以空间结构的这一推广从我们物理知识的立场看似乎也是自然的。

对于引力论，从对称的 g_{ik} 可能形成标量密度 $\sqrt{|g_{ik}|}$，也可能根据定义 $g_{ik}g^{il} = \delta_k^l$（$\delta_k^l$ 为克罗内克张量）形成反变张量 g^{ik}，这是极其重要的。这些概念对非对称的 g_{ik} 以及张量密度可用完全对应的办法定义。

在引力论中，对于给定的对称的 g_{ik} 场，可以定义 Γ_{ik}^l，它对于其下指标是对称的，它在几何上制约了矢量的平移，这也是极其重要的。类似地，对于非对称的 g_{ik} 可以依公式

$$g_{ik,l} - g_{sk}\Gamma_{il}^s - g_{is}\Gamma^s = 0,\ \cdots \tag{A}$$

定义非对称的 Γ_{ik}^l，它和对称的 g 的相应关系一致，只不过，当然这里需要注意在 g 和 Γ 的下标的位置。

正如在对称 g_{ik} 的理论中一样，可能从 Γ 形成曲率 R_{klm}^i 以及缩并的曲率 R_{kl}。最后，利用变分原理以及（A），可以找到协调的场方程：

$$g^{\underline{ik}} = \frac{1}{2}(g^{ik} - g^{ki})\sqrt{-|g_{ik}|} \tag{B_1}$$

$$\Gamma_{\underline{is}}^a = 0\left[\Gamma_{is}^s = \frac{1}{2}(\Gamma_{is}^s - \Gamma_{si}^s)\right] \tag{B_2}$$

$$R_{\underline{ik}} = 0 \tag{C_1}$$

$$R_{\underline{kl}\ ,m} + R_{\underline{lm}\ ,k} + R_{\underline{mk}\ ,l} = 0 \tag{C_2}$$

如果式（A）满足的话，两个方程（B_1）和（B_2）中的任一个为另一个的结果。$R_{\underline{kl}}$ 和 R_{kl} 分别为 R_{kl} 的对称和反对称的部分。

如果 g_{ik} 的反对称部分消失，这些公式就归结为（A）和（C_1）——纯粹引力场的情形。

我相信这些方程组成了引力方程的最自然的推广[①]。要证明它们在物理上有用是极端困难的任务，因为仅仅近似是不够的。问题在于：

这些方程的处处正则的解是什么？……

如果我在此向读者展示了自己毕生的努力，并且为何这些努力导致一个确定

[①] 根据我的观点，如果在连续统的基础上彻底描写物理实在的方法终究是可能的话，那么在这里提出的理论有望成立。

形式的期望，那么这个自传笔记就算是功德圆满了。

新泽西

普林斯顿高等学术研究所

（林岚译）

第八部分

《晚年文集》摘选

导　言

　　这个文集是在爱因斯坦对科学做出了最伟大贡献而且作为当代卓越的思想家而成为名人之后的生命的最后 20 年里撰写的。他从早年的著作转变，不再解释他最伟大的理论——相对论的基本作用——转去阐述物理学发展的广阔的历史背景。1936 年，当爱因斯坦撰写这些文章中篇幅最长也最精细的一篇——"物理学和实在"时，科学界在对爱因斯坦相对论和量子力学的新的理解的基础上，正进行一系列变革。

　　尽管爱因斯坦因 1905 年光电效应的论文而成为量子论发展中的重要人物，但是他的普及著作极少关注它。不像相对论对物理现象提供了确定性的解释，量子力学基本上是概率性的，爱因斯坦难以接受这一点。想一想量子论说的：一个粒子可以同时处于两个状态，只有当这个系统被观察时才被迫作一个特殊的（随意的）选择。这样的系统和宏观世界如此不相容，以至于爱因斯坦提出，如果我们能够在最小的尺度下研究微观世界，我们就能找到确定性的关系。

　　他还不喜欢这个事实，即量子力学需要绝对时间和空间，这是由他自己的相对论排除了的概念。在此前一年爱因斯坦、波多尔斯基和罗森论断，这两个理论会产生矛盾。

　　高能实验中创生的两个亚原子粒子会相互纠缠，由此测量一个粒子就"强迫"另一个、甚至极远的粒子进入特定的量子态。这种思想似乎暗示，因为这个效应会即时发生，这两个事件之间的一个信号传得比光还快，而相对论排除超光速旅行。现代的解释是，爱因斯坦-波多尔斯基-罗森佯谬可由这个事实解决，即从一个粒子到另一个粒子并没有信息流动。

　　从爱因斯坦的著作可以清楚地看到，他深知自己处于变革之中——在促进这次变革中，他起着大部分作用。他对相对论和量子论哲学问题的关心，将最终由相对性量子力学、量子场论的发展而得到解决。这种发展可能最终形成弦论的基础，而弦论可以进而满足爱因斯坦关于统一物理学的力的梦想。

（吴忠超译）

相对性理论

选自爱因斯坦:《晚年文集》,哲学书屋,纽约 1950 年

题目为"相对性:相对论的本质",原文发表于

《美国人民百科全书》16 卷,芝加哥 1949 年

数学专门研究概念彼此之间的关系,不考虑它们与经验的关系。物理学也研究数学概念,然而,只有清楚确定了它们与经验对象的关系,这些概念才具有物理内容。尤其是对于运动、空间、时间这些概念,情况更是如此。

相对论是一个物理理论,其基础是对这三个概念的连贯一致的物理解释。"相对论"这个名字与这样一个事实相关:从可能的经验的角度看来的运动,总是以物体之间的相对运动形式出现(例如,汽车相对于地面,地球相对于太阳和恒星)。从来观察不到"相对于空间的运动",或者所谓的"绝对运动"。在最广泛的意义上,"相对性原理"包含在下面的论断里:全部物理现象的特点就是它不给"绝对运动"概念以容身之处;或者简单些但不太准确地说:不存在绝对运动。

这样一个负面陈述似乎使我们无法得到深入认识。然而实际上,它极大地约束了(可想到的)自然定律。在此意义上,相对论与热力学类似,后者也是基于一个负面论断:"不存在永动机。"

相对论的发展分为两步:"狭义相对论"和"广义相对论",后者假定前者作为一个特例成立,而且是前者连贯的续篇。

A. 狭义相对论
经典力学对空间和时间的物理解释

从物理学的角度看,几何学就是相互静止的刚体彼此能够放置妥帖所必须遵守的规律的全体(例如三角形由末端持久接触的三条杆组成)。人们认为,根据这种解释,欧几里得定律都是成立的。根据这个解释,"空间"在理论上是一个无穷刚体(或者框架),其他所有物体的位置都参照于它(参照物)。解析几何(笛卡儿几何)用三条相互垂直的刚性杆作为参照物,以它代表空间,用熟知的

方法把空间点的"坐标"（x，y，z）度量为垂直投影（借助于刚性度量单位）。

物理学处理空间和时间中的"事件"。每个事件除了它的位置坐标 x，y，z 以外，还有时间值 t。时间被认为可以由占用空间小得忽略不计的时钟（完美的周期性进程）来度量。该时钟 C 被认为静止于坐标系的某个点上，例如坐标原点（$x=y=z=O$）。点 P（x，y，z）处发生的事件的时间定义为在时钟 C 上显示的与事件同时的时间。这里的概念"同时"被认为有物理意义，没有专门的定义。这种不精确性似乎无害，只是因为借助于光（其速度从日常经验的角度看几乎是无限的），空间相隔遥远的事件的同时性很明显可以马上确定下来。狭义相对论利用光信号，通过从物理上定义同时性，消除了这一不精确性。P 处事件的时间 t 是时钟 C 在事件发出的光信号到达它时的读数，已经根据光信号穿过空间距离所需时间做过修正。这种修正认为（假定）光速是恒定的。

这一定义把空间相隔遥远的事件的同时性概念归结为发生在同一处（重合）的事件的同时性，就是说光信号到达 C 和 C 的读数这两个事件的同时性。

经典力学基于伽利略原理：在没有其他物体作用时，物体保持匀速直线运动。这一论断对随意运动的坐标系不能成立，它只能对所谓的"惯性系"成立。惯性系彼此之间相对做匀速直线运动。经典物理定律只相对于所有惯性系成立（狭义相对性原理）。

现在就容易理解导致狭义相对论的难题了。经验和理论已经逐渐使人们相信，光在真空中总是以恒定的速度 c 传播，与它的颜色和光源的运动状态都无关（光速不变原理——以下称为"L-原理"）。现在初级的直观想法似乎表明，同一束光不可能相对于所有惯性系都以同样的速度 c 传播。L-原理显得与狭义相对性原理矛盾。

然而事实表明，这个矛盾仅仅是个表象，其基础本质上在于对时间的绝对性的成见，或者更确切地说，是对相隔遥远的事件之同时性的绝对性所抱的成见。我们刚刚看到，事件的 x，y，z 和 t 目前只能相对于一定选择的坐标系（惯性系）才有定义。当从一个惯性系转变到另一个惯性系时，如果没有特殊的物理假设，事件的 x，y，z，t 所必须完成的变换（坐标变换）就是一个没法解决的问题。但是以下的假设恰好足以提供一个解法：L-原理对所有惯性系成立（将狭义相对性原理应用于 L-原理）。这样定义的变换是 x，y，z，t 的线性函数，被称为洛伦兹变换。形式上，洛伦兹变换被刻画为要求表达式

$$\mathrm{d}x^2 + \mathrm{d}y^2 + \mathrm{d}z^2 - c^2\mathrm{d}t^2$$

恒定，其中 dx，dy，dz，dt 是两个无穷接近的事件的坐标差（即通过变换，在新坐标系中坐标差构成的表达式是同一个）。

借助于洛伦兹变换，狭义相对性原理可以这样表达：自然定律在洛伦兹变换下保持不变（即若借助于 x，y，z，t 上的洛伦兹变换引入一个新的惯性系，则自然定律不改变形式）。

狭义相对论给空间和时间的物理概念带来了清晰的理解，与此相关，也确认了运动度量杆和时钟的行为。它从理论上排除了绝对同时性概念，从而也排除了牛顿意义上的远距瞬时作用的概念。它指出运动规律必须怎样修正，才能用来处理那些与光速相比速度不算微不足道的运动。它从形式上澄清了电磁场的麦克斯韦方程，特别地，它使人们理解到电场和磁场本质上是统一的。它将动量守恒和能量守恒定律统一为一条定律，证明了质能等价性。从形式的观点看，狭义相对论的成就可以这样刻画：它主要证明了宇宙常数 c（光速）在自然定律中所起的作用，并且表明了，在自然定律中，时间和空间坐标两方面的形式之间存在着紧密联系。

B. 广义相对论

狭义相对论在一个基本点上保留了经典力学的基础，即论断：自然定律仅仅相对于惯性系成立。"允许的"坐标变换（即保持定律形式不变的变换）仅局限于（线性）洛伦兹变换。这一限制真的基于物理事实吗？下面的论述令人信服地否认了这一点。

等价性原理。物体有惯性质量（抗加速度）和重力质量（决定物体在给定的引力场中的重量，例如在地球表面的重量）。这两个量在定义上如此不同，但在经验度量上是同一个数。这一定有更深层次的原因。这一事实也可以这样来描述：在引力场中不同的质量具有相同的加速度。最后还可以表述为：物体在引力场中的运动，就如同没有引力场，而采用匀加速运动的坐标系（而非惯性系）为参考系的情况一样。

因此，似乎没有理由反驳对后一种情况的如下解释。可以把坐标系认为是"静止"的，把因它而"表面上"存在的引力场认为是"真实"存在的。这个由加速坐标系"产生"的引力场当然在空间上是无限广大的，因此它不可能由有限空域的引力质量产生；然而如果我们寻找的是类场论，那么这一事实吓不倒我们。采用这种解释，惯性系就失去了意义，重力质量和惯性质量的等价性就有了"解释"（物质的同一属性究竟是重量还是惯性，有赖于描述的方式）。

从形式上考虑，引入相对于原先的"惯性"系加速运动的坐标系，意味着引入非线性坐标变换，从而极大地扩展了不变量思想，即相对性原理。

首先，利用狭义相对论的结果，透彻的讨论表明，经过这样的推广，坐标不再能直接解释为度量的结果。只有坐标差连同描述引力场的场量一起，决定事件之间的可度量的距离。在人们发现必须采纳非线性坐标变换作为等价坐标系之间的变换以后，最简单的要求似乎就是采纳所有连续坐标变换（构成一个群），即采纳任意曲线坐标系，其中的场由正则函数描述（广义相对论）。

现在就不难理解，为什么广义相对性原理（在等价原理基础上）导致了引力论。有一种特殊的空间，我们可以基于狭义相对论准确地推测它的物理结构（场）。这就是没有电磁场没有物质的真空，它完全由"度规"性质决定：设 dx_0，dy_0，dz_0，dt_0 是两个无限近的点（事件）的坐标差，那么

$$ds^2 = dx_0^2 + dy_0^2 + dz_0^2 - c^2 dt_0^2$$

是一个可度量的量，与具体选择的惯性系无关。如果在该空间通过一般坐标变换引入新坐标 x_1，x_2，x_3，x_4，那么同一对点的量 ds^2 的表达式为

$$ds^2 = \sum g_{ik} dx^i dx^k,$$

其中 $g_{ik} = g_{kl}$。g_{ik} 构成"对称张量"，是 x_1，$\cdots$，x_4 的连续函数，根据"等价性原理"，它刻画了一种特殊的引力场［即可以重新变换为形式（1）的引力场］。根据黎曼对度量空间的研究可以精确给出该 g_{ik} 场的数学性质（"黎曼条件"）。但是，我们要寻找的是"广义"引力场所满足的方程。很自然地，可以假设它们也能被刻画为 g_{ik} 型的张量场，一般不能将其变换为形式（1），即它们不满足"黎曼条件"，而是满足更弱的条件，这些条件正像黎曼条件一样，与坐标的选择无关（即通常是不变的）。经过简单的数学形式上的思考，就得到了与黎曼条件紧密相关的更弱的条件，这些条件正是纯引力场（无物质无电磁场）的方程。

这些方程将牛顿的引力学方程当作近似定律，而且它们所预言的一些微小现象也已经被观测结果所证实（光线受恒星引力场作用所产生的偏折，引力对发射光频率的影响，行星椭圆轨道的缓慢转动——水星近日点的运动）。进一步它们还解释了星系的膨胀，这一点由星系发出的光的红移现象所证实。

广义相对论目前还没有彻底完成，因为它只能令人满意地把广义相对性原理

应用于引力场，而不是全场。我们还不能肯定地知道，用什么数学办法来描述空间中的全场，这个全场所遵循的一般性不变法则是什么。但是有一件事似乎是肯定的，即广义相对性原理将被证明是解决全场问题的必要且有效的工具。

（黄雄译，吴忠超校）

$$E = Mc^2$$

选自爱因斯坦：《晚年文集》，哲学书屋，纽约 1950 年

首次发表于《科学图解》第一期，1946 年 4 月

为了理解质能等价定律，我们必须回顾两条守恒或"平衡"定律，它们彼此独立，在相对论以前的物理学中占有崇高地位。这就是能量守恒和质量守恒定律。前一条定律早在 17 世纪就由莱布尼茨提出，在 19 世纪，特别是作为力学原理的推论，而得以发展。

例如，考虑一个摆，摆锤在点 A 和 B 之间来回摆荡。在这两点处，摆锤 m 比在路径最低点 C 处高出 h（见图）。另一方面，在 C 点处，摆锤落到最低点，而有了运动速度 v，就好像原来占有的高度完全转化为速度一样，反之亦然。这个关系可以精确表达为 $mgh = \frac{1}{2}mv^2$，其中 g 表示重力加速度。有趣的是，这个关系与摆绳的长度和摆锤运动的路径都无关。

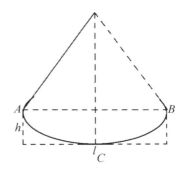

取自爱因斯坦博士的手稿

重要性在于，有某种东西在整个过程中保持恒定，这种东西就是能量。在点 A 和 B，它是位置能量，或"势"能；在点 C，它是运动能量，或"动"能。如果这个概念是正确的，那么对于摆的任意位置，和 $mgh + \frac{1}{2}mv^2$ 必定具有同样的值，其中 h 代表摆的路径上的一点在 C 点上方的高度，v 代表这一点的速度。人们发现这确实是实际情况。这一原理的推广就给出了机械能守恒定律。但是当摩擦力使摆停止的时候是怎么回事？

热现象的研究给出了这个问题的答案。这一研究基于这样的假设：热是不灭的物质，它从热的物体流向冷的物体。这似乎给出了"热守恒"原理。另一方面，自古以来人们就知道摩擦生热，如印度人的生火钻。物理学家很长时间不能解释这种"生"热现象。他们的困难只有在成功确立以下事实以后才能得以克服，即要摩擦产生一定量的热，必须耗费严格成比例的能量。于是就得到了"功

热等价性"原理。在我们的摆的例子里，摩擦逐渐把机械能转化为热。

采用这种方式，机械能守恒和热能守恒定律就合而为一了。这样物理学家就相信守恒律可以进一步推广到化学和电磁过程中去——简言之，可以应用于一切领域。似乎在我们的物理系统中，有一个能量的总和，经过所有可能发生的变化，这个总和保持不变。

现在考虑守恒律。质量定义为物体抗拒增速的抵抗性（惯性质量），也可以由物体的重量来度量（重力质量）。这两个完全不同的定义却得出物体的同一质量值，这一点本身就是一个令人惊奇的事实。根据守恒律——即经过任何物理或化学的变化，质量保持不变——质量似乎是物质的本质属性（因为不变性）。加热、熔化、蒸发和化合都不会改变总质量。

物理学家几十年前才开始接受这一原理，但是随着狭义相对论的面世，这个原理就不够用了。正如大约 60 年前机械能守恒与热能守恒定律合而为一一样，质量守恒与能量守恒定律融合在一起了。我们可以说，能量守恒定律先前已经吞并了热能守恒定律，现在进一步吞并了质量守恒定律——它独占该领域了。

习惯上，质能等价性表达为公式 $E=mc^2$（虽然有些不准确），其中 c 表示光速，大约每秒 18600 英里，E 是静止物体包含的能量，m 是其质量。质量 m 所包含的能量等于它的质量乘以巨大的光速的平方——这就是说，每一单位的质量都蕴含极其巨大的能量。

但是如果每一克物质都含有这么庞大的能量，那么为什么我们长期以来都毫无察觉呢？答案很简单：只要能量没有外泄，就不能观测到它。就好比一个大富豪从来不花也不捐一分钱，没人知道他有多富。

现在我们把关系式倒过来，能量增加 E 必定导致质量增加 $\dfrac{E}{c^2}$。我可以轻易地给质量提供能量——例如给它加热使其升温 10℃。那为什么不度量由此变化而引起的质量的增加量，或者重量的增加量呢？麻烦在于，在质量的增加量里，分数的分母中有一个巨大的因子 c^2。这种情况下，此增加量太小了，无法直接测量到，即使用最灵敏的秤也不行。

为了让质量的增加量能够被测量到，每质量单位的能量变化量必须十分巨大。我们只知道有一个领域里每质量单位有如此巨大的能量释放，即放射性衰变。这个过程大致如下：一个质量为 M 的原子分裂为两个质量为 M' 和 M'' 的原子，两者以极大的动能脱离开。如果我们想象让这两个原子停下来——即如果把

$$E = Mc^2$$

它们的动能抽走——那么与原先的那个原子相比，这两者的能量总和必然更少。根据等价性原理，衰变产物的质量总和 $M'+M''$ 比衰变原子原来的质量 M 必定小一些——这与原来的质量守恒律相矛盾。这两者的差在千分之一量级。

实际上我们不能单个地秤原子的重量，但是有间接的办法准确地测量其重量。我们可以同样地确定传递给衰变产物 M' 和 M'' 的动能，于是就有可能检验和证实等价性公式了。而且，这个定律允许我们，从准确测量的原子重量出发，预先计算出任何我们所能想到的原子衰变会释放多少能量。当然，这个定律完全不涉及衰变反应是否发生以及怎样发生。

以上所讲可以借助于我们的有钱人故事来加以阐明。原子 M 是一个有钱的吝啬鬼，终其一生，不捐一分钱（能量）。但是在遗嘱里，他把财产留给儿子 M' 和 M''，条件是他们捐一小部分给社区，不到全部财产（能量或质量）的千分之一。儿子们的总财产要比父亲的财产少一些（质量总和 $M'+M''$ 比放射性原子的质量 M 小一些）。然而捐给社区的那部分财产，虽然相对较小，仍然是非常巨大的（看作动能），以至于它招来了邪恶的威胁。预防这一威胁已经成为我们这个时代最紧迫的问题。

（黄雄译，吴忠超校）

相对论是什么

选自爱因斯坦：《晚年文集》，哲学书屋，纽约 1950 年

应伦敦《泰晤士报》之约写成，首次发表的题目是"我的理论"，

载于《泰晤士报》1919 年 11 月 28 日

　　我很高兴接受你们同仁的邀请，为《泰晤士报》就相对论写点东西。在学人之间过去活跃的交流传统不幸地中断以后，我希望借这次机会，来表达我对于英国天文学家和物理学家的喜悦和感激之情。正是由于彻底地继承了贵国科学研究的伟大光荣传统，杰出的科学家们耗费大量时间，排除万难，你们的科学协会也不遗余力，去检验战争期间在你们的敌国土地上发表并完善的理论结果。尽管太阳引力场对光线作用的研究是个纯粹据实判断的事情，我还是克制不住我个人对英国同仁的感激之情，因为没有他们的工作，我恐怕不会活着看见我的最重要的理论推断得到了检验。

　　我们可以区分各种物理学理论，其中大部分是构造性的。它们试图从相对简单的形式方案的素材出发，描绘出复杂现象的图画。于是气体动理论试图把机械的、热的、扩散的过程都归结到分子运动——即从分子运动的假设出发构造这些过程。当我们说我们已经成功地理解了一组自然过程时，我们总是指已经找到了一个构造性理论，能够解释所涉及的过程。

　　与这类最重要的理论一起存在的还有第二类理论，我称之为"原则理论"。这类理论采用的方法是分析，而不是综合。形成它们的基础和出发点的要素不是假设的，而是实验发现的，是自然过程的一般特性，是给出数学形式化准则的基本原理，个别的过程或其理论表达必须满足这些准则。于是热力学利用分析手段，从证明永动机不存在的广泛的经验事实中，企图演绎出个别事件必须服从的必然联系。

　　构造性理论的优势是完备性、适应性和清晰性，原则理论的优势是逻辑完美性和基础坚固性。

　　相对论属于后一类。为了掌握它的本质，首先需要熟悉作为它的基础的基本原理。然而在讲述这些之前，我必须说相对论就像一座两层楼的房子一样，由狭义理论和广义理论组成。狭义理论是广义理论的基础，它适用于除引力以外的所

有物理现象；广义理论给出了引力定律及与自然力的关系。

当然，自从古希腊时代人们就已经知道，为了描述物体的运动，必须有第二个物体作为第一个物体运动的参照物。汽车的运动被看作是相对于地球表面，行星的运动被看作是相对于看得见的所有恒星的全体。在物理中，事件在空间上的参照物被称为坐标系。例如，伽利略和牛顿力学定律必须借助于坐标系才能用公式表达。

但是，若要保证力学定律的成立，坐标系的运动状态却不可以随意选择（它必须没有旋转和加速度）。力学中容许的坐标系被称为"惯性系"。根据力学，惯性系的运动状态不是由其本性完全决定的，相反，下面的定义才成立：相对于惯性系匀速直线运动的坐标系也是惯性系。由"狭义相对性原理"，该定义的推广应该包括任何自然事件：因此对于坐标系 C 成立的每一条普遍的自然定律，对相对于 C 做匀速平移运动的坐标系 C′ 而言，事实上也必须成立。

作为狭义相对论基础的第二条基本原理是"真空中光速恒定原理"。该原理断言，光在真空中总是保持固定的传播速度（与观察者和光源的运动状态都无关）。物理学家对这一原理的信心来自麦克斯韦和洛伦兹的电动力学所取得的成功。

上面提到的两条原理都得到了实验结果的有力支持，但似乎不是逻辑上可调和的。通过修改运动学——即修改与空间和时间相关的教条定律，狭义相对论最终成功地在逻辑上调和了它们（从物理学的角度）。事情变得很清楚：除非相对于一定的坐标系，否则谈论两个事件的同时性没有意义；测量设备的形状和时钟的快慢依赖它们相对于坐标系的运动状态。

但是老的物理学，包括伽利略和牛顿的运动定律，不适合所提出的相对论者的运动学。后者给出了自然定律必须遵守的一般数学条件，如果上文提及的两条基本原理真的成立的话。为此物理学必须改变。特别地，科学家们得到了一条关于（快速运动的）质点的新的运动定律，而且由带电粒子的情况完美地得以证实。狭义相对论的最重要的结果涉及物质系统的惯性质量。事实表明，系统的惯性必然依赖它的能量，这直接导致这样的想法，即惯性质量其实就是潜在的能量。质量守恒原理失去了其独立性，而变得与能量守恒原理融合在一起了。

狭义相对论不过是麦克斯韦和洛伦兹电动力学的系统化发展，但是其意义却超越其自身。难道必须局限在彼此匀速平移运动的坐标系之间，物理定律才能独立于坐标系的运动状态吗？自然与我们的坐标系及其运动状态究竟有什么关系？

如果为了描述自然，有必要采用我们随意引入的坐标系，那么坐标系运动状态的选择就不应该受任何限制，自然定律应该与这种选择完全无关（广义相对性原理）。

人们很早就知道一个经验事实，即物体的重量和惯性受控于同一个常数（惯性和引力质量相等），这使得建立广义相对性原理更容易了。想象有一个坐标系相对于牛顿意义下的惯性系做匀速旋转运动。根据牛顿的教导，由这个坐标系显示出来的离心力必须被看成是惯性效应。但是这个离心力完全就像是引力，与物体的质量成正比。在这种情况下，难道不可以将该坐标系看成静止的，将离心力看成引力吗？这似乎是很显然的看法，但是经典力学禁止这么看。

这个仓促的想法表明，广义相对论必须提供引力定律，沿着这条思路贯穿下去，将证明我们的期望是正确的。

但是这条道路比预想的要更坎坷、更痛苦，因为它要求抛弃欧氏几何。就是说，在空间中摆放固定物体所遵循的法则不完全符合欧氏几何赋予物体的空间法则。这就是我们谈论"空间的弯曲"的意思。"直线"、"平面"等基本概念由此失去了它们在物理学中的精确意义。

在广义相对论中，空间和时间的教义，或者说运动学，不再被看成是独立于物理学其他部分的基础。物体的几何行为和时钟的运转相当地依赖引力场，而引力场又由物质所产生。

就原理来讲，新的引力理论与牛顿理论显著不同。但是它的实际结果与牛顿理论非常接近，以至于在经验上很难找到能够区分它们的准则。迄今已经发现的这些差别有：

1. 行星绕日椭圆轨道的旋转（由水星轨道得以证实）。
2. 光线在引力场作用下的弯曲（由英国的日食照片得以证实）。
3. 大量度恒星射向我们的光谱线朝向光谱红端的位移（尚未证实）[1]。

这个理论的主要魅力在于其逻辑完备性。如果它里面有一个结论被证明是错的，那么它整个就必须被抛弃。修改它而又不破坏整个结构似乎是不可能的。

但是，没有人认为，牛顿的巨大成果真的会被这个或者其他任何理论所取代。他的伟大清晰的思想，作为自然哲学范围内我们整个现代概念结构的基础，将永久保持其独一无二的重要意义。

---

[1] 编注：这个判据在此期间也已经被证实了。

注：你们的文章中关于我的生活和个性的某些叙述来源于作者的生动想象。为了取悦读者，这里还有另一处相对性原理的应用：当今我在德国被说成是"德国学者"，在英国被说成是"瑞士犹太人"。如果我命该被人说成是"讨厌鬼"的话，那么我应该被反过来称呼，在德国被称为"瑞士犹太人"，在英国被称为"德国学者"。

（黄雄译，吴忠超校）

物理与实在

选自爱因斯坦:《晚年文集》,哲学书屋,纽约1950年

首次发表于《富兰克林学会期刊》221卷,1936年3月

1. 关于科学方法的大致思考

常听人说,科学人是拙劣的哲学家,这话当然不是毫无根据。物理学家把哲学思考留给哲学家去做,这难道有什么不对吗? 当物理学家相信,在他的处理下,一个严密的基础概念和基础定律体系已经完善地建立起来,怀疑的浪潮不可能触及这个体系时,这种做法可能恰恰是正确的。但是,当物理学本身的基础成问题时,正如它现在这样子,这种做法就不是正确的了。像现在这种时候,当经验迫使我们去寻找更新更坚固的基础时,物理学家不能将对理论基础的审慎思考简单地丢给哲学家去做,因为他自己最清楚了解鞋在哪里整脚。在寻找新基础的过程中,他在心里必须很清楚,他所使用的概念在多大程度上被证明是有效的和必要的。

整个科学不过是日常思维的精化。正因为如此,物理学家的审慎思考不可能仅局限于对他自己的特定领域概念的考察上。如果没有审慎地思考一个更困难的问题,即对日常思维本质的分析,他就不能进一步前进。

在我们的潜意识精神世界,不停上演着丰富多彩的感觉经验、记忆的图画、表象和感情。与心理学不同,物理学仅仅直接探讨感觉经验及对它们相互关系的"理解"。但是甚至日常思维的"真实外在世界"概念都完全属于感觉印象。

现在我们首先必须说,区分感觉印象和表象是不可能的,或者至少不可能绝对肯定地区分。讨论这个问题还会影响到实在这个概念,我们不会过多探讨它,但是我们会认为感觉经验的存在是既定的,是一种特殊的心灵体验。

我认为,定义"真实外部世界"的第一步是有形物体概念和各种各样有形物体概念的形成。在我们的大量感觉经验中,我们在心里随意抽取一定反复出现的复合感觉印象(在某种程度上与作为其他感觉经验标志的那些感觉印象一

起），并赋予它们一定的内涵——有形物体的内涵。在逻辑上看来，此概念不等同于所指代的感觉印象全体，它不过是人（或动物）的心灵创造物；另一方面，概念的内涵和正确性则完全归功于与之相关联的感觉印象全体。

第二步存在于下面的事实，即在我们的思维里（它决定了我们的期望），我们给该有形物体概念赋予了意义，这个意义在很大程度上独立于当初孕育它的感觉印象。这就是当我们赋予有形物体"实在性"时所指的意思。这一定义的根据完全依赖这个事实，即利用这些概念及它们之间的心理联系，我们能够导向自己，不至于在感觉印象的迷宫中迷路。这些认识和关系虽然仅是对我们的思想的随意陈述，但在我们看来，它们却似乎比单独的感觉经验本身更有力、更牢固，后者的特点是永远不能保证自己不是错觉或幻觉的结果；另一方面，这些概念和联系，实际上还有真实物体的定义，而且，一般地说，"真实世界"只是因为它们与感觉印象的联系才有理由存在，而在诸感觉印象之间形成一种心理联系。

我们的全体感觉经验可以通过思考（操作概念，创造和使用概念间的明确的功能关系，协调这些概念与感觉经验的关系）而整理得井井有条，这一非常事实本身就使得我们敬畏，但是我们却永远无法理解。有人说："世界的永恒神秘性就在于它是可理解的。"康德（Immanuel Kant）的伟大认识之一就是：如果没有这种可理解性，那么真实外在世界的定义就是没有意义的。

这里所提到的"可理解性"这个词，我们是在最适中的意义上使用它的，意指：在感觉印象之间产生某种秩序，这个秩序是通过创造一般概念、概念间的关系，以及概念和感觉经验间的关系而产生的，这些关系通过一切可能的方式来确定。正是在这个意义上，我们的感觉经验世界才是可理解的。它是可理解的这个事实本身是个奇迹。

关于概念是如何被创造和联系起来的，以及我们是如何协调它们与经验的关系的，在我看来这没有什么可说的。在指导我们创建这一感觉经验秩序方面，结果成功与否是唯一的决定因素。所必需的只是一组规则的清单，因为若没有这样的规则，在所期望的意义上获取知识就是不可能的。可以拿这些规则与游戏规则相比较，在游戏中，虽然规则本身是随意的，但正是规则的严格性才使得游戏成为可能。然而，规则却永不会固定不变，一定的规则只对特定领域的应用才有效（即不存在康德意义上的终极范畴）。

日常思维的基本概念与复合感觉经验之间的联系只能从直觉上领会，不适合科学上的逻辑约束。所有这些联系都不能用理论术语来表达，它是唯一区分科学大厦与概念的逻辑空架子的东西。通过这些联系，纯粹的科学抽象定理变成了讨论复合感觉经验的陈述。

与典型的复合感觉经验在直觉上直接联系的那些概念，我们称为"原始概念"。从物理的角度看，所有其他概念只有通过定理与原始概念联系起来时才有意义。这些定理有一部分是概念的定义（以及从它们逻辑地导出的命题），有一部分是从定义导不出的定理，它们至少表达出"原始概念"间的间接关系，从而也表达出感觉经验间的间接关系。后一种定理是"关于实在的陈述"，或者说自然定律，即在应用于原始概念所概括的感觉经验时必须表现出实用性的定理。至于哪些定理应当被看成是定义，哪些应当被看成是自然定律，这个问题主要依赖所用的表示法。只有当考察所讨论的整个概念体系从物理的角度看在多大程度上是非空的时候，这一区别才真的变得绝对必要。

科学体系的层次

科学的目的一方面是尽可能完全地理解全体感觉经验间的关系；另一方面是使用最少的原始概念和关系来达到这一目的（在描述世界时尽可能寻求逻辑统一，即逻辑元素最少）。

科学涉及全部原始概念，即直接与感觉经验相联系的概念以及联系这些概念的定理。在发展的初级阶段，科学不包含其他任何东西。总的看来，我们的日常思维基本满足于这一水平的要求。但是，这种状态不能满足真正具有科学头脑的人的要求，因为以这种方式获得的全体概念和关系完全没有逻辑统一性。为了弥补这个缺陷，人们发明了一个概念和关系数量较少的系统，这个系统把"第一层"的原始概念和关系作为逻辑导出的概念和关系保留下来。为了追求更高的逻辑统一性，这个新的"二级系统"只能把那些不再与复合感觉经验直接相关的概念作为自己的基本概念（第二层概念）。进一步追求逻辑统一性就得到了第三个系统，其概念和关系更少，而能演绎出第二层（从而间接演绎出原始）的概念和关系。这个过程持续下去，直到我们得到一个能构想出的统一性最强、逻辑基础概念最少的系统，而且它仍然与我们的感觉观察一致。我们不知道这种企图是否一定会导致一个明确的系统。如果我们去征询某人的看法，他会倾向于否定回答。但是，虽然人们同这个问题在搏斗，他们却永远不会放弃这一希望：这些伟大的目标一定能在很高程度上实现。

抽象或归纳理论的追随者可能会把我们的层次称为"抽象度"，但是我认为，没有理由掩饰概念相对于感觉经验的逻辑独立性。这种关系不像汤与牛肉的关系，而像衣橱号码与大衣的关系。

进而，层次的划分也不是很明确的，甚至哪些概念属于原始层都不是百分之百清楚的。事实上，我们处理的都是随意形成的概念，其确定性对实际应用来讲是足够了，它们在直观上与复合感觉经验相联系，使得在任何给定的经验场合，一个断言是否适用都是毫无疑义的。根本的目的是把大量靠近经验的概念和命题表达为逻辑推理得出的定理，这些定理所依赖的基础是尽可能狭窄的、可以自由选择的基本概念和基本关系（公理）。但是这种选择的自由是很特殊的，它与小说作家的自由截然不同，而类似于一个人全神贯注地解决精心设计的字谜游戏的自由。的确，他可以拿任一词作为解，但是只有一个词能真正全面地解决这个字谜。相信自然界——为我们的五官所能感知——具有这种精心设计的字谜的特征，这是出于我们的信念。科学迄今所获得的成功的确在一定程度上促进了这一信念。

上文所讨论的多个层次对应于发展过程中为统一性而奋斗的几个进步阶段。就最终目的而言，中间层次只具有暂时性，它们最终会因与主题无关而消亡。但是我们必须面对今天的科学，其中这些层次代表了有疑问的、不完全的成功，它们互相支持但也彼此威胁，因为今天的概念体系包含着深刻的不协调，后文还会谈到。

下文的目的是要阐明，为了得到逻辑上尽可能一致的物理学基础，构造性的人类心智已经走上了什么样的道路。

2. 力学和把它作为全部物理学基础的企图

我们的感觉经验，以及更一般地说，我们的所有经验，有一个重要性质，即它的类似时间的顺序。这种顺序导致心理上的主观时间概念，即一种对我们的经验的排列方案。通过有形物体概念和空间概念，主观时间进而导致客观时间概念，后面我们会看到。

但是，在客观时间概念之前，存在空间概念，而在它之前我们会发现有形物体概念，后者直接与复合感觉经验相联系。人们知道，"有形物体"概念的特征性质就是允许我们为它联系一个存在性，这个存在性独立于（主观）时间，独立于它被我们的感官所感知这样一个事实。即使我们感知到它时间的交替，我们依然这么做。庞加莱曾经准确地强调过一个事实，即我们区分有形物体的两种变化："状态变化"和"位置变化"。他说，后一种变化是我们通过随意移动自己的身体而能够颠倒过来的变化。

存在这样一些有形物体：在一定感知范围内，我们不能认为其存在状态变化，而只能承认其位置变化。这一事实对于空间概念的形成（在一定程度上甚至对于有形物体概念本身的正确性）具有根本的重要性。我们称这种物体为"实际刚性的"。

如果我们把两个实际刚体同时看作感知的对象（即作为一个整体），那么对于这一整体存在这样的变化：你不能把它看作整体的位置变化，但是事实上它对于每一个组成部分都是位置的变化。这导致两个物体的"相对位置变化"概念，同样也导致两个物体的"相对位置"概念。人们进一步发现，在相对位置中，有一种特定的相对位置，我们称为"接触"①。两个物体在 3 个或者更多"点"上的永久接触意味着它们联合成为一个准刚性的复合物体。可以说，第二个物体是第一个物体的（准刚性）的延伸，而且它自身也可以被准刚性地延伸下去。一个物体的准刚性延伸有无限的可能，物体 B_0 的可想象的准刚性延伸的真实本质就是它所确定的无限的"空间"。

在我看来，处于任意状态的每一个有形物体都可以与预先选择的物体 B_0（参照物）的准刚性延伸发生接触，这一事实是我们的空间概念的经验基础。在科学以前的思想界，地球坚固的地壳扮演着 B_0 及其延伸的角色。甚至于几何（geometry）这个名称也表明，在人的心理上，空间概念是与作为选定物的地球联系在一起的。

"空间"这个大胆的概念出现在所有科学几何学之前，它把我们心中的有形物体位置关系概念转变为这些有形物体在"空间"中的位置概念。这本身就代表了形式上的极大简化。通过这一空间概念，人们产生了进一步的想法，即对位置的描述被普遍公认为是对接触的描述。有形物体的一个点坐落于空间中的 P 点处，这句话的意思是说物体在该点处碰触到标准参照物 B_0（假设适当地延伸了）的 P 点。

在希腊的几何学中，空间只起定性的作用，因为物体相对于空间的位置虽然被认为是确定的，但是不是通过数字来描述的。笛卡儿是第一个引入数字表示法

---

① 我们仅仅通过自创的概念、本身无法定义的概念就能讨论这些物体，这是事物的本性所决定的。然而我们必须保证，只有在我们感到概念与经验之间的协调毫无疑问的情况下才使用这些概念。

的人。用他的话讲，整个欧几里得几何的内容可以公理化地建立在以下断言的基础上：①刚体上指定的两个点决定距离。②我们可以给空间中的点用以下方式匹配 3 个坐标数 X_1，X_2，X_3，使得对于所考虑的任何距离 $P'-P''$，若其端点的坐标是 X'_1，X'_2，X'_3；X''_1，X''_2，X''_3，则表达式

$$S^2 = (X''_1 - X'_1)^2 + (X''_2 - X'_2)^2 + (X''_3 - X'_3)^2$$

与该物体的位置无关，与其他任何物体的位置也无关。

（正）数 S 表示间距的长度，或者空间中两个点 P' 和 P''（与间距的端点 P' 和 P'' 重合）间的距离。

人们是有意这样选择该公式的，目的是使得它能够清楚地表达欧几里得几何的内容，不仅是逻辑和公理的内容，而且还有经验的内容。虽然欧几里得几何的纯粹逻辑（公理）的表示有较大的简洁性和清晰性的优点，但是它为此付出的代价是，没能表达出概念结构和感觉经验之间的联系，而几何对物理学的意义则完全依赖这种联系。致命的错误在于：以为先于一切经验的思考是理解欧几里得几何的基础和其所属的空间概念所必需的。这一致命错误的根源在于：欧几里得几何的公理体系所依赖的经验基础已经实际上被遗忘了。

只要我们能够谈论刚体在自然界的存在性，欧几里得几何就是一门物理科学，其实用性必须通过把它应用于感觉经验而得以检验。它所相关的全部定律必须对刚体的相对位置成立，而与时间无关。可以看出，物理学中原来使用的物理的空间概念也与刚体的存在性联系在一起。

从物理学家的角度看，欧几里得几何的核心重要性在于这一事实：它的定律与物体的具体本性无关，它涉及的是物体的相对位置。其形式的简单性被突出刻画为同质性和各向同性（以及类似实体的存在性）。

空间概念固然是有用的，但对于几何正确性，即对有关刚体相对位置的定律的公式化，不是不可缺少的。与此相反，客观时间概念与特别连续区概念相关联，没有它经典力学基础的公式化就不可能。

客观时间的引入涉及两个彼此独立的陈述：

（1）通过把经验的时间序列与"时钟"（即周期循环的封闭系统）的读数联系起来，而引入客观局部时间。

（2）为整个空间的事件引入客观时间概念，完全通过这一概念把局部时间观念扩大为物理学时间观念。

关于（1），在我看来，当人们试图澄清时间概念的起源及其经验内容时，

把周期循环概念放在时间概念之前，这不算是"循环论证"。这一构想完全相当于在解释空间概念中把刚体（或准刚体）概念放在前面。

进一步讨论（2）。在相对论宣布以前流行一个错误观念，即从经验的角度看，与空间中相距遥远的事件有关的同时性的含义，以及由此导出的物理学上时间的含义，是不言自明的。这个错误观念起源于一个事实：在我们的日常经验中，光的传播时间可以忽略不计。由于这个原因，我们习惯于不区分"同时看见"和"同时发生"这两种情况，结果造成时间与局部时间之间的差别消失掉了。

从经验意义的角度看，经典力学中的时间概念是不够明确的。但是公理化把空间和时间表示为独立于我们的感觉的事物，从而掩盖了这种模糊性。这种使用概念的方法——将概念独立于其赖以存在的经验基础——不一定会损害科学。但是人们却容易由此错误地相信，这些起源已被遗忘的概念是我们的思维所必需的、不可改变的伴随物，而这个错误会严重地威胁科学的进步。

对于力学的发展，因而也是对于一般的物理学的发展来说，幸运的是，客观时间概念就其经验解释而言，从早期哲学家那里开始就一直是模糊的。他们对时空结构的真实含义充满信心，从而发展了力学基础，我们大致刻画如下：

（a）质点概念：一类有形物体——就其位置和运动而言一可以足够准确地描述为坐标 X_1，X_2，X_3 的点。其运动（相对于"空间" B_0）由作为时间函数的 X_1，X_2，X_3 来描述。

（b）惯性定律：离所有其他质点充分远的质点没有加速度。

（c）（质点的）运动定律：力＝质量×加速度。

（d）力的定律（质点间的作用与反作用）。

这里（b）不过是（c）的一种重要的特殊情况。只有给出了力的定律，才能有真正的理论。为使一个彼此永久连接在一起的点的系统可以表现得像一个质点，力必须首先遵循的只有作用和反作用相等定律。

这些基本定律，连同牛顿引力定律一起，构成了天体力学的基础。在这一牛顿力学中，与上面由刚体导出的空间概念不同，空间 B_0 的形式包含一个新思想：并非对于所有 B_0 都要求（b）和（c）（对于给定的力的定律）成立，而是仅仅对满足适当运动条件的 B_0（惯性系）成立。由于这一事实，坐标空间具有一个独立的物理性质，这一性质不属于纯粹的几何空间观念，这种情形给牛顿提供了大量的思维素材（水桶实验）①。

经典力学只是一般框架，只是由于力的定律（d）的明确表示它才成为一个理论，正如牛顿非常成功地对天体力学所做的那样。从追求基础的最大逻辑简单性这个目标来看，这个理论方法是有缺陷的，因为力的定律不能通过逻辑的和形式的思考而得到，结果它们的选择在相当大程度上是随意假定的。而且牛顿的引力定律与其他想得到的力的定律显著不同，原因完全在于它的成功。

尽管现在我们确信经典力学不能成为支配全部物理学的基础，但是它仍然占据着我们的所有物理思维的中心地位，其原因在于这一事实：尽管自牛顿时代以来已经取得了重要进步，我们仍然没有得到一个新的物理学基础，使我们根据它可以确信，全部被研究的复杂现象，以及各种成功的局部理论体系，都能够从它逻辑地演绎出来。下面我将试图简要地描述一下是怎么回事。

首先我们试图从思想上搞清楚，经典力学体系在多大程度上表现出足以充当整个物理学的基础。因为我们在这里只讨论物理学的基础及其发展，所以不需要关心纯粹的力学形式化过程（拉格朗日方程，正则方程等）。但有一条似乎是必不可少的。如果现在我们寻找一种有形物体的力学，而这种有形物体不能被看成质点——严格说，"我们的感官所能感知"的所有物体都属于这一类——那么就会产生一个问题：我们该怎样想象一个物体是由质点构成的呢？我们必须认为它们之间存在怎样的作用力呢？如果力学企图完整地描述物体的话，那么这个问题的形式化是必不可少的。

力学倾向于自然地认为，这些质点及其相互作用力的法则是一成不变的，因为时间变化不在力学解释的范围以内。由此可以看出，经典力学肯定会把我们领向物质的原子构造上去。现在我们特别清楚地体会到，那些相信理论由经验归纳而来的理论家犯的错误有多深，甚至伟大的牛顿也不能免于这一错误（"Hypotheses non fingo"）②。

为了使自己不至于无望地迷失于这条思路（原子论），科学首先以下面这种方式前进。如果一个系统的势能表达为其组态的函数，那么它的力学就被确定了。现在，如果作用力能够保持系统组态的一定品质的秩序，那么组态就可以由

---

① 要克服这一理论缺陷，力学的形式化表示必须使得它对所有 B_0 都成立才行，这是导向广义相对论的步骤之一。第二个缺陷在于这一事实，即力学本身没有给出理由，解释质点的引力质量和惯性质量的相等性。这个缺陷也必须通过引入广义相对论来克服。

② 意为"我不做假设"。

较少量的组态变量 q, 足够精确地描述，而势能被认为只依赖这些变量（例如，用 6 个变量描述一个几乎刚性物体的组态）。

力学应用的另一种方法就是所谓的连续媒介力学，它避免考虑把物质细分为"真实的"质点。这种力学的特点是设想物质的密度和速度以连续方式依赖坐标和时间，没有明确给出的那部分相互作用可以被认为是表面力（压力），而且也是位置的连续函数。这类理论有流体力学理论和固体弹性理论。这些理论避免明确地引入质点，其设想按照经典力学基础来看，只能有近似的意义。

除了它们伟大的实践意义以外，这类科学——通过扩展数学思想——创造了那些形式化辅助工具（偏微分方程）。在后来企图以不同于牛顿的新方式形式化整个物理学体系的尝试中，这些工具是必不可少的。

这两种力学应用的方式都属于所谓的"唯象论"物理学。这种物理学的特点就是：尽量应用靠近经验的概念，但是为此不得不在很大程度上放弃基础的统一性。热、电和光由不同于力学状态的特殊的物质状态变量和常量来描述，确定所有这些彼此相互依赖的变量值是一个相当依赖经验的任务。许多麦克斯韦同时代的人从这种表示方法中看出了物理学的终极目的，他们认为此终极目的可以从经验中纯粹地归纳得出，因为所使用的概念与经验比较靠近。从知识论的角度看，穆勒（St. Mill）和马赫（E. Mach）的立论基础大致如此。

根据我的信念，牛顿力学的最伟大成就在于这个事实：它的一贯的应用已经超出了这个唯象论表示范围，尤其是在热现象领域。这种情况出现在气体动理论以及一般的统计力学中。前者将理想气体的状态方程、黏性、扩散和气体的热导性以及气体的辐射度现象联系起来，并且给出了现象间的逻辑关系。而从直接经验的角度看，这些现象彼此之间毫无关系。后者给出了热力学思想和法则的力学解释，而且发现了这些概念和法则可应用于经典热理论的极限。这个动力学在基础的逻辑统一性方面远胜唯象论物理学，而且得到了原子和分子真实大小的明确值，几个独立的途径也得到了这些结果，因此结果的正确性是无可置疑的。这些决定性进步是把原子实体等同于质点而取得的，而质点实体具有明显的构造性思维特征。没人会指望"直接感知"原子。与实验事实更直接相关的变量（如温度、压力、速度）的法则是基于基本思想通过复杂演算而推导出来的。以这种方式，原本构思上更倾向于唯象论的物理学（至少其中一部分），通过把根植于牛顿的原子和分子力学，使其基础进一步远离直接实验，而性质上更具有统一性。

3. 场概念

在解释光现象和电现象方面，牛顿力学远不如它在上述领域那样成就卓著。的确，牛顿在光的微粒说里试图把光归结为质点的运动。但是后来，光的偏振、衍射和干涉现象迫使他的理论做越来越不自然的修正，惠更斯的光波动说占了上风。可能这个理论实质上起源于晶体光学现象和声学理论，那时声学理论在一定程度上已经很详尽了。必须承认，惠更斯的理论原先也是基于经典力学，但是必须假设穿透一切的以太是波的载体，而且以太虽然由质点组成，其结构却不能由任何已知现象解释。人们永远无法得到支配以太的内力的清晰画面，也无法得到以太和"可称量"物质之间的作用力的清晰画面。因此，这个理论的基础始终漆黑一片。其本质的基础是一个偏微分方程，把它归约到力学元素的过程总是问题多多。

为了形成电和磁现象的理论概念，人们又引入了一种特殊物质，设想这些物质彼此间存在超距作用，类似于牛顿的引力。然而，这种特殊物质似乎不具有基本的惯性，而且这种物质与可称量物质之间的作用力一直很模糊。除了这些困难，还不得不给这些物质加上极性特性，而这种特性与经典力学体系并不协调。在发现了电动现象以后，这个理论的基础变得更加不令人满意，尽管事实上这些现象使得物理学家得以通过电动现象来解释磁现象，由此使得磁物质的假设成为多余的。为取得这一进步所必须付出的代价就是，必须假设在运动的电物质之间存在相互作用力，并且增加这种相互作用的复杂度。

法拉第和麦克斯韦的电场理论摆脱了这一不令人满意的窘境，它大概代表了自牛顿时代以来物理学基础所经历的最深刻的变革。它向构造性思维方向又前进了一步，增大了理论基础与我们的五官感觉之间的距离。只有当把带电物体引入电场中时，电场才真正显示出其存在性。麦克斯韦的微分方程把电场和磁场的时空微分系数联系起来。电物质仅仅是电场的散度还没有消失的地方，光波表现为空间中波动的电磁场过程。

的确，麦克斯韦仍然试图用机械的以太模型来机械地解释他的场论，但是这些努力逐渐消退，让位于由赫兹（Heinrich Hertz）清除掉不必要的添加成分以后的表示，使得在这一理论中，场最终取得了过去在牛顿力学中由质点所占据的基础地位。然而这首先只适用于真空中的电磁场。

这个理论在早期阶段，对于物质内部的解释却非常不令人满意，因为在那里，必须引入两个电矢量，它们彼此的关系依赖媒介的性质，所有理论分析都解释不了这些关系。类似的情形也出现在磁场领域，以及在电流密度和场之间的关系方面。

洛伦兹在这里发现了一个解决办法，他的理论多少免除了随意的假设，同时也指明了通向运动物体电动力学理论之路。这个理论建立在以下基本假设的基础之上：

不论在哪里（包括可称量物体的内部），场所在的处所都是真空。物质参与电磁现象，仅仅是源于这样一个事实：物质的基本粒子携带不变的电荷，因此一方面受到有质动力的作用；另一方面具有产生场的特性。基本粒子遵循质点的牛顿运动定律。

这就是洛伦兹综合牛顿力学和麦克斯韦场论的基础。这个理论的弱点在于这一事实：它试图通过结合偏微分方程（真空的麦克斯韦场方程）和全微分方程（点的运动方程）来确定现象，这一过程明显是不自然的。该理论不令人满意的部分的外在表现为，必须假设粒子的尺寸不是无限小的，不然在其表面存在的电磁场会变得无限大。而且该理论也没有就保持个体粒子上的电荷的巨大力给出成功的解释。为了至少能够从总的方面正确地解释这些现象，洛伦兹接受了他的理论的这些弱点，他也完全清楚这些弱点。

进一步，有一个想法超越了洛伦兹理论的框架。在带电荷物体的环境里，有一个磁场对物体的惯性做出了（明显的）贡献。难道不可能从电磁的角度解释粒子的总惯性吗？很明显，这个问题要想有个满意的解答，粒子就必须被解释为电磁偏微分方程组的正则解。但是，原始形式的麦克斯韦方程不容许这样描述粒子，因为其对应的解包含奇点。所以，理论物理学家努力了很长时间，试图通过修改麦克斯韦方程来达到目的。然而，这些努力没能取得成功。于是，虽然暂时仍然未能建立纯粹的物质电磁场论，但是在理论上也不能否定达到这一目标的可能性。阻止人们在这个方向上进一步探索的阻力是缺乏求解的系统方法。但是对我来说，确定无疑的是：在任何协调的场论基础中，除了场概念以外，不应该有任何关于粒子的概念。整个理论必须完全基于偏微分方程及其无奇点解。

4. 相对论

归纳法不能够导致物理学的基本概念，不理解这一事实铸成了 19 世纪许多研究人员犯的基本的哲学错误。也许这就是为什么分子论和麦克斯韦理论只能在较晚期才能建立起来的原因。逻辑思维必然是演绎式的，以假设的概念和公理为基础。那么我们怎么能指望所选择的概念和公理能够保证最后的结果是成功的呢？

最令人满意的情况显然存在于这类情形：由经验世界本身提出新的基本假设。作为热力学基础的永动机不存在假设就是这样一个由经验提出基本假设的例子，伽利略的惯性原理也是如此。这类例子里还有相对论的基本假设，这个理论出乎意料地拓广了场论，取代了经典力学的基础。

麦克斯韦-洛伦兹理论的成功极大地增强了人们对真空电磁场方程正确性的信心，尤其是对于光"在空间中"以恒定速度 c 传播这一断言的信心。光速相对于任何惯性系都不变这一定律是正确的吗？如果不是，那么一个特定的惯性系，或者更准确地说，一个特定的（参照物的）运动状态，就会与所有其他状态不一样。然而，我们的所有力学和电磁光学经验事实都与这种观点相对立。

因此，有必要把光速相对于所有惯性系都恒定这一定律的正确性上升到原理的高度，由此得出：空间坐标 X_1，X_2，X_3 和时间坐标 X_4 必须根据"洛伦兹变换"来做变换，该变换的特征是以下表达式不变：

$$ds^2 = dx_1^2 + dx_2^2 + dx_3^2 - dx_4^2。$$

若时间单位的选择恰好使得光速 $c=1$。

经由这一过程，时间失去了它的绝对特性，而是以（几乎）类似的代数性质同"空间"坐标一起包含进来。时间的绝对特性，尤其是同时性的绝对性，被破坏了，四维描述成为引入的唯一充分的描述。

为了解释所有惯性系对一切自然现象的等价性，有必要认为，所有表示普遍定律的物理方程组在洛伦兹变换下保持不变。对这一需求的详尽阐述构成了狭义相对论的内容。

这个理论与麦克斯韦方程相容，但是与经典力学基础不相容。虽然可以修改质点运动方程（以及质点的动量和动能表达式），使其满足该理论，但是相互作

303

用力的概念以及系统的势能概念，都失去了它们的基础，因为这些概念依赖绝对瞬时观。由微分方程确定的场取代了力的地位。

因为前述的理论只允许由场产生的相互作用，所以需要一个引力的场理论。的确，不难建立这样一个理论，就像牛顿理论那样，使得引力场被归结为偏微分方程的标量解。但是，以牛顿的引力理论表达的实验事实却导向另一个方向，即广义相对论。

经典力学包含一个不令人满意的方面：在其基础中，同一质量常数扮演两个不同的角色，即运动定律中的"惯性质量"和引力定律中的"引力质量"。结果导致物体在纯粹引力场中的加速度与其材料无关，或者说，在匀加速（相对于"惯性系"的加速度）坐标系中发生的运动同均匀引力场（相对于"不动"坐标系）中发生的运动是一样的。如果认为这两种情形是完全等价的，那么我们的理论思维就接受了这一事实，即引力质量和惯性质量是同一回事。

由此得出，不再有任何理由支持在基本原理上偏爱"惯性系"，而且我们还必须接纳坐标 (x_1, x_2, x_3, x_4) 的非线性变换，给其以同等地位。如果我们做这样一个狭义相对论坐标系变换，那么度规

$$ds^2 = dx_1^2 + dx_2^2 + dx_3^2 - dx_4^2$$

就变成广义（黎曼）度规 Bane

$$ds^2 = g_{\mu\nu} dx_\mu dx_\nu \text{（对 } \mu \text{ 和 } \nu \text{ 求和）},$$

其中 $g_{\mu\nu}$ 关于 μ 和 ν；对称，是 $x_1, \cdots, x_4$ 的给定的函数，既描述了新坐标系中的度规性质，也描述其中的引力场。

然而，为了改进以上对于力学基础的解释，我们所必须付出的代价是——仔细阅读就会发现——新的坐标不再能够像在原先的坐标系（没有引力场的惯性系）里那样，解释为刚体和时钟的度量结果。

通向广义相对论的道路由下面的设想实现：上文提到的、由函数 $g_{\mu\nu}$（即黎曼度规）表达的空间场性质的这种表示，在一般情形下，即不存在坐标系使得度规具有狭义相对论的简单的准欧几里得形式的那种情形，也是成立的。

现在坐标本身不再表示度规关系，而仅仅表示所描述的彼此坐标稍有不同的事物的"邻近关系"。所有坐标变换都必须允许，只要它们没有奇点。在此意义上，只有关于任意变换都是协变的方程，才能够表达自然界的一般定律（广义协变假设）。

广义相对论的第一个目标是一个初步的断言，不要求它本身构成一个封闭体

系，而是以尽可能简单的方式与"直接观察事实"联系起来。如果将牛顿的引力理论局限于纯粹引力力学，那么它就是一个例子。这个初步断言可以刻画如下：

（1）保留质点及其质量概念，为它给出了运动定律。这条运动定律是用广义相对论语言表达的惯性定律，它是一组全微分方程，是测地线的系统特征。

（2）代替牛顿的引力作用定律，我们要找到一组包含 $g_{\mu\nu}$ 张量的最简单的广义协变微分方程。这是通过令收缩一次的黎曼曲率张量（$R_{\mu\nu}=0$）等于零而得到的。

这一表述允许我们处理行星问题。更准确地说，它可以处理由一个假设不动的质点产生的引力场（中心对称）中那些质量几乎可以忽略不计的质点的运动问题。它不考虑"运动"质点对引力场的反作用，也不考虑中心质点是如何产生引力场的。

类比于经典力学知道，以下方式可以完成这个理论。建立场方程

$$R_{ik} - \frac{1}{2}g_{ik}R = -T_{ik},$$

其中 R 表示黎曼曲率的标量，T_{ik} 是唯象论表示中物质的能量张量。方程左边的选择方式使得它的散度恒等于零，结果右边等于零的散度导出物质的"运动方程"，在 T_{ik} 为描述物质仅仅引进另外四个彼此独立的函数的情形下（例如，密度、压力和速度分量，其中速度分量之间存在恒等关系，压力和密度之间存在条件方程），此运动方程取偏微分方程形式。

这种表示方法把整个引力力学归结为求解单独一个协变偏微分方程组。这个理论避免了我们指责的经典力学基础的所有内部矛盾。就目前所知，它足以表达天体力学的观察事实。但是它就像一座楼房，一个侧翼是精致大理石结构（方程的左边），而另一个侧翼是低等木料结构（方程的右边）。物质的唯象论表示事实上不过是对那种恰当表达物质的所有已知性质的表示的一种粗糙的代用品。

把麦克斯韦的电磁场理论与引力场理论联系起来并不困难，只要我们局限于无可称量物质且无电密度的空间。所有必需的就是在上面 T_{ik} 的方程右边放上真空中的电磁场能量张量，并且把写成广义协变形式的真空的麦克斯韦场方程与修改后的方程组联系起来。在这些条件下，在所有这些方程之间将会存在足够多的微分恒等式，保证它们的一致性。我们还可以补充道，整个方程组的这一必要形式性质，使得 T_{ik} 这一项的符号可以任意选择，后面会证明这一事实非常重要。

人们对理论基础追求最大可能统一性的愿望导致了几次尝试，企图将引力场与电磁场都包括在一个同质的形式体系中。这里必须特别提到卡鲁查（Kaluza）和克莱因（Klein）的五维理论。经过很认真地考虑这种可能性，我感到更适当的做法是接受原来的理论在内部统一性方面的不足，因为我认为，整个五维理论的假设基础中包含的随意性并不少于原来的理论。同样的判断也适用于该理论的射影簇，它曾经特别被 v. Dantzig 和泡利（Pauli）精心研究过。

上面的讨论仅涉及没有物质的场理论。我们怎样由此出发得到一个关于由原子构造的物质的完整理论呢？在这样一个理论中，必须没有奇点，因为若有奇点，微分方程就不能完全决定全场。这里，在广义相对论的场论中，我们碰到了原先在纯粹麦克斯韦理论中碰到的同样的物质的场论表示问题。

同样的，从场论中构造出粒子的企图显然会导致奇点。同样的，人们试图通过引入新的场变量和拓展场方程组来克服这一困难。然而，最近我与罗森（Rosen）博士合作发现，上面提到的引力和电的场方程的最简单结合，产生出中心对称的解，而且可以表示为不含奇点［关于纯粹引力场的著名的史瓦西（Schwarzschild）中心对称解，以及考虑到引力作用的关于电场的雷斯纳（Reissner）解］。我们很快会在再下一节提到它。由此似乎有可能为物质及其相互作用得到一个无需额外假设的纯粹场论，而且将它交给经验事实去检验，不会产生除了数学困难以外的别的困难，然而这些数学困难却非常严重。

5. 量子理论与物理学基础

我们这一代理论物理学家希望为物理学建立新的理论基础，它所使用的基本概念显著不同于迄今所讨论的场论的基本概念。原因是人们已经发现，有必要使用——为了所谓的量子现象的数学表示——新型的描述方法。

如相对论所揭示的那样，经典力学的失败与光速有限（避免为 ∞）相关，然而在本世纪初（20 世纪）人们发现，在力学推论和经验事实之间还存在其他的矛盾，这些矛盾与普朗克常数 h 的有限值（避免为零）相关。特别地，虽然分子力学要求固体的热含量和（单色）辐射密度都应该随着绝对温度的降低而按比例降低，实验却表明它们降低得比绝对温度快很多。为了从理论上解释这种现象，就必须假设力学系统的能量不能取任意值，而只能取一定的离散值，其数学表达式总是依赖普朗克常数 h。此外，这个概念对于原子论（玻尔的理论）至关重要。关于这些状态的彼此过渡——不论有无辐射的放射和吸收——找不到因果律，而只能给出统计规律。类似的结论对原子的放射性衰变也成立，对衰变的详细研究大约在同时期展开。在 20 多年时间里，物理学家徒劳地企图找到系统和现象的这一"量子特性"的统一解释。这一努力大约在 10 年前获得了成功，方法是通过两个完全不同的理论研究手段，其中之一归功于海森伯和狄拉克，另一个归功于德布罗意和薛定谔。薛定谔不久就发现了这两种方法在数学上的等价性。我在这里概述德布罗意和薛定谔的思路，它比较接近物理学家的思想方法，而且在描述的同时我会补充一些一般性的考虑。

首先是问题：对于在经典力学意义上定义的系统（能量函数是坐标 q_r 和相应的动量 p_r 的给定函数），我们怎么能够赋予它一系列离散的能量值 H_0 呢？普朗克常数 h 把频率 H_a/h 和能量值 H_a 联系起来，因此足以赋予系统一系列离散的频率值。这让我们想起一个事实：在声学中，一系列离散频率值对应一个线性偏微分方程（若边界值给定）即正弦周期解。薛定谔给自己定的任务是：以同样的方式，把标量函数 Ψ 的偏微分方程与给定的能量函数 $\varepsilon(q_r, p_r)$ 对应起来，其中 q_r 和时间 t 是独立的变量。他在这方面取得了成功（对于复函数 Ψ），使得统计理论所要求的能量的理论值 H_σ 确实以令人满意的方式从方程的周期解中得出。

确实的，不大可能把质点力学意义上的确定的运动与薛定谔方程的确定的解 $\Psi(q_r, t)$ 联系起来。这就是说 Ψ 函数并不能在任何准确的意义上决定作为时间 t 的函数 q_r 的变化历程。但是根据玻尔，有可能以下面的方式解释 Ψ 函数的物理意义：$\Psi \bar{\Psi}$（复函数 Ψ 的绝对值的平方）是在时刻 t，所描述的 q_r 的位形空间中的那一点的概率密度。因此就可能以如下这种容易理解的、但是不太准确的方式来刻画薛定谔方程的内容：它决定了系统的统计系综的概率密度随着时间在位形空间中的变化方式。简单说：薛定谔方程决定了 q_r 的函数 Ψ 随时间的变化。

必须提到，这个理论的结果包含粒子力学的结果作为极限值，只要解决薛定谔问题过程中碰到的波长都很小，以至于在位形空间中一个波长距离上势能的变化几乎是无限小的。在这些条件下，事实上可以证明以下结果：在位形空间中选择一个区域 G_0，虽然相对于波长很大（在所有维度上），相对于实际的位形空间范围却很小。在这些条件下，有可能对于初始时间 t_0，选择一个函数 Ψ，使得它在区域 G_0 以外是零，而且根据薛定谔方程，其变化方式使得它在以后的时间里也保持这一性质——至少近似地保持，只是在时刻 t 区域 G_0 已经变成了另一个区域 G。以这种方式，人们就能够以一定的近似度谈论区域 G 作为一个整体的运动，而且能够以位形空间中一个点的运动来近似该运动。这样该运动就与经典力学方程所要求的运动相一致了。

对粒子射线的干涉实验已经卓越地证明，该理论所假设的运动现象的波动性确实与事实相符。除此以外，该理论很轻易地成功阐明了，系统在外力作用下，从一个量子态跃迁到另一个量子态所遵循的统计规律。从经典力学的角度看，这种现象似乎是奇迹。这里的外力由作为时间函数的势能的微小附加项来表示。尽管在经典力学中，这样的附加项只能对系统产生微小的改变，在量子力学中，它们产生的改变却可以是任意大的，只是相应的概率很小，这一结果与实验结果完全一致。该理论甚至给出了关于放射性衰变定律的一个至少宽泛性的理解。

也许以前从来没有任何一个理论的发展，像量子理论这样，为如此多完全异类的实验现象给出解释和计算的钥匙。尽管如此，我却相信，在寻找物理学统一基础方面，这个理论很容易把我们引向歧途。因为在我的信念里，它是对实在事物的不完全表示，尽管它是能够由力和质点这些基本概念建立起来的唯一理论（对经典力学的量子校正）。该表示的不完全性是其定律的统计特性（不完全性）的结果。现在我来证明这一观点。

首先我要问：Ψ 函数在多大程度上描述了力学系统的真实状况？假设 Ψ 是薛定谔方程的周期解（按能量值递增排序）。我现在暂时不回答这个问题：单个的 Ψ_r 在多大程度上完全地描述了物理状况？系统首先处于最低能量 ε_1 的状态 Ψ_1，然后在一段有限的时间内，一个微小的扰动力作用到系统上，在随后的时刻从薛定谔方程得到如下形式的 Ψ 函数：

$$\Psi = \sum c_r \Psi_r$$

其中 c_r 是（复）常数。如果 Ψ_r 是"归一化"的，那么 $|c_1|$ 近似等于 1，$|c_2|$ 等与 1 比很小。现在有人会问：Ψ 描述了系统的真实状况吗？如果答案是肯定的，那么我们别无选择，只能给这个状况赋予一个明确的能量 ε（因为根据相对论所完全确立的结论，一个（静止的）完整系统的能量等于它的惯性（作为一个整体）。但是这必须有一个完全明确的值），而且特别地，这个能量值超过 ε_1 一点点（不管怎样，$\varepsilon_1 < \varepsilon_2 < \varepsilon_3$）。然而，如果除此以外还接受穆利坎（Mullikan）关于电的离散特性的证明的话，那么这样的假设与夫兰克（J. Franck）和赫兹（G. Hertz）所做的电子碰撞实验结果不符。事实上，这些实

验导致的结论是：介于量子值之间的状态能量值是不存在的。由此可知，Ψ 函数根本没有描述物体的均匀状态，而是代表了一种统计描述，其中的 c_i 表示单个能量值的概率。因此，似乎很显然，玻恩对量子理论的统计解释是唯一可能的解释。Ψ 函数根本没有描述单个系统的状态，而是与许多系统相关，与统计力学意义上的"系统系综"相关。如果除了一定的特殊情况，Ψ 函数只提供了关于可测量的数量的统计数据，其原因不仅仅在于测量操作引入了只能从统计上理解的未知因素这一事实，而且还在于 Ψ 函数没能从任何意义上描述一个单独系统的状态。薛定谔方程决定了系统系综所经历的时间变化，这个系综对单独系统可能有、也可能没有外部作用。

这样的解释还排除了由我和两位合作者最近提出的悖论，这个悖论与下面的问题有关。

考虑一个力学系统，它由两个部分系统 A 和 B 组成，这两部分只在有限时间内相互作用。设它们相互作用之前的 Ψ 函数是给定的，那么薛定谔方程会给出相互作用发生以后的 Ψ 函数。现在让我们通过测量手段尽可能完全地确定部分系统 A 的物理状态，然后量子力学允许我们从所做的测量和全系统的 Ψ 函数中，决定部分系统 B 的 Ψ 函数。然而，该决定给出的结果依赖定义 A 的状态的决定量中的哪一个已经被测量（例如坐标还是动量）。因为在相互作用以后，B 只能有一个物理状态，而且可以合理地认为，它不依赖我们对与 B 分离的系统 A 所做的特定的测量，所以可以下结论说，Ψ 函数并非无歧义地对应于物理状态。多个 Ψ 函数与系统 B 的同一个物理状态相对应，这再一次表明，Ψ 函数不能解释为对单元系统的物理状态的（完整）描述。这里把 Ψ 函数与系统系综对应起来同样地消除了一切困难[①]。

量子力学以如此简单的方式，陈述了从一个整体状态到另一个整体状态的（明显地）非连续的跃迁，而没有实际说明这个具体过程，这一事实与另一个事实有关，即这个理论实际上并不处理单个系统，而是处理全体系统族。我们第一个例子中的系数 c_i 在外力的作用下其实没什么变化。借助于对量子力学的这种解释，人们就能理解为什么这个理论能够轻易地解释这一事实，即微弱的扰动力能够使系统的物理状态发生任意大量级的变化。这种扰动力的确只能对系统系综产生相应小的统计密度变化，从而只能使 Ψ 函数产生无穷小的变化，其数学描述

① 例如，测量 A 的操作涉及向更窄的系综的变迁，后者（从而还有它的 Ψ 函数）依赖收缩系统系综所依据的视角。

比部分单个系统所经历的非无穷小变化涉及的数学表示要容易得多。确实，这种思维方式仍然完全没有澄清单个系统所发生的情况，这个谜一般的事件完全被统计思维模式从表述中排除了。

但是现在我要问：真的会有物理学家相信，我们不应该从内部了解发生在单个系统中的、它们的结构以及因果关系中的这些重要变化吗？而且罔顾这一事实，即由于威耳逊云室和盖革计数器这些奇迹般的发明，这些单独的事件已经被展现在我们眼前？要相信这一点，在逻辑上是可能的且无矛盾的，但是它与我的科学本能是如此对立，以至于我禁不住去寻找更完备的体系。

除了这些考虑之外，另一种考虑也表示反对这种把量子力学方法看作有可能为整个物理学奠定有用基础的想法。在薛定谔方程中，绝对时间以及势能扮演着决定性角色，然而这两个概念已经被相对论认为是原则上不能容许的。若想避免这一难题，就必须把理论建立在场和场定律的基础上，而不是在相互作用力的基础上。这就要求我们把量子力学的统计方法变换到场上面来，即变换到有无穷自由度的系统上面来。虽然迄今所做的尝试局限于线性方程，从广义相对论的结果我们知道这是不够的，但是目前这些极其精巧的尝试所遇到的复杂度已经很吓人了。如果希望满足广义相对论的要求，其复杂度肯定会高到天上去，没有人会在理论上怀疑这一点。

确实，人们已经指出，考虑到发生在小尺度上的一切事物的基本结构，引入时空连续区可以认为是违反自然的。有人主张，海森伯方法的成功也许指出了一种描述自然的纯代数方法，即把连续函数从物理中删除。但是那样一来，我们就必须从理论上放弃时空连续区。不是不可以想象，将来某一天人类的智慧也许会找到办法，使得有可能沿着这条道路走下去。但是在目前，这样的计划看起来就像是企图在真空中呼吸一样。

毫无疑问，量子力学已经掌握了真理的一个漂亮要素，而且是未来的理论基础的试金石，它必须能够作为一个特例从那个理论基础中推导出来，正如静电学能够从麦克斯韦的电磁场方程中推导出来、热力学能够从经典力学中推导出来一样。但是，我相信量子力学不是寻找这个理论基础的出发点，正如人们不能从热力学（统计力学）出发反向找到力学基础一样。

鉴于这种局面，似乎完全有理由认真地考虑这个问题：是否无论如何都不能使场物理的基础与量子理论的事实相协调。会不会有别的理论基础，借助于现在的数学表达能力，能够满足广义相对论的要求？在现在的物理学家中间流行的信念认为，这样的企图是无望的，其根源大概在于一个无根据的想法，即这样的理论应该在一次近似上导出微粒运动的经典力学方程，或者至少导出全微分方程。事实上迄今为止，我们从未成功地在理论上把微粒表示为无奇点的场，我们也不能先验地断言这种实体的行为。但是有一件事却是肯定的：如果有一个场论导致了把微粒表示为无奇点的场，那么这些微粒随时间变化的行为就完全被场的微分方程所决定。

6. 相对论与微粒

现在我要证明，根据广义相对论，存在场方程的无奇点的解，能把它解释为代表微粒。我在这里只局限于中性粒子，因为在最近与罗森博士合作发表的另一篇文章中，我已经详细地讨论了这个问题，而且这个问题的本质能够由这种情况完全地表达出来。

引力场完全由张量 $g_{\mu\nu}$ 描述。在三指标符号 $\Gamma^{\alpha}_{\mu}\nu$ 中，也出现反变量 $g_{\mu\nu}$，定义为 $g_{\mu\nu}$ 的子式除以行列式 g（$=|g_{\alpha\beta}|$）。为了让 R_{ik} 有定义并且非无穷小，必须要求对于连续区的每一部分周围都存在坐标系，使得 $g_{\mu\nu}$ 及其一阶微商是连续可微的，这还不够，还必须要求行列式 g 处处不为零。但是如果将微分方程 $R_{ik}=0$ 替换为 $g^2 R_{ik}=0$，这后一项要求就取消了，方程左边是 g_{ik} 及其导数的全有理函数。

史瓦西指出这些方程有中心对称解：

$$ds^2 = -\frac{1}{1-2m/r}dr^2 - r^2\left(d\theta^2 + \sin^2\theta d\varphi^2\right) + \left(1-\frac{2m}{r}\right)dt^2 。$$

该解在 $r=2m$ 处有一个奇点，因为 dr^2 的系数（即 g_{11}）在这个超曲面上变成无穷大。但是如果把变量 r 替换为下式定义的 ρ：

$$\rho^2 = r - 2m$$

就有

$$ds^2 = -4\left(2m+\rho^2\right)d\rho^2 - \left(2m+\rho^2\right)^2\left(d\theta^2 + \sin^2\theta d\varphi^2\right) + \frac{\rho^2}{2m+\rho^2}dt^2$$

这个解对于所有 P 的值都是正则的。诚然，在 $\rho=0$ 处 dt^2 的系数（即 g_{44}）等于零，这导致了行列式 g 在该值处为零的结果，但是把场方程用实际采用的这种方式写出来，就不会构成奇点。

如果 ρ 从 $-\infty$ 变化到 $+\infty$，那么 r 就从 $+\infty$ 变到 $r=2m$，然后变回 $+\infty$，然而对于 $r<2m$ 这部分 r 的值，ρ 没有对应的实值。因此通过把物理空间表示为由两片与超曲面 $\rho=0$，即 $r=2m$ 相接壤的相同"甲壳"组成的空间，史瓦西解就变成正则解了，而在此超曲面上，行列式 g 为零。我们把这两个（相同）甲壳之间的联系称为"桥"。所以在有穷区域里两个壳之间存在这样的桥，就对应于存在中性物质微粒，其描述方式不含奇点。

求解中性粒子运动问题明显地等同于发现引力方程的包含几个桥的解（写成不含分母的形式）。

由于"桥"依本性是一个离散元素，所以上面勾勒的设想先验地对应于物质的原子结构。而且，我们看到，中性粒子的质量常数 m 必定是正的，因为无奇点的解都不能对应于 m 为负值的史瓦西解。只有研究多桥问题才能说明这个理论方法是否能够解释在自然界中发现的并被实验证明的粒子的质量相等性，以及它是否考虑到了那些被量子力学如此完美地理解到的事实。

类似地，有可能证明，引力方程和电方程的结合（在引力方程中适当地选择电成分的符号）会得出电微粒的无奇点的桥表示法。这类解中最简单的解是无引力质量的电微粒的解。

只要与求解多桥问题有关的重要的数学困难还没有解决，那么从物理学家的角度看，该理论是否实用就是一无所知。然而在实际上，它构成了导出一致的详尽的场论的首次尝试，这个场论为解释物质性质提供了可能。我们还应该加上一条支持这一尝试的理由：它是以今天所知的可能最简单的相对论场方程为基础的。

总　结

物理学构成了一个处于发展状态的思想的逻辑体系，其基础不能通过归纳法从生活经验中提炼出来，而只能依靠自由创造获得。这个体系的根据（真理内容）在于其产生的定理在感觉经验的基础上被证明是有用的，其中感觉经验与体系的关系只能从直觉上领会。不断发展的方向是使逻辑基础更加简化，为了进一步达到这个目的，我们必须下决心接受这个事实，即逻辑基础距离经验事实越来越远，从根本性的基础到产生这些与感觉经验相关的定理，其间的思维路径也变得越来越艰难，越来越漫长。

我们的目标是尽可能简短地勾勒出，基本概念是如何依赖经验事实，并力求体系内部完美性的目标而奋力发展起来的。事情现在的状态必须由这些考虑因素来加以阐明，正如我看到的这样（历史的概括性说明总是不可避免地带有个人色彩）。

我试图说明，有形物体、空间、主观时间和客观时间这些概念是如何彼此联系，如何同经验世界联系的。在经典力学里，空间和时间概念是独立的，有形物体概念在基础中被质点概念所代替，由此力学从根本上就变成原子论式的。在试图将力学作为全部物理学基础的时候，光和电带来了不可逾越的困难。于是我们被导向了电的场论，后来又企图将物理学完全置于场概念的基础上（在尝试与经典力学妥协之后）。这一尝试导向了相对论（空间和时间概念演变为带有度规结构的连续区概念）。

我进一步试图说明，为什么在我看来，量子理论似乎不能为物理学提供一个适用的基础：如果试图把理论的量子描述看成单个物理系统或事件的完整描述，那么我们就会陷入矛盾。

另一方面，直到现在，场论还不能解释物质基本结构和量子现象。但是我们已经表明，认定场论用它的方法不能解决这些问题，这是基于偏见。

（黄雄译，吴忠超校）

理论物理学基础

选自爱因斯坦：《晚年文集》，哲学书屋，纽约 1950 年

在第八届美国科学大会上的讲演，华盛顿，1940 年 5 月 15 日。

首次发表于《科学》，91 卷，1940 年 5 月。

科学就是企图把杂乱无章的感觉经验梳理为逻辑统一的思想体系，在这个体系中，单个的经验必须联系到理论结构，所产生的对应关系必须是唯一的和令人信服的。

感觉经验是既定的研究素材，而解释它们的理论是人造的，是极端艰辛的调整过程的结果：假设的、永无终结的、总是经受拷问和怀疑。

形成概念的科学方法不同于我们日常生活中所用的方法，不是根本性的不同，仅仅是概念的定义和结论更加精确、实验材料的选择更加辛苦和系统、逻辑更加精简。这最后一点的意思，是指努力把所有概念和关系归结为尽可能少的、逻辑上独立的基本概念和公理。

我们所称的物理学由一类自然科学组成，它们的概念基于测量，而且概念和命题能够被数学形式化，其领域相应地被定义为我们的全部知识中能够为数学语言所表达的那一部分。随着科学的进步，物理学领域已经扩张到这样一种程度，似乎它只受到方法本身的局限。

大部分的物理学研究致力于发展物理学的各个分支，每一个分支的目标都是从理论上理解那些多少受限的经验领域，而且每一个分支的定律和概念都与经验保持尽可能紧密的联系。正是科学的这一部分，以其不断增长的专门化，在上几个世纪给实际生活带来了革命，使得人们最终摆脱体力辛劳负担成为可能。

另一方面，从一开始就存在一种企图，为所有这些单个的学科寻找统一的理论基础，它包含最少的概念和基本关系，由此出发，通过逻辑过程，可以推导出单个学科的所有概念和关系。这就是我们所说的寻找整个物理学的基础的意思。认为这一终极目标能够被实现，这种自信一直是激励研究人员热情投入的主要源泉。正是在这个意义上，以下专门来讨论物理学的基础。

由前述，显然可见，基础这个词在此语境里与建筑物的基础毫无类似之处。当然，从逻辑上考虑，各个物理定律依赖这个基础。建筑物可以被大风暴或春汛

的洪水严重损坏，而基础却完好无损。但是在科学中，逻辑基础却总是受到新经验和新知识的挑战，比那些接触经验更密切的分支学科所受的危险更大。基础的伟大意义在于它与所有各个分支的联系，但也使它在面对各种新因素时面临最大的危险。当我们认识到这一点的时候，我们会感到奇怪，为什么在所谓的物理科学的革命性时代，其基础的变革并没有比实际情况更加频繁、更加彻底。

建立统一的理论基础的首次尝试是由牛顿做的。在他的体系中，一切都归结到下面的概念：①质量恒定的质点；②任何两个质点之间的超距作用；③质点的运动定律。严格讲，这并不是一个包罗万象的基础，因为只有引力的超距作用被表达为明确的定律，而对于其他超距作用，除了作用力和反作用力相等定律，没有确立任何先验的定律。而且，牛顿本人完全认识到，时间和空间作为物理的实在因素，是他的体系的基本要素，只不过是被蕴含的。

这一牛顿基础被证明是成就卓著的，直到 19 世纪末被看作终极基础。它不仅为天体运动给出了最详尽的结果，而且提供了离散和连续质量的力学理论，简单解释了能量守恒原理，给出了完整而卓绝的热理论。牛顿体系对电动力学事实的解释则是比较勉强的，从一开始，光理论就是最缺少说服力的。

毫不奇怪，牛顿不会接受光的波动说，因为这样的理论最不适合他的理论基础。假设空间中充满质点组成的介质，这些质点传播光却不表现出任何其他力学性质，这对他来讲肯定太不自然了。支持光的波动性的最有力的实验证据：传播速度恒定、干涉、衍射、偏振等，或者还不为人所知，或者还没有很好地整理综合。他有理由坚持光的微粒说。

在 19 世纪，争论的结果是支持波动说。然而对物理的力学基础仍没有严重的质疑，首先是因为没人知道去哪里寻找另外一种基础。只有在事实的不可抗拒的压力下，才慢慢发展出一个新的物理学基础——场物理。

自牛顿时代起，超距作用理论就一直被认为是不自然的。不断有人尝试用动力学来解释引力，即基于假想的质点的碰撞力来解释。但是这些尝试是肤浅的，毫无成果。在力学基础中，空间（或者惯性系）所扮演的奇怪的角色也被清楚地认识到了，并且被马赫（Ernst Mach）透彻地批判。

法拉第、麦克斯韦和赫兹开启了伟大的变革——事实上是半不自觉的且违背意愿的。所有他们 3 个人，终其一生，都认为自己是力学理论的信徒。赫兹找到了电磁场方程的最简洁形式，宣称任何导致这些方程的理论都是麦克斯韦理论。然而他在自己短暂生命的末期写的一篇论文里，给出了一个不含力概念的力学理论，作为物理学的基础。

恕我直言，对于我们这些吸收法拉第的思想如同母乳一般的人，是很难体会到它的伟大和创新意义的。法拉第一定以准确无误的本能深刻领会到，所有把电磁现象归结为电粒子彼此相互作用的超距作用的企图，都具有不自然的人为性。散落在一页纸上的大量铁屑中，每一个单独的铁屑怎么能知道在附近的导体内有单个电粒子在环绕奔驰呢？所有这些电粒子一起，似乎在周围的空间创造了一种状态，这种状态在铁屑中产生了一定的秩序。他确信，这些今天称为场的空间状态，一旦其几何结构和相互依存作用被我们正确地掌握了，就将为解释神秘的电磁作用提供线索。他把这些场设想为填充空间介质的力学应力状态，类似于弹性膨胀物体的应力状态，因为在当时，这是人们能想到的唯一的方式，来解释明显在空间中连续分布的状态。这些场的独特的力学解释仍保留在背景中——从法拉第时代的力学传统的角度看来，是对科学良心的某种安慰。借助于这些新的场概念，法拉第成功地为由他和先驱者所发现的整个复杂的电磁效应形成了一个定性的概念。这些场的时空定律的精确公式是麦克斯韦的工作。当他建立的微分方程证明了电磁场的传播形式是偏振波、传播速度是光速的时候，想象一下他的感受吧！世界上极少有人能够享用这样的体验。在那个激动的时刻，他肯定不会猜到，似乎已经完全彻底地得到解决的谜一样的光本性问题，还会继续困惑后来的几代人。同时，物理学家花了几十年时间才完全掌握麦克斯韦发现的全部意义，他的天才强加于他的同行的理解力上的挑战竟是如此巨大。只有当赫兹用实验证明了麦克斯韦的电磁波的存在性以后，对这个新理论的抗拒才消失掉。

但是如果电磁场能够以波的形式独立于物质源而存在，那么静电相互作用就不能够继续解释为超距作用了。对电作用成立的这一切，对引力也就不能否认了。凡是出现牛顿的超距作用的地方，都让位于以有限速度传播的场了。

在牛顿的基础中，现在只剩下服从运动定律的质点了。然而汤姆孙（J. J. Thomson）指出，根据麦克斯韦理论，运动中的带电物体必定带有磁场，其能量恰好等于给物体增加的动能。那么，如果一部分动能由场能组成，难道全部动能就不行了吗？也许物质的基本性质，它的惯性，可以由场理论解释？这就产生了用场理论来解释物质的问题，这个问题的解决将给出物质原子结构的一个解释。人们不久就认识到，麦克斯韦理论不能完成这一计划。从那以后，许多科学家积极寻求完善推广场论，使其能够包含物质理论，但是迄今这样的努力还没有成功。为了构建一个理论，只有清晰的目标设想还不够，还必须有一个形式的视角，能够充分限制无限多样的可能性。迄今这样的视角还没有找到，于是场论还没有成功地为整个物理学提供一个基础。

在几十年时间里，多数物理学家执著地相信，一定会为麦克斯韦理论找到力学的根基。但是他们的努力没能产生令人满意的结果，这使得新的场概念被逐渐接受为不可还原的基础概念——换句话说，物理学家们放弃了把力学作为基础的想法。

于是物理学家们忠实于场论计划，但是它不能被称为基础，因为没有人能知道是否有一个协调的场论，能够一方面解释引力，另一方面解释物质的基本成分。在这种状况下，就有必要把物质微粒看成服从牛顿运动定律的质点。这就是洛伦兹创建他的电子论和运动物体的电磁现象理论的过程。

这就是在世纪交替之际基本概念所达到的程度。虽然在大量全新现象方面的理论突破和理解已经取得了巨大的进展，但是为物理学建立统一基础似乎的确非常遥远，而且这一状况甚至被后来的发展进一步加剧了。20世纪的进步突出表现为本质上彼此独立的两个理论体系：相对论和量子论。这两个体系彼此没有直接矛盾，但是他们似乎难以融合为一个统一的理论。我们必须简要讨论这两个体系的基本概念。

相对论的诞生，是由于企图就逻辑经济性而言，改善世纪之交时所存在的物理学基础。所谓的狭义或受限相对论是基于这样一个事实，即麦克斯韦方程（因而也是真空中的光传播定律）在经过洛伦兹变换以后，方程的形式不变。麦克斯韦方程的这一形式性质，被我们非常可靠的经验知识所进一步补充，即物理定律相对于所有惯性系都是一样的。这导出如下的结果，即洛伦兹变换——应用到空间和时间坐标上——必定支配着从一个惯性系到任何其他惯性系的过渡。因而狭义相对论的内容可以用一句话总结：所有自然定律都必须满足这样的条件，即它们相对于洛伦兹变换是协变的。由此得知，两个远离的事件的同时性不是一个不变的概念，刚体的尺寸和时钟的快慢依赖它们的运动状态。进一步的结果就是当给定物体的速度与光速相比不算小的时候，修改牛顿的运动定律，而且还导出质能等价性原理，把质量和能量守恒定律统一为一个定律。一旦证明了同时性是相对的，是与参照系相关的，那么在物理学基础中保留超距作用的所有可能性都消失了，因为那个概念预先假定了绝对意义上的同时性（必须有可能表达两个相互作用的质点"同时"所处的位置）。

广义相对论源自于试图解释一个自伽利略和牛顿时代就已知的，但迄今所有理论都无法解释的事实：物体的惯性和重量本身是两个完全不同的事情，但却由同一个常数——质量——来度量。由这个结果得知，不可能通过实验发现给定的坐标系是在做加速运动呢，还是在做匀速直线运动而所观测的效果是由于引力场的作用（这就是广义相对论等价性原理）。一旦引进了引力，它就砸碎了惯性系概念。我们可以在这里说，惯性系是伽利略-牛顿力学的弱点，因为存在一个预先假定的神秘的物理空间性质，使得惯性定律和牛顿运动定律得以成立的那种坐标系必须以它为条件。

下面的假设可以避免这些困难：自然定律的公式表达方式应当使得其形式对于任何一种运动状态的坐标系都是相同的。广义相对论的任务就是为了达到这一目的；另一方面，从狭义相对论，我们导出了在时空连续区中黎曼度规的存在性，根据等价性原理，这既描述了引力场又描述了空间的度规性质。假设引力场方程是二阶微分方程，那么场定律显然就被确定了。

除了这个结果以外，该理论还把场物理从它所遭受的限制下解放出来，这一限制是牛顿力学也遭受的，即给空间赋予那些以前由于使用了惯性系而隐藏起来的独立的物理性质。但是不能说广义相对论中那些今天可以看作最终结论的部分已经给物理学提供了完整的和令人满意的基础。首先，全场似乎由两个逻辑无关的部分组成，即引力场和电磁场；其次，正如先前的场理论一样，该理论迄今还没有为物质的原子结构提供一个解释。这一不足可能与这个事实有关，即迄今它在理解量子现象方面毫无建树。为了理解这些现象，物理学家被迫采用了全新的办法，我们现在就来讨论这一办法的基本特点。

1900 年，在纯粹理论研究过程中，普朗克（Max Planck）做出了一个卓越的发现：物体的辐射定律作为温度的函数，不能仅由麦克斯韦电动力学定律完全推导出来。为了得到与相关实验一致的结果，给定频率的辐射必须被看作似乎是由能量原子组成的，每一个能量原子的能量为 $h\nu$，其中 h 是普朗克普适常数。在随后的几年里，光被证明了在任何地方，都是以这种能量子的形式被产生和吸收的。特别地，玻尔（Niels Bohr）假设原子只能具有离散的能量值，它们之间的不连续跃迁与这种能量子的发射或吸收有关，由此他能够大体上理解原子的结构。这有助于阐明这一事实：在气态下，元素及其化合物仅仅发射和吸收清晰定义的一定频率的光。所有这一切在业已存在的理论框架中都是非常难以解释的。很明显，至少在原子现象领域，所发生的所有现象的特征是由离散状态和它们之间明显不连续的跃迁所决定的，普朗克常数 h 扮演了关键性角色。

下一步由德布罗意（De Broglie）完成。他问自己：怎样借助于当前的概念来理解离散状态，结果注意到了与定态波的相似性，就好比在声学中风琴管和弦的固有频率那样。的确，还不知道这里所要求的那种波动作用，但是利用普朗克常数 h，它们可以被构造出来，它们的数学定律可以表达出来。德布罗意设想，绕原子核转动的电子与这种假设的波列相关，通过对应的波的定态特征，使得玻尔的"允许"轨道的离散特性在一定程度上可以理解了。

既然在力学中，质点的运动由作用于其上的力或力场所决定，那么可以想见，这力场也会以类似的方式，影响德布罗意的波场。薛定谔（Erwin Schrodinger）指出如何考虑这一影响，用一种巧妙的方法重新解释了某些经典力学公式。他甚至成功地拓展了波动力学理论，使其无须引入任何额外的假设，而变得适用于由任意数目的质点所组成的任何力学系统，就是说拥有任意自由度的系统。这是可能的，因为在很大程度上，由 n 个质点组成的力学系统在数学上等价于在 $3n$ 维空间中运动的单一的质点。

在该理论的基础上，对于大量的似乎完全不可理解的各种事实，获得了一个出人意料好的解释。但是够奇怪的是，在一点上却失败了：人们证明没有可能把这些薛定谔波与明确的质点运动联系起来——而这毕竟是整个构造的原始目标。

这一困难似乎是难以克服的，直到玻恩（Born）以一种意想不到的简单方法克服了它。不把德布罗意-薛定谔波场解释为事件在时间和空间中实际发生方式的数学描述，尽管它们当然会涉及这样的事件。相反地，它们是对我们实际能够对系统有哪些了解的数学描述。它们只是做出统计陈述，预言我们能够在系统上所作的所有的测量结果。

让我通过一个简单例子来阐明量子力学的这些普遍特征：考虑一个质点，在有穷力的作用下被维持在一个受限的区域 G 里。如果质点的动能在一定水平之下，那么根据经典力学，该质点永远无法离开区域 G。但是根据量子力学，经过一段不能直接预言的时间后，该质点能够沿着不可预测的方向，离开区域 G，逃进周围的空间。根据伽莫夫（Gamow）的观点，这个例子是放射性衰变的简化模型。

量子理论对这个情况的处理如下：在时刻 t_0，薛定谔波系完全在 G 内。但是从时刻 t_0 以后，波沿着所有方向离开 G 的内部，外出波的振幅小于原来在 G 内的波系的振幅。这些外面的波传播得越远，G 内波的振幅减少得越多，相应地从 G 发出的波的强度就越低。只有在经过无穷长时间以后，G 内发出的波才会枯竭，而外面的波则传播到不断扩大的空间中去。

但是这一波动过程与我们关心的首要目标——原先围在 G 中的粒子有什么关系？为了回答这一问题，我们必须想象做一些安排，允许我们对粒子进行测量。例如，想象在周围空间某处有一个屏幕，使得粒子一旦接触到它就被它黏住。那么从射到屏幕上某一点的波强度，我们就可以确定粒子在那一时刻撞击屏幕这一处的概率。一旦粒子撞击屏幕上的某个点，整个波场就失去了它的全部物理意义，它的唯一目的就是对粒子撞击屏幕的位置和时间（或者比如，对它撞击屏幕时的动量）做出概率预测。

所有其他例子都是类似的。这个理论的目的就是确定在给定时间对系统进行测量的结果的概率；另一方面，对于在空间和时间中实际出现或发生的一切，它丝毫不想给出数学表示。在这一点上，今天的量子理论从根本上不同于所有以前的物理理论、力学以及场论。它不是对实际的时空事件给出模型描述，而是对可能的测量给出作为时间函数的概率分布。

必须承认，新的理论概念并非源自胡思乱想，而是源自经验事实的强大说服力。因为迄今为止，所有直接采用时空模型来阐述光和物质现象中所表现的粒子和波的特征的企图都以失败告终。海森伯（Heisenberg）已经令人信服地证明，从经验的角度看，由于我们的实验仪器的原子性结构，按照自然的严格决定性结构所做的任何判断都是肯定被排除在外了。所以，指望未来的知识能够重新迫使物理学放弃现在的统计理论基础，转而支持那种直接处理物理实在的决定论，这大概是不可能的。这个问题在逻辑上似乎提供了两种可能性，原则上我们可以二中择一。从逻辑上讲，最终选择哪一个，是根据哪一种描述给出的形式化基础最简单。在目前，我们实际上没有任何一个直接描述事件本身的决定论而又与事实相符合的。

目前我们必须承认，我们没有掌握任何可以看作是逻辑基础的一般性物理学理论基础。迄今场论已经在分子领域里失败了。大家都同意，能够充当量子理论基础的原理必须能够把场论翻译为量子统计学的方案。究竟这会不会以令人满意的方式发生，没人敢说。

有些物理学家，包括我自己在内，不能相信，我们必须实际上永久地放弃这种直接描述空间和时间中的物理实在的想法，或者说，我们必须接受那种认为事件实际上类似于碰运气的游戏的观点。每个人都可以选择他自己的努力方向，而且每个人都可以从莱辛（Lessing）的格言得到慰藉：探索真理比拥有它更宝贵。

（黄雄译，吴忠超校）

科学的共同语言

选自爱因斯坦：《晚年文集》，哲学书屋，纽约 1950 年

在英国科学进步协会大会上的广播演讲，1941 年 9 月 28 日

首次发表于《科学进步》，伦敦，第 2 卷第 5 期

走向语言的第一步是把声音或者其他可以交流的符号同感觉印象联系起来。绝大部分群居动物似乎都已经达到了这种原始交流水平——至少在一定程度上是这样。当引入和理解了更多的符号，在代表感觉印象的这些符号之间建立了相互关系以后，语言就达到了更高的发展阶段。在这一阶段，已经有可能叙述相当复杂的系列印象了。可以说语言已经产生了。如果语言就是为了理解，那么一方面符号之间的关系必须有规则；另一方面符号和印象之间的对应关系必须是稳定的。通过同一种语言联系起来的个人在他们的童年期主要通过直觉来领会这些规则和关系。当人们自觉认识到了关于符号之间相互关系的规则以后，所谓的语法就建立起来了。

在早期阶段，词可以直接对应于印象。在后来的阶段，因为某些词（如这种词："是""或""事物"）只有在与其他词联合使用时才能表达与知觉的关系，所以这种词与印象的直接联系就丧失了。于是指示知觉的是词组而非单个词了。当语言变得部分地独立于印象背景的时候，它就获得了更大的内在一致性。

只有到了进一步的发展阶段，当所谓的抽象概念被频繁使用的时候，语言才成为真正意义上的推理工具。但也正是这一发展把语言变成了危险的谬误和诈骗之源。一切都依赖词和词的组合与印象世界的对应程度。

究竟是什么在语言和思维之间建立起这样紧密的联系？不用语言就无法思维吗？就是说只用概念和概念组合、脑海里无需出现单词的思维是不存在的吗？我们每一个人不都是曾经在"事物"之间的关系已经很清楚的情况下，却还为词语绞尽脑汁吗？

如果个人没有借助环境的言词指导而形成了或者能够形成他的概念，那么我们也许可以认为思维活动是完全独立于语言的。但是很有可能，在这种环境下长大的个人的心理状态是非常贫乏的。所以我们可以断定，个人的心理成长以及他形成概念的方式很大程度上依赖语言。这使得我们认识到，在多大程度上，同一

种语言象征着同一种心态。在这个意义上，思维和语言是联结在一起的。

科学语言与我们日常所理解的语言有什么不同？科学语言的国际性是怎么回事？科学努力的目标，是在概念的相互关系和概念与感觉资料的对应关系方面，力求取得最大的敏锐性和清晰性。让我们以欧几里得几何和代数的语言为例来说明。它们操作少量的独立引入的概念或者符号，例如整数、直线、点以及一些表示基本运算的符号，即这些基本概念间的关系。这是所有其他断言和概念的构造或者定义的基础。一方是概念和断言；另一方是感觉资料，它们之间的关系是通过精度得到充分肯定的计数和测量工作建立起来的。

科学概念和科学语言的超国家性的原因在于，它们是由所有国家和所有时代最好的大脑建立起来的。他们在单独的、而就最终的结果而言却是合作的努力中，为技术革命创造出精神工具，在过去的几百年里已经改变了人类的生活。他们的概念体系成了令人困惑的混乱的知觉世界的指南，使得我们学会从个别观察中掌握普遍真理。

科学方法对于人类意味着哪些希望和恐惧呢？我认为这不是提出问题的正确方式。这个工具在人的手里会产生什么结果，这完全取决于人类的目标性质。只要存在这些目标，科学方法就会提供实现它们的手段。但是它不能提供目标本身。科学方法本身不会有目的，而且如果没有力求清晰理解的热情，它甚至都不会诞生。

方法的完善和目标的混乱——在我看来——似乎是我们这个时代的特征。如果我们真心地、热忱地渴望安全、幸福和所有人的天分的自由发展，那么我们就不会缺乏手段去达成这样的状态。即使只有一小部分人为这样的目标努力，这些目标的优越性最终会得到证明。

（黄雄译，吴忠超校）

科学定律和道德规范

选自爱因斯坦：《晚年文集》，哲学书屋，纽约 1950 年
首次发表于夫兰克（Philipp Frank）的著作《相对性——丰富的真理》
之前言，波士顿 1950 年

科学所探索的关系被认为是独立于研究者个人而存在的，这包括把人本身作为研究对象的情况，科学断言的对象也可以是我们所创造的概念，就像在数学中那样，我们不一定认为这些概念对应于外部世界的任何对象。但是，所有科学断言和定律都有一个共同特点：它们是"真或假"（充分的或不充分的）。大致说来，我们对它们的反应是"是"或"否"。

科学的思维方式还有一个特点。它用来建造协调理论体系的概念是不带有情感的。对于科学家来说，只有"存在"，没有愿望，没有价值，没有善，没有恶，没有目的。只要是在科学的专有王国内，我们就永远不会遇到这类句子："你不可说谎"。在寻找真理的科学家心中有某种类似清教徒戒律的东西：他远离一切随意和感情用事。顺便提一句，这一特征是逐渐发展起来的，是现代西方思想所独有的。

由此看来，好像是逻辑思维与道德无关。关于事实和关系的科学论断确实不能产生道德准则，但是道德准则可以借助逻辑思维和经验知识而变得合理和协调一致。如果我们在一些基本的道德教义上取得一致，那么其他道德教义就可以由它们推导出来，只要最早的前提陈述得足够精确。这些道德前提在道德学中所扮演的角色，类似于公理在数学中扮演的角色。

这就是为什么我们一点也不觉得，问这样的问题是无意义的："为什么我们不可说谎？"我们感到这样的问题是有意义的，因为在所有这类讨论中，一些道德前提被默认是理所当然的。当我们由所涉及的道德准则成功地追溯到这些基本前提时，我们会感到很满意。在说谎的例子里，这个过程大概可以用以下方式完成：说谎破坏了对其他人的话语的信任。没有了这种信任，社会合作就是不可能的，或者至少是困难的。然而为了使人类生活成为可能的和可以忍受的，这种合作就是必需的。这意味着"你不可说谎"这条准则可以追溯到这些需求："人类生活应该受到保护"和"痛苦和悲伤应该尽可能减少"。

　　但是这些道德公理的起源是什么？它们是随意的吗？它们仅仅是基于权威的吗？它们是源于人类经验而且间接地受制于这些经验吗？

　　从纯粹逻辑来说，所有公理都是随意的，包括道德公理。但是从心理的和遗传的角度看，它们绝不是随意的。它们源于我们天生的躲避疼痛和毁灭的本性，源于个人积累起来的对于周围人的行为的情感反应。

　　只有人类的道德天才，那些灵感卓绝的人，才有能力使道德公理进步得如此广泛，基础如此牢固，以至于人们愿意把它们作为自己的大量个人情感经验中的基础而接受下来。发现和检验道德公理与科学公理并没有显著不同。真理经得住经验的考验。

（黄雄译，吴忠超校）

质能等价性的初等推导

选自爱因斯坦：《晚年文集》，哲学书屋，纽约1950年

最初发表于《技术杂志》1946年（《海法希伯来技术学院美国进步学会年刊》）

下面关于等价性定律的推导，以前没有发表过，它有两个优点。虽然它用到了狭义相对性原理，却并不要求知道该理论的形式体系，而仅仅用到3个以前就知道的定律：

（1）动量守恒定律。

（2）辐射压的表达式，即沿着固定方向运动的一组辐射的动量。

（3）著名的光行差表达式（地球的运动对恒星的表观位置的影响——布拉德利）。

现在考虑下面的系统。设物体 B 相对于坐标系 K_0 自由静止在空间中，两组辐射 S 和 S' 各有能量 $E/2$，分别沿 x_0 的正反两个方向运动，最终都被 B 吸收。

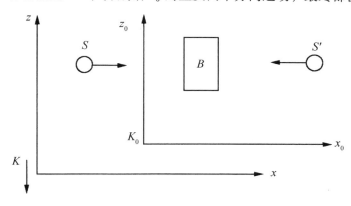

图1

因为吸收了能量，B 的能量就增加了 E。由于对称性，物体 B 仍然相对于 K_0 静止。

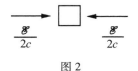

图2

现在相对于坐标系 K 来考虑同一个过程，K 相对于 K_0 以恒定速度 v 沿着 Z_0 的反方向运动。相对于 K 的过程描述如下：

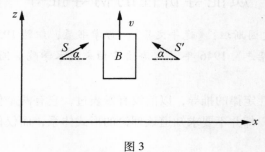

图 3

物体 B 沿着 z 的正方向以速度 v 运动。现在这两组辐射相对于 K 的方向与 x 轴形成了一个夹角 α。光行差定律说：在一次近似中 $\alpha = c/v$，其中 c 是光速。从相对于 K 的讨论可知，B 的速度 v 在吸收 S 和 S' 后保持不变。

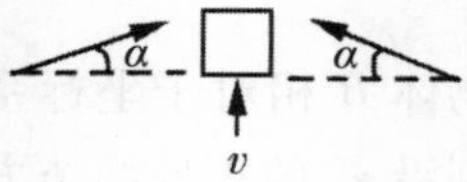

图 4

现在将相对于 z 方向的动量守恒定律应用于我们的在坐标系 K 中的系统。

（1）在吸收以前，设 M 是 B 的质量，则 Mv 就是 B 的动量表达式（根据经典力学）。每一组辐射具有能量 $E/2$，因此根据麦克斯韦理论的一个著名结论，它具有动量 $E/2c$。严格说，这是 S 相对于 K_0 的动量。但是当 v 相对于 c 很小时，相对于 K 的动量除了一个二阶量（$\dfrac{v^2}{c^2}$ 比 1）以外，是同样的。这个动量的 z 分量是 $\dfrac{E}{2c}\sin\alpha$，或者在足够精度下（除了更高阶量以外）为 $\dfrac{E}{2c}\alpha$ 或 $\dfrac{E}{2} \cdot \dfrac{v}{c^2}$。所以 S 和 S' 一起在 z 方向上有动量 $E\dfrac{v}{c^2}$。因此在吸收以前系统的总动量为

$$Mv + \frac{E}{c^2} \cdot v。$$

（2）在吸收以后，设 M' 是 B 的质量，这里我们预料质量会随着能量 E 的吸收而有可能增加（为了使讨论的最终结果一致，这是有必要的）。那么吸收以后系统的动量为：

$$M'v \text{。}$$

现在假设动量守恒定律成立，并相对于 z 方向应用它，得到方程：

$$Mv + \frac{E}{c^2}v = M'v$$

或

$$M' - M = \frac{E}{c^2} \text{。}$$

该方程表达了质能等价性定律。能量的增加量 E 与质量的增加量 $\frac{E}{c^2}$ 相联系。

因为按照通常的定义，能量允许一个附加的常数不定，所以可以适当选择这个常数使得：

$$E = Mc^2 \text{。}$$

（黄雄译，吴忠超校）

出版者启事

　　本书《相对论的意义》（摘选）及《物理学的进化》（摘选）沿用了李灏先生及周肇威先生先前出版过的译文，由于一直无法联系二位译者先生，故在此向二位先生致歉！并请知其联络方式的读者告诉我们，以便向二位译者先生支付稿酬。

湖南科学技术出版社

2020 年 9 月 30 日

图书在版编目（CIP）数据

不断持续的幻觉/（英）史蒂芬·霍金编评；（美）黄雄等译. —
长沙：湖南科学技术出版社，2020.12
（科学经典品读丛书）
书名原文：A STUBBORNLY PERSISTENT ILLUSION
ISBN 978－7－5710－0776－8

Ⅰ.①不… Ⅱ.①史… ②黄… Ⅲ.①物理学–普及读物
Ⅳ.①O4－49

中国版本图书馆 CIP 数据核字（2020）第 188475 号

科学经典品读丛书
BUDUAN CHIXU DE HUANJUE
不断持续的幻觉

编 评 者：（英）史蒂芬·霍金
译 者：黄雄等
责任编辑：孙桂均 吴 炜 李 蓓 杨 波
出版发行：湖南科学技术出版社
社 址：长沙市湘雅路 276 号
http：//www. hnstp. com
湖南科学技术出版社天猫旗舰店网址：http：//hnkjcbs. tmall. com
印 刷：长沙超峰印刷有限公司
厂 址：宁乡市金洲新区泉洲北路100号
邮 编：410600
版 次：2020 年 12 月第 1 版
印 次：2020 年 12 月第 1 次印刷
开 本：710mm×1000mm 1/16
印 张：21
字 数：383 千字
书 号：ISBN 978－7－5710－0776－8
定 价：98.00 元
（版权所有·翻印必究）